2023

Training

Abschlussprüfung

Realschule Bayern

Mathematik II/III

LÖSUNGEN

STARK

14. neu bearbeitete und ergänzte Auflage
www.stark-verlag.de

Inhalt

Sobald die Original-Prüfungsaufgaben 2022 freigegeben sind, können die dazugehörigen Lösungen als PDF auf der Plattform MyStark heruntergeladen werden (Zugangscode vgl. Umschlaginnenseite).

Vorwort

Liebe Schülerin, lieber Schüler,

dies ist das Lösungsbuch zu dem Band **Training Abschlussprüfung 2023, Mathematik II/III, Realschule, Bayern** (Bestell-Nr. C0910N). Es enthält zu allen Aufgaben von unseren Autoren ausgearbeitete Lösungen, die jeden Rechenschritt ausführlich erklären. Dabei wird besonderer Wert auf die Lösungsansätze und Vorüberlegungen gelegt. Zur Veranschaulichung und dem besseren Verständnis der Lösungen helfen dir zahlreiche Skizzen.

Versuche stets, jede Aufgabe zunächst selbstständig zu lösen, und dann deine Lösung mit den Lösungen im Buch zu vergleichen. Solltest du nicht weiterkommen, helfen dir die **Hinweise und Tipps**. Hast du eine Aufgabe nicht richtig gelöst, ist es ganz wichtig, diese zu einem späteren Zeitpunkt noch einmal durchzurechnen. Durch das Üben wirst du dich sicher fühlen und kannst beruhigt in die Prüfung gehen.

Wir wünschen dir viel Erfolg!

Autoren: Training Grundwissen und komplexe Aufgaben: Markus Hochholzer, Markus Schmidl
Aufgaben im Stil der Prüfung und Original-Abschlussprüfung: Alois Einhauser

Training Grundwissen

1 Grundwissen 5.–8. Klasse

Hinweise und Tipps

1 a) $\underbrace{11{,}5 : \frac{1}{2}}_{\text{Quotient}} \overbrace{+}^{\text{Addition}} \underbrace{11{,}5 \cdot \frac{1}{2}}_{\text{Produkt}} = 23 + 5{,}75 = 28{,}75$

Die Division durch $\frac{1}{2}$ entspricht der Multiplikation mit 2.

b) $\underbrace{(4{,}5 - 6)}_{\text{Differenz}} \overbrace{\cdot}^{\text{Multiplikation}} \underbrace{(17 + 4)}_{\text{Summe}} = -1{,}5 \cdot 21 = -31{,}5$

c) $\underbrace{\left[100 - \overbrace{(-5 \cdot (-6))}^{\text{Produkt}}\right]}_{\text{Differenz}} \overbrace{:}^{\text{Division}} \underbrace{\left(2\frac{5}{8} : \frac{3}{8}\right)}_{\text{Quotient}} = [100 - 30] : \left(\frac{21}{8} \cdot \frac{8}{3}\right) = 70 : 7 = 10$

---

2 a) $T(\mathbf{-6}) = (2 \cdot (\mathbf{-6}) - 1)^2 = (-12 - 1)^2 = (-13)^2 = 169$

$T(\mathbf{0}) = (2 \cdot (\mathbf{0}) - 1)^2 = (0 - 1)^2 = (-1)^2 = 1$

$T\left(\frac{\mathbf{1}}{\mathbf{3}}\right) = \left(2 \cdot \frac{\mathbf{1}}{\mathbf{3}} - 1\right)^2 = \left(\frac{2}{3} - 1\right)^2 = \left(-\frac{1}{3}\right)^2 = \frac{1}{9}$

Wertetabelle:

x	-6	0	$\frac{1}{3}$
T(x)	169	1	$\frac{1}{9}$

b) $T(\mathbf{-6}) = -\frac{3}{2}(\mathbf{-6}) + 5 = \frac{18}{2} + 5 = 9 + 5 = 14$

$T(\mathbf{0}) = -\frac{3}{2} \cdot \mathbf{0} + 5 = 0 + 5 = 5$

$T\left(\frac{\mathbf{1}}{\mathbf{3}}\right) = -\frac{3}{2} \cdot \frac{\mathbf{1}}{\mathbf{3}} + 5 = -\frac{1}{2} + 5 = 4\frac{1}{2}$

Wertetabelle:

x	-6	0	$\frac{1}{3}$
T(x)	14	5	$4\frac{1}{2}$

c) $T(\mathbf{-6}) = \frac{\mathbf{-6} - 7}{(\mathbf{-6})^2} = \frac{-13}{36} = -\frac{13}{36}$

$T(\mathbf{0}) = \frac{\mathbf{0} - 7}{(\mathbf{0})^2}$ nicht definiert

$T\left(\frac{\mathbf{1}}{\mathbf{3}}\right) = \frac{\frac{\mathbf{1}}{\mathbf{3}} - 7}{\left(\frac{\mathbf{1}}{\mathbf{3}}\right)^2} = \frac{-6\frac{2}{3}}{\frac{1}{9}} = -6\frac{2}{3} : \frac{1}{9} = -\frac{20}{\cancel{3}^1} \cdot \frac{\cancel{9}^3}{1} = -60$

Hinweise und Tipps

Wertetabelle:

x	-6	0	$\frac{1}{3}$
T(x)	$-\frac{13}{36}$	n. def.	-60

3 a) $\frac{1}{6}a^3 - \frac{1}{2}a^2 + a^3 + \frac{1}{4}a^2$
$= a^3\left(\frac{1}{6}+1\right) + a^2\left(-\frac{1}{2}+\frac{1}{4}\right)$
$= 1\frac{1}{6}a^3 - \frac{1}{4}a^2$

Die gleichartigen Terme $\frac{1}{6}a^3$ und a^3 bzw. $\frac{1}{2}a^2$ und $\frac{1}{4}a^2$ können jeweils zusammengefasst werden, indem man ihre Koeffizienten addiert bzw. subtrahiert.

b) $-\left(\frac{2}{3}\right)^2 c + \frac{5}{6}c^2 + 3^{-2}c - \left(\frac{6}{1}\right)^{-1} c^2$

Beachte: $\left(\frac{6}{1}\right)^{-1} = \frac{1}{6}$

$= -\frac{4}{9}c + \frac{5}{6}c^2 + \frac{1}{3^2}c - \frac{1}{6}c^2$

Die gleichartigen Terme mit c bzw. c^2 können zusammengefasst werden.

$= c\left(-\frac{4}{9}+\frac{1}{9}\right) + c^2\left(\frac{5}{6}-\frac{1}{6}\right)$
$= -\frac{3}{9}c + \frac{4}{6}c^2$

Kürzen

$= \frac{2}{3}c^2 - \frac{1}{3}c$

Es ist üblich, die Summanden, beginnend mit der höchsten Potenz, zu ordnen.

c) $\frac{1}{2}x^2y \cdot \frac{3}{4} \cdot 1{,}5x \cdot (-4)y^2$

Wende das Kommutativgesetz der Multiplikation an, um nach Koeffizienten und Variablen zu ordnen.

$= \frac{1}{2} \cdot \frac{3}{4} \cdot 1{,}5 \cdot (-4) \cdot x^2x \cdot yy^2$

1. Potenzgesetz anwenden

$= -4 \cdot \frac{1}{2} \cdot \frac{3}{4} \cdot \frac{3}{2} \cdot x^3y^3$
$= -4 \cdot \frac{9}{16}x^3y^3$
$= -2\frac{1}{4}x^3y^3$

d) $0{,}5x \cdot 0{,}3x^2z \cdot 6z^5x^2 \cdot z^{-5}x^4$
$= 0{,}5 \cdot 0{,}3 \cdot 6 \cdot x \cdot x^2 \cdot x^2 \cdot x^4 \cdot z \cdot z^5 \cdot z^{-5}$

Wende das Kommutativgesetz der Multiplikation an, um nach Koeffizienten und Variablen zu ordnen.

$= 6 \cdot \frac{1}{2} \cdot \frac{3}{10} \cdot x \cdot x^2 \cdot x^2 \cdot x^4 \cdot z \cdot z^5 \cdot z^{-5}$

1. Potenzgesetz anwenden

$= \frac{9}{10}x^9z$

e) $2ab^2 \cdot (-3b^2) + (-6b^3) \cdot (-ab)$

Beachte die Regel: Punkt vor Strich!

$= 2 \cdot (-3)ab^2b^2 + (-6 \cdot (-1)ab^3b)$
$= -6ab^4 + 6ab^4$

Die gleichartigen Summanden können addiert werden.

$= 0$

f) $-4a \cdot (2b)^2 + (-7a)^2 + 2b(ba) \cdot 2^3 - (7a)^2$

Beachte: $(-7)^2 = 49 \neq -49 = -7^2$

$= -4a \cdot 4b^2 + 49a^2 + 2b(ba) \cdot 8 - 49a^2$
$= -16ab^2 + 16ab^2$
$= 0$

Hinweise und Tipps

4

$u(x) = |\overline{AB}| + |\overline{BC}| + |\overline{CA}|$ — Summe der Längen der drei Seiten

$u(x) = [(4x - 1{,}2) + (2{,}5x) + (6 - 1{,}5x)]$ LE

$u(x) = (4x - 1{,}2 + 2{,}5x + 6 - 1{,}5x)$ LE — Zusammenfassen

$u(x) = (5x + 4{,}8)$ LE

5

a) $(8u + 4v) - 2u - (u - 5v) + 6u$

$= (8u + 4v) - 2u - (+u - 5v) + 6u$ — Beachte: Steht ein Minuszeichen vor der Klammer, so müssen die Vorzeichen der Summanden umgekehrt werden.

$= \underline{8u} + \underline{\underline{4v}} - \underline{2u} - \underline{u} + \underline{\underline{5v}} + \underline{6u}$ — Gleichartige Summanden zusammenfassen

$= 11u + 9v$

b) $-\frac{3}{8}x - 1{,}4y - \left(-\frac{5}{16}x + \frac{4}{5}y\right)$ — Beachte: Steht ein Minuszeichen vor der Klammer, so müssen die Vorzeichen der Summanden umgekehrt werden.

$= -\frac{3}{8}x - 1{,}4y + \frac{5}{16}x - \frac{4}{5}y$ — Dezimalbrüche in Bruchschreibweise umformen

$= -\frac{3}{8}x - 1\frac{2}{5}y + \frac{5}{16}x - \frac{4}{5}y$ — Erweitere auf den jeweiligen Hauptnenner.

$= -\frac{6}{16}x - 1\frac{2}{5}y + \frac{5}{16}x - \frac{4}{5}y$ — Gleichartige Summanden zusammenfassen

$= -\frac{1}{16}x - 2\frac{1}{5}y$

c) $-\left(-\frac{7}{10}a - 5\frac{1}{2} + \frac{4}{5}ab^2\right) + \left(-3 + \frac{4}{5}a - 2\frac{1}{2}ab^2\right)$

$= \frac{7}{10}a + 5\frac{1}{2} - \frac{4}{5}ab^2 - 3 + \frac{4}{5}a - 2\frac{1}{2}ab^2$

$= -\frac{4}{5}ab^2 - 2\frac{1}{2}ab^2 + \frac{7}{10}a + \frac{4}{5}a + 5\frac{1}{2} - 3$

$= -\frac{8}{10}ab^2 - \frac{25}{10}ab^2 + \frac{7}{10}a + \frac{8}{10}a + 5\frac{1}{2} - 3$ — Gleichartige Summanden zusammenfassen

$= -\frac{33}{10}ab^2 + \frac{15}{10}a + 2\frac{1}{2}$

$= -3\frac{3}{10}ab^2 + 1\frac{1}{2}a + 2\frac{1}{2}$

d) $\left(-c + \frac{7}{3}a^2b\right) - \left(-\frac{1}{4}ab + \frac{2}{3}a^2b\right) + \left(c + \frac{3}{4}ab - \frac{5}{3}a^2b\right)$

$= -c + \frac{7}{3}a^2b + \frac{1}{4}ab - \frac{2}{3}a^2b + c + \frac{3}{4}ab - \frac{5}{3}a^2b$

$= \frac{7}{3}a^2b - \frac{2}{3}a^2b - \frac{5}{3}a^2b + \frac{1}{4}ab + \frac{3}{4}ab - c + c$ — Gleichartige Summanden zusammenfassen

$= ab$

6

a) $5 \cdot (a - 3b) + a \cdot (2b - 8)$ — Jeder Summand der ersten Klammer wird mit dem Faktor 5 und jeder Summand der zweiten Klammer mit dem Faktor a multipliziert.

$= \underline{5a} - 15b + 2ab - \underline{8a}$ — Gleichartige Summanden zusammenfassen

$= -3a - 15b + 2ab$

Hinweise und Tipps

b) $4\sqrt{3}\cdot(\sqrt{3}+2\sqrt{5})$

$=4\sqrt{3}\cdot\sqrt{3}+4\sqrt{3}\cdot 2\sqrt{5}$

$=4\cdot 3+4\cdot 2\cdot\sqrt{3}\cdot\sqrt{5}$

$=12+8\sqrt{3\cdot 5}$

$=12+8\sqrt{15}$

Jeder Summand in der Klammer wird mit $4\sqrt{3}$ multipliziert.

Beachte: $\sqrt{x}\cdot\sqrt{x}=x$, hier: $\sqrt{3}\cdot\sqrt{3}=3$

Beachte: $\sqrt{3}\cdot\sqrt{5}=\sqrt{3\cdot 5}$

c) $\left(\frac{1}{4}\right)^{-2}a^2b^3\cdot\left(-\frac{1}{2}b+8a^4b\right)$

$=4^2a^2b^3\cdot\left(-\frac{1}{2}b+8a^4b\right)$

$=16a^2b^3\cdot\left(-\frac{1}{2}b+8a^4b\right)$

$=16a^2b^3\cdot\left(-\frac{1}{2}b\right)+16a^2b^3\cdot 8a^4b$

$=-8a^2b^4+128a^6b^4$

Beachte: $\left(\frac{1}{4}\right)^{-2}=4^2$

d) $-\frac{1}{2}x\cdot\left(3x-\frac{1}{2}\right)^2-1{,}5(x+1)^2\cdot 3x$

$=-\frac{1}{2}x\cdot\left(9x^2-3x+\frac{1}{4}\right)-\frac{3}{2}(x^2+2x+1)\cdot 3x$

$=-\frac{9}{2}x^3+\frac{3}{2}x^2-\frac{1}{8}x-\frac{9}{2}x(x^2+2x+1)$

$=-\frac{9}{2}x^3+\frac{3}{2}x^2-\frac{1}{8}x-\frac{9}{2}x^3-\frac{18}{2}x^2-\frac{9}{2}x$

$=-\frac{9}{2}x^3-\frac{9}{2}x^3+\frac{3}{2}x^2-\frac{18}{2}x^2-\frac{1}{8}x-\frac{9}{2}x$

$=-9x^3-7\frac{1}{2}x^2-\frac{1}{8}x-\frac{36}{8}x$

$=-9x^3-7\frac{1}{2}x^2-4\frac{5}{8}x$

Beachte: Potenz vor Punkt vor Strich
Wende die 2. und die 1. binomische Formel an.

Beachte das Minuszeichen vor der Klammer.

Summanden ordnen

Es ist üblich, die Summanden, beginnend mit der höchsten Potenz, zu ordnen.

---

7 a) $\left(1\frac{1}{3}x-2\frac{1}{2}y\right)\cdot\left(-2\frac{1}{4}x+1\frac{1}{5}y\right)$

$=1\frac{1}{3}x\cdot\left(-2\frac{1}{4}x\right)+1\frac{1}{3}x\cdot 1\frac{1}{5}y-2\frac{1}{2}y\cdot\left(-2\frac{1}{4}x\right)-2\frac{1}{2}y\cdot 1\frac{1}{5}y$

$=\frac{4}{3}x\cdot\left(-\frac{9}{4}x\right)+\frac{4}{3}x\cdot\frac{6}{5}y-\frac{5}{2}y\cdot\left(-\frac{9}{4}x\right)-\frac{5}{2}y\cdot\frac{6}{5}y$

$=-3x^2+\frac{8}{5}xy+\frac{45}{8}xy-3y^2$

$=-3x^2+7\frac{9}{40}xy-3y^2$

Jeder Summand der ersten Summe wird mit jedem Summanden der zweiten Summe multipliziert.

Gleichartige Summanden zusammenfassen

b) $-(3a-7b)\cdot(-2a-7b)$

$=-(-6a^2-21ab+14ab+49b^2)$

$=-(-6a^2-7ab+49b^2)$

$=6a^2+7ab-49b^2$

Jeder Summand der ersten Summe wird mit jedem Summanden der zweiten Summe multipliziert.

Beachte: Steht ein Minuszeichen vor der Klammer, so müssen die Vorzeichen der Summanden umgekehrt werden.

Hinweise und Tipps

c) $(4x-5y)\cdot(x-y)\cdot(3x+2y)$

Zunächst werden die beiden ersten Summen multipliziert.

$=(4x^2-4xy-5xy+5y^2)\cdot(3x+2y)$

Die neu entstandene Summe wird nun mit der dritten Summe multipliziert.

$=(4x^2-9xy+5y^2)\cdot(3x+2y)$

$=12x^3+8x^2y-27x^2y-18xy^2+15xy^2+10y^3$

Gleichartige Summanden zusammenfassen

$=12x^3-19x^2y-3xy^2+10y^3$

d) $\left(4x^2-\frac{3}{4}y^3\right)\cdot\left(\frac{1}{3}x-\frac{2}{5}y^2\right)$

$=4x^2\cdot\frac{1}{3}x+4x^2\cdot\left(-\frac{2}{5}y^2\right)+\left(-\frac{3}{4}y^3\right)\cdot\frac{1}{3}x+\left(-\frac{3}{4}y^3\right)\cdot\left(-\frac{2}{5}y^2\right)$

$=\frac{4}{3}x^3-\frac{8}{5}x^2y^2-\frac{1}{4}xy^3+\frac{3}{10}y^5$

---

8 a) $6wx^3-9wx^2+12wx$

Ermittle gemeinsame Faktoren.

$=\mathbf{3}\cdot 2\cdot\mathbf{w}\cdot\mathbf{x}\cdot x^2-\mathbf{3}\cdot\mathbf{w}\cdot\mathbf{x}\cdot 3x+\mathbf{3}\cdot\mathbf{w}\cdot\mathbf{x}\cdot 4$

Klammere gemeinsame Faktoren aus.

$=\mathbf{3wx}(2x^2-3x+4)$

b) $-5ax-20xy+25x^2$

Ermittle gemeinsame Faktoren und klammere sie aus.

$=\mathbf{-5}\cdot a\cdot\mathbf{x}-\mathbf{5}\cdot 4\cdot\mathbf{x}\cdot y+\mathbf{5}\cdot 5\cdot\mathbf{x}\cdot x$

$=\mathbf{5x}(-a-4y+5x)$

$=-5x(a+4y-5x)$

c) $(a+b)\cdot x+(a+b)\cdot y=(a+b)(x+y)$

Ermittle gemeinsame Faktoren – auch der gemeinsame Faktor $(a+b)$ kann ausgeklammert werden.

d) $-34a^2c^2+17ac^3-51a^2c^2=-17ac^2(2a-c+3a)$

---

9 a) $25b^2+40bc+16c^2$

1. binomische Formel „rückwärts"

$=(5b)^2+2\cdot(5b\cdot 4c)+(4c)^2$

$=(5b+4c)^2$

b) $\frac{9}{16}m^2+\frac{3}{4}mp+\frac{1}{4}p^2$

1. binomische Formel „rückwärts"

$=\left(\frac{3}{4}m\right)^2+2\cdot\left(\frac{3}{4}m\cdot\frac{1}{2}p\right)+\left(\frac{1}{2}p\right)^2$

$=\left(\frac{3}{4}m+\frac{1}{2}p\right)^2$

c) $0{,}25-36g^2=(0{,}5+6g)(0{,}5-6g)$

3. binomische Formel „rückwärts"

d) $0{,}81a^8-49a^{-6}=(0{,}9a^4-7a^{-3})(0{,}9a^4+7a^{-3})$

Beachte: $(7a^{-3})^2 \overset{\text{5. Potenzgesetz}}{=} 49a^{-3\cdot 2}=49a^{-6}$

---

10 a) $(2p+q)^2-(2p-q)^2$

Wende die 1. und 2. binomische Formel an.

$=4p^2+4pq+q^2-(4p^2-4pq+q^2)$

Klammer auflösen

$=4p^2+4pq+q^2-4p^2+4pq-q^2$

Zusammenfassen

$=4p^2-4p^2+q^2-q^2+4pq+4pq$

$=8pq$

Hinweise und Tipps

b) $\left(\frac{3}{4}u-0{,}8v\right)^2$

Es empfiehlt sich, Dezimalbrüche in gewöhnliche Brüche umzuformen.

$=\left(\frac{3}{4}u-\frac{4}{5}v\right)^2$

2. binomische Formel anwenden

$=\left(\frac{3}{4}u\right)^2-2\cdot\frac{3}{4}u\cdot\frac{4}{5}v+\left(\frac{4}{5}v\right)^2$

Rechtzeitig kürzen

$=\frac{9}{16}u^2-2\cdot\frac{3}{\not 4}\frac{\not 4}{5}uv+\frac{16}{25}v^2$

$=\frac{9}{16}u^2-\frac{6}{5}uv+\frac{16}{25}v^2$

$=\frac{9}{16}u^2-1\frac{1}{5}uv+\frac{16}{25}v^2$

c) $(a^3-3b^2)^2$

2. binomische Formel anwenden

$=(a^3)^2-2\cdot a^3\cdot 3b^2+(3b^2)^2$

5. Potenzgesetz anwenden

$=a^6-2\cdot 3a^3b^2+9b^4$

$=a^6-6a^3b^2+9b^4$

d) $(4a-5)^2-(6a+7)^2+5(2a+4)(2a-4)$

Binomische Formeln anwenden

$=(4a)^2-2\cdot 4a\cdot 5+5^2-[(6a)^2+2\cdot 6a\cdot 7+7^2]+5[(2a)^2-4^2]$

$=16a^2-2\cdot 4\cdot 5a+25-(36a^2+2\cdot 6\cdot 7a+49)+5(4a^2-16)$

$=16a^2-40a+25-(36a^2+84a+49)+20a^2-80$

$=16a^2-40a+25-36a^2-84a-49+20a^2-80$

Zusammenfassen

$=16a^2-36a^2+20a^2-40a-84a+25-49-80$

$=-124a-104$

e) $(3y+2)^3$

Faktorisieren, um die 1. binomische Formel anwenden zu können

$=(3y+2)^2(3y+2)$

$=[(3y)^2+2\cdot 3y\cdot 2+2^2]\cdot(3y+2)$

$=(9y^2+2\cdot 3\cdot 2y+4)\cdot(3y+2)$

$=(9y^2+12y+4)\cdot(3y+2)$

Jeder Summand der ersten Summe wird mit jedem Summanden der zweiten Summe multipliziert.

$=27y^3+18y^2+36y^2+24y+12y+8$

Zusammenfassen

$=27y^3+54y^2+36y+8$

f) $(\sqrt{8}-3\sqrt{18})^2$

$=\sqrt{8}^2-2\cdot\sqrt{8}\cdot 3\sqrt{18}+(3\sqrt{18})^2$

$\sqrt{8}^2=8$

$=8-6\sqrt{8\cdot 18}+9\cdot 18$

$\sqrt{8\cdot 18}=\sqrt{8\cdot 2\cdot 9}=\sqrt{16\cdot 9}=4\cdot 3=12$

$=8-6\sqrt{16\cdot 9}+162$

$=170-6\cdot 12$

$=98$

Hinweise und Tipps

11 $A_{rot}(x) = A_{gr.\,Quadrat} - A_{kl.\,Quadrat}$ — $A_{rot}(x)$ = Differenz von $A_{gr.\,Quadrat}$ und $A_{kl.\,Quadrat}$

$A_{rot}(x) = [(x+3)^2 - (x-4)^2]$ FE — Binomische Formeln anwenden

$A_{rot}(x) = [x^2 + 6x + 9 - (x^2 - 8x + 16)]$ FE

$A_{rot}(x) = (x^2 + 6x + 9 - x^2 + 8x - 16)$ FE — Zusammenfassen

$A_{rot}(x) = (14x - 7)$ FE

---

12 $A_{rot}(x) = \frac{1}{2}A_{gr.\,Quadrat}$ — Die Diagonale teilt das Quadrat in zwei kongruente Teildreiecke.

$A_{rot}(x) = \left[\frac{1}{2}(x+5)^2\right]$ FE — Anwendung der 1. binomischen Formel „Potenz vor Punkt …“ beachten

$A_{rot}(x) = \left[\frac{1}{2}(x^2 + 10x + 25)\right]$ FE — Ausmultiplizieren

$A_{rot}(x) = \left(\frac{1}{2}x^2 + 5x + 12,5\right)$ FE

---

13 a) $T(x) = -4x^2 + 12x - 16$ — Der Faktor −4 wird ausgeklammert, indem man jeden Summanden in der Klammer durch den auszuklammernden Faktor dividiert.

$T(x) = -4[x^2 - 3x + 4]$ — Quadratisch ergänzen

$T(x) = -4[x^2 - 2 \cdot x \cdot 1,5 + \mathbf{1,5^2} - \mathbf{1,5^2} + 4]$ — Binomische Formel

$T(x) = -4[(x-1,5)^2 - 2,25 + 4]$ — Zusammenfassen

$T(x) = -4[(x-1,5)^2 + 1,75]$ — Ausmultiplizieren

$T(x) = -4(x-1,5)^2 - 7$

$T_{min} = -7$ für $x = 1,5$ — Minimalen Termwert und zugehörigen Wert für x angeben.

b) $T(a) = \frac{1}{2}a^2 - 12a + 16$ — Der Faktor $\frac{1}{2}$ wird ausgeklammert, indem man jeden Summanden in der Klammer durch den auszuklammernden Faktor dividiert.

$T(a) = \frac{1}{2}[a^2 - 24a + 32]$ — Quadratisch ergänzen

$T(a) = \frac{1}{2}[a^2 - 24a + \mathbf{12^2} - \mathbf{12^2} + 32]$ — Binomische Formel

$T(a) = \frac{1}{2}[(a-12)^2 - 144 + 32]$ — Zusammenfassen

$T(a) = \frac{1}{2}[(a-12)^2 - 112]$ — Ausmultiplizieren

$T(a) = \frac{1}{2}(a-12)^2 - 56$

$T_{min} = -56$ für $a = 12$ — Ergebnis angeben

c) $A(x) = (-0,5x^2 + 4x + 8)\ cm^2$ — Der Faktor −0,5 wird ausgeklammert, indem man jeden Summanden in der Klammer durch den auszuklammernden Faktor dividiert.

$A(x) = -0,5[x^2 - 8x - 16]\ cm^2$ — Quadratisch ergänzen

$A(x) = -0,5[x^2 - 8x + \mathbf{4^2} - \mathbf{4^2} - 16]\ cm^2$ — Binomische Formel

Hinweise und Tipps

$A(x) = -0{,}5[(x-4)^2 - 16 - 16]\ \text{cm}^2$	Zusammenfassen durch Ausmultiplizieren
$A(x) = [-0{,}5(x-4)^2 + 16]\ \text{cm}^2$	
$A_{max} = 16\ \text{cm}^2$ für $x = 4$	Ergebnis angeben, dabei Maßeinheit nicht vergessen
d) $T(x) = 3x \cdot (x+1) - 2x^2$	Bringe den Term auf die Form $ax^2 + bx + c$ ($a, b, c, x \in \mathbb{Q}$; $a \neq 0$).
$T(x) = \underline{3x^2} + 3x - \underline{2x^2}$	Gleichartige Summanden zusammenfassen
$T(x) = x^2 + 3x$	In diesem Fall ist $c = 0$.
$T(x) = x^2 + 2 \cdot x \cdot 1{,}5 + \mathbf{1{,}5^2} - \mathbf{1{,}5^2}$	Quadratisch ergänzen – Anwendung der 1. binomischen Formel
$T(x) = (x+1{,}5)^2 - 1{,}5^2$	Vereinfachen
$T(x) = (x+1{,}5)^2 - 2{,}25$	
$T_{min} = -2{,}25$ für $x = -1{,}5$	Ergebnis angeben

14

a) $A(x) = x \cdot (14-x)\ \text{cm}^2$	Bei einem Umfang von 28 cm sind die Seiten eines Rechtecks kleiner als 14 cm.
$A(x) = (14x - x^2)\ \text{cm}^2$	Länge: x cm; Breite: $(28-2x)\ \text{cm} : 2 = (14-x)\ \text{cm}$
$A(x) = (-x^2 + 14x)\ \text{cm}^2$	Es ist üblich, die Summanden beginnend mit der höchsten Potenz zu ordnen.

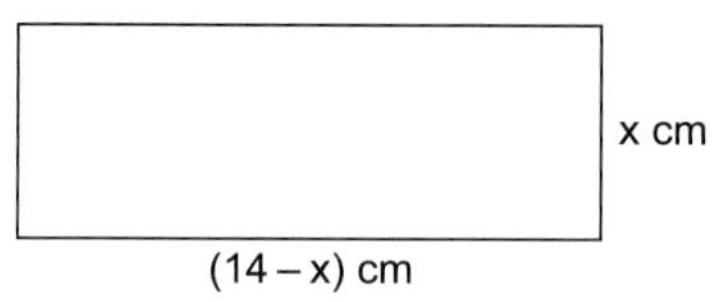

b) $A(x) = (-x^2 + 14x)\ \text{cm}^2$	Faktor –1 ausklammern
$A(x) = -[x^2 - 14x]\ \text{cm}^2$	Quadratisch ergänzen
$A(x) = -[x^2 - 14x + 7^2 - 7^2]\ \text{cm}^2$	2. binomische Formel
$A(x) = -[(x-7)^2 - 49]\ \text{cm}^2$	
$A(x) = (-(x-7)^2 + 49)\ \text{cm}^2$	
$A_{max} = 49\ \text{cm}^2$ für $x = 7$	Art und zugehörigen Wert des Extremums angeben Maßeinheit nicht vergessen

15

a)

$V(x) = \ell \cdot b \cdot h$

$V(x) = (12-x) \cdot 5 \cdot (4+x)\ \text{cm}^3$

$V(x) = 5 \cdot (12-x)(4+x)\ \text{cm}^3$

$V(x) = 5 \cdot (48 + 12x - 4x - x^2)\ \text{cm}^3$

$V(x) = 5 \cdot (48 + 8x - x^2)\ \text{cm}^3$

$V(x) = (-5x^2 + 40x + 240)\ \text{cm}^3$

b) $V(x) = (-5x^2 + 40x + 240)\ \text{cm}^3$	Faktor –5 ausklammern
$V(x) = -5[x^2 - 8x - 48]\ \text{cm}^3$	Quadratisch ergänzen
$V(x) = -5[x^2 - 8x + 4^2 - 4^2 - 48]\ \text{cm}^3$	2. binomische Formel
$V(x) = -5[(x-4)^2 - 16 - 48]\ \text{cm}^3$	
$V(x) = -5[(x-4)^2 - 64]\ \text{cm}^3$	
$V(x) = [-5(x-4)^2 + 320]\ \text{cm}^3$	
$V_{max} = 320\ \text{cm}^3$ für $x = 4$	Art und zugehörigen Wert des Extremums angeben Maßeinheit nicht vergessen
$\Rightarrow\ \ell = 8\ \text{cm};\ b = 5\ \text{cm};\ h = 8\ \text{cm}$	Maße des Quaders mit dem größten Volumen
$O = 2 \cdot [\ell \cdot b + \ell \cdot h + b \cdot h]$	Oberflächenformel des Quaders
$O(x) = 2 \cdot [(12-x) \cdot 5 + (12-x) \cdot (4+x) + 5 \cdot (4+x)]\ \text{cm}^2$	Ausmultiplizieren

✎ Hinweise und Tipps

$O(x) = 2 \cdot [60 - 5x + 48 + 12x - 4x - x^2 + 20 + 5x]\ cm^2$

Zusammenfassen

$O(x) = 2 \cdot [-x^2 + 8x + 128]\ cm^2$

$O(x) = (-2x^2 + 16x + 256)\ cm^2$

$O(x) = -2[x^2 - 8x - 128]\ cm^2$

$O(x) = -2[x^2 - 8x + 4^2 - 4^2 - 128]\ cm^2$

$O(x) = -2[(x-4)^2 - 16 - 128]\ cm^2$

$O(x) = -2[(x-4)^2 - 144]\ cm^2$

$O(x) = (-2(x-4)^2 + 288)\ cm^2$

$O_{max} = 288\ cm^2$ für $x = 4$

$\Rightarrow\ \ell = 8$ cm; $b = 5$ cm; $h = 8$ cm

Maße des Quaders mit der größten Oberfläche

Der Quader mit dem größten Volumen hat auch die größte Oberfläche.

Diese Aussage gilt nicht für beliebige Quader!

---

16 a)

Nach der zu bestimmenden Variablen auflösen

$$
\begin{aligned}
& -\frac{2}{3}x + 17 = 3\frac{1}{2}x && \left| -3\frac{1}{2}x \right. \\
\Leftrightarrow\ & -\frac{2}{3}x - 3\frac{1}{2}x + 17 = 0 && |-17 \\
\Leftrightarrow\ & -\frac{25}{6}x = -17 && \left| \cdot\left(-\frac{6}{25}\right) \right. \\
\Leftrightarrow\ & x = \frac{102}{25} \\
\Leftrightarrow\ & x = 4\frac{2}{25}
\end{aligned}
$$

$L = \left\{4\frac{2}{25}\right\}$

Lösungsmenge angeben

b)

$$
\begin{aligned}
& 13 + a > -7{,}5a && |+7{,}5a \\
\Leftrightarrow\ & 8\frac{1}{2}a + 13 > 0 && |-13 \\
\Leftrightarrow\ & \frac{17}{2}a > -13 && \left| \cdot\frac{2}{17} \right. \\
\Leftrightarrow\ & a > -\frac{26}{17} \\
\Leftrightarrow\ & a > -1\frac{9}{17}
\end{aligned}
$$

$L = \left\{a \,\middle|\, a > -1\frac{9}{17}\right\}$

c)

$$
\begin{aligned}
& (a+3)\cdot(a+2) + 12 = a^2 - 8 \\
\Leftrightarrow\ & a^2 + 2a + 3a + 6 + 12 = a^2 - 8 \\
\Leftrightarrow\ & a^2 + 5a + 18 = a^2 - 8 && |-a^2 \\
\Leftrightarrow\ & 5a + 18 = -8 && |-18 \\
\Leftrightarrow\ & 5a = -26 && \left| \cdot\frac{1}{5} \right. \\
\Leftrightarrow\ & a = -\frac{26}{5} \\
\Leftrightarrow\ & a = -5\frac{1}{5}
\end{aligned}
$$

$L = \left\{-5\frac{1}{5}\right\}$

Hinweise und Tipps

d)
$$(x+6)^2 = (x-3)^2$$
1. bzw. 2. binomische Formel beachten

$$\Leftrightarrow\ x^2+12x+36 = x^2-6x+9 \quad \big|-x^2$$
Zuerst die Strich-Umformungen …

$$\Leftrightarrow\ 12x+36 = -6x+9 \quad \big|+6x$$
$$\Leftrightarrow\ 18x+36 = 9 \quad \big|-36$$
$$\Leftrightarrow\ 18x = -27 \quad \Big|\cdot\frac{1}{18}$$
dann die Punkt-Umformung

$$\Leftrightarrow\ x = -\frac{27}{18}$$
$$\Leftrightarrow\ x = -1\frac{1}{2}$$
$$L = \left\{-1\frac{1}{2}\right\}$$

e)
$$(6z-3)-(8z-5) \geq (2z-4)-(3z+9)$$
Steht ein Minuszeichen vor der Klammer …

$$\Leftrightarrow\ 6z-3-8z+5 \geq 2z-4-3z-9$$
$$\Leftrightarrow\ -2z+2 \geq -z-13 \quad \big|+z$$
Zuerst die Strich-Umformungen …

$$\Leftrightarrow\ -z+2 \geq -13 \quad \big|-2$$
$$\Leftrightarrow\ -z \geq -15 \quad \big|\cdot(-1)$$
dann die Punkt-Umformung

$$\Leftrightarrow\ z \leq 15$$
$$L_{\mathbb{N}_0} = \{0; 1; 2; \ldots; 14; 15\}$$
$$L_{\mathbb{Z}} = \{\ldots; -3; -2; -1; \ldots; 14; 15\}$$
$$L_{\mathbb{R}} = \{z \mid z \leq 15\}$$

f)
$$4-2(x+1)^2 = -2(x-4)^2$$
Binomische Formeln anwenden

$$\Leftrightarrow\ 4-2(x^2+2x+1) = -2(x^2-8x+16)$$
Ausmultiplizieren

$$\Leftrightarrow\ 4-2x^2-4x-2 = -2x^2+16x-32$$
Zusammenfassen

$$\Leftrightarrow\ -2x^2-4x+2 = -2x^2+16x-32 \quad \big|+2x^2$$
Zuerst die Strich-Umformungen …

$$\Leftrightarrow\ -4x+2 = 16x-32 \quad \big|-16x$$
$$\Leftrightarrow\ -20x+2 = -32 \quad \big|-2$$
$$\Leftrightarrow\ -20x = -34 \quad \Big|\cdot\left(-\frac{1}{20}\right)$$
dann die Punkt-Umformung

$$\Leftrightarrow\ x = \frac{17}{10}$$
$$\Leftrightarrow\ x = 1\frac{7}{10}$$
$$L_{\mathbb{N}_0} = \varnothing; \quad L_{\mathbb{Z}} = \varnothing; \quad L_{\mathbb{R}} = \left\{1\frac{7}{10}\right\}$$

g)
$$\frac{4}{3}w(w-5)-4w-6 = (11-2w)\cdot\left(-\frac{2}{3}w\right)$$
$$\Leftrightarrow\ \frac{4}{3}w^2-\frac{20}{3}w-4w-6 = -\frac{22}{3}w+\frac{4}{3}w^2 \quad \Big|-\frac{4}{3}w^2$$
Zuerst die Strich-Umformungen …

$$\Leftrightarrow\ -\frac{32}{3}w-6 = -\frac{22}{3}w \quad \Big|+\frac{22}{3}w$$
$$\Leftrightarrow\ -\frac{10}{3}w-6 = 0 \quad \big|+6$$
$$\Leftrightarrow\ -\frac{10}{3}w = 6 \quad \Big|\cdot\left(-\frac{3}{10}\right)$$
dann die Punkt-Umformung

Hinweise und Tipps

$\Leftrightarrow \quad w = -\frac{18}{10}$

$\Leftrightarrow \quad w = -1\frac{4}{5}$

$L_{\mathbb{N}_0} = \varnothing;\quad L_{\mathbb{Z}} = \varnothing;\quad L_{\mathbb{R}} = \left\{-1\frac{4}{5}\right\}$

Lösungsmengen angeben, dabei die Grundmengen beachten

---

17 a) $\frac{8}{8-x} = 10$

$D = \mathbb{Q}\setminus\{8\}$ — Für x = 8 wäre der Nenner 0.

$\frac{8}{8-x} = 10 \quad |\cdot(8-x)$ — Multiplikation mit dem Nenner

$8 = 10\cdot(8-x)$ — Klammer ausmultiplizieren

$8 = 80-10x \quad |-80$ — x alleine auf eine Seite

$-72 = -10x \quad |:(-10)$ — Zuerst Strichumformung, dann Punktumformung (gilt nur für Äquivalenzumformungen)

$x = 7,2$ — Division durch eine negative Zahl → Vorzeichen umkehren

$L = \{7,2\}$ — x = 7,2 liegt in der Definitionsmenge D.

b) $\frac{5}{8} = \frac{12}{10-x}$ — Überkreuz multiplizieren

$D = \mathbb{Q}\setminus\{10\}$ — Für x = 10 wäre der Nenner 0.

$5\cdot(10-x) = 8\cdot 12$ — Ausmultiplizieren

$50-5x = 96 \quad |-50$ — x auf eine Seite, Zahlen auf die andere Seite

$-5x = 46 \quad |:(-5)$

$x = -9,2$ — $-9,2 \in D$

$L = \{-9,2\}$

c) $\frac{8}{x-4} = \frac{6}{2x-8} \quad |\cdot(x-4)\cdot(2x-8)$ — Überkreuz multiplizieren

$D = \mathbb{Q}\setminus\{4\}$ — Für x = 4 wären beide Nenner 0.

$8\cdot(2x-8) = 6\cdot(x-4)$ — Klammern ausmultiplizieren

$16x-64 = 6x-24 \quad |-6x+64$ — x auf eine Seite

$10x = 40 \quad |:10$

$x = 4$ — $4 \notin D$

$L = \varnothing$

d) $\frac{10}{0,5x} = \frac{6}{6-x} \quad G = \mathbb{Z}$

$D = \mathbb{Z}\setminus\{0; 6\}$ — Für x = 0 oder x = 6 wäre ein Nenner 0.

$10\cdot(6-x) = 3x$

$60-10x = 3x \quad |+10x$

$60 = 13x \quad |:13$

$x = 4\frac{8}{13}$ — $x = 4\frac{8}{13}$ ist keine ganze Zahl, also:

$4\frac{8}{13} \notin G = \mathbb{Z} \Rightarrow 4\frac{8}{13} \notin D$

$L = \varnothing$

Hinweise und Tipps

e) $\dfrac{36}{x-6}=\dfrac{72}{2x-12}$

$D=\mathbb{Q}\setminus\{6\}$

Für x = 6 sind beide Nenner 0.

$36\cdot(2x-12)=72\cdot(x-6)$

Ausmultiplizieren

$72x-432=72x-432$

Die beiden Seiten der Gleichung stimmen überein.

$L=\mathbb{Q}\setminus\{6\}$

Die Gleichung liefert also für jede Belegung aus der Definitionsmenge eine wahre Aussage! Die Belegung x = 6 ist dort ausgenommen.

f) $\dfrac{10-x}{10}=\dfrac{5-x}{2}$

Eigentlich keine Bruchgleichung, da die Variable nicht im Nenner vorkommt.

$D=\mathbb{Q}$

Der Nenner wird niemals 0.

$\dfrac{10-x}{10}=\dfrac{5-x}{2}$

Überkreuz multiplizieren

$(10-x)\cdot 2=(5-x)\cdot 10$

$20-2x=50-10x \quad |+10x-20$

$8x=30 \quad |:8$

$x=3{,}75$

$L=\{3{,}75\}$

oder:

$\dfrac{10}{10}-\dfrac{x}{10}=\dfrac{5}{2}-\dfrac{x}{2}$

„Division“ des Zählers durch den „Nenner“

$1-\dfrac{1}{10}x=2{,}5-\dfrac{1}{2}x \quad \left|+\dfrac{1}{2}x-1\right.$

$\dfrac{4}{10}x=1{,}5$

$0{,}4x=1{,}5 \quad |:0{,}4$

$x=3{,}75$

$L=\{3{,}75\}$

---

18 a) Gegeben: GW = 2 500 €; p % = 3,8 %
Gesucht: PW

Dreisatz:

$$\begin{array}{lrcrl} :100 & 100\,\% & \hat{=} & 2\,500\,€ & :100 \\ & 1\,\% & \hat{=} & 25\,€ & \\ \cdot 3{,}8 & 3{,}8\,\% & \hat{=} & 95\,€ & \cdot 3{,}8 \end{array}$$

Der GW entspricht immer 100 %.
Schließen auf 1 %
Schließen auf 3,8 %

oder:

Prozentformel:

$\dfrac{PW}{GW}=\dfrac{p}{100}$

Mit x für PW ergibt sich:

$\dfrac{x}{2\,500\,€}=\dfrac{3{,}8}{100} \quad |\cdot 2\,500\,€$

$x=0{,}038\cdot 2\,500\,€$

$x=95\,€$

Man erhält 95 € Zinsen nach einem Jahr.

Hinweise und Tipps

b) Gegeben: GW = 780 €, PW = 80 €
Gesucht: p %

Dreisatz:

$$\begin{aligned} 780\,€ &\hat{=} 100\,\% \\ 1\,€ &\hat{=} \frac{100}{780}\,\% \\ 80\,€ &\hat{=} \frac{100}{780}\,\% \cdot 80 = 10\frac{10}{39}\,\% \end{aligned}$$

(: 780 ; · 80)

Der Grundwert entspricht immer 100 %.

Gerundet auf zwei Dezimalstellen erhält man 10,26 %
oder:
Prozentformel: mit x für p

$$\frac{80}{780} = \frac{x}{100} \qquad |\cdot 100$$

$$x = \frac{80}{780} \cdot 100$$

$$x = 10{,}26$$

c) Gegeben: p % = 5 %; PW = 24
Gesucht: GW

Dreisatz:

$$\begin{aligned} 24 &\hat{=} 5\,\% \\ 4{,}8 &\hat{=} 1\,\% \\ 480 &\hat{=} 100\,\% \end{aligned}$$

(: 5 ; · 100)

Der Prozentwert entspricht immer p %.

oder:

Prozentformel mit x für GW:

$$\frac{24}{x} = \frac{5}{100} \qquad |\cdot 100 \cdot x$$

Überkreuz-Multiplikation

$$2\,400 = 5x \qquad |:5$$

$$x = 480$$

Die Firma hatte 480 Mitarbeiter.

d) Gegeben: PW = 300 m²; p % = 40 %
Gesucht: GW

Dreisatz:

$$\begin{aligned} 300\,m^2 &\hat{=} 40\,\% \\ 7{,}5\,m^2 &\hat{=} 1\% \\ 750\,m^2 &\hat{=} 100\,\% \end{aligned}$$

(: 40 ; · 100)

oder:

Prozentformel mit x für GW:

$$\frac{300\,m^2}{x} = \frac{40}{100} \qquad |\cdot x \cdot 100$$

$$300\,000\,m^2 = 40x \qquad |:40$$

$$750 = x$$

Das Grundstück hat 750 m^2.

Hinweise und Tipps

e) Gegeben: $p\,\% = 35\,\%$; $GW = 680$ Sitze
Gesucht: PW

Dreisatz:

$100\,\% \mathrel{\hat{=}} 680$ Sitze
$1\,\% \mathrel{\hat{=}} 6{,}8$ Sitze
$35\,\% \mathrel{\hat{=}} 238$ Sitze

oder:

Prozentformel mit x für PW:

$$\frac{x}{680} = \frac{35}{100} \quad |\cdot 680$$

$$x = \frac{35}{100} \cdot 680 = 238$$

Die Partei hat 238 Sitze im Parlament.

f) Gegeben: $GW = 10$ €
$PW = 117$ €
Gesucht: $p\,\%$

Der Grundwert ist der Ausgangswert, das Ganze.
Die Zunahme $(127 - 10 = 117)$ entspricht der Veränderung in Prozent.

Dreisatz:

$100\,\% \mathrel{\hat{=}} 10$ €
$10\,\% \mathrel{\hat{=}} 1$ €
$1\,170\,\% \mathrel{\hat{=}} 117$ €

oder:

Prozentformel mit x für p:

$$\frac{117}{10} = \frac{p}{100} \quad |\cdot 100$$

$$p = \frac{117}{10} \cdot 100 = 1\,170$$

Der Ölpreis hat um 1 170 % zugenommen.

g) Gegeben: $PW = 18$ €; $p\,\% = 80\,\%$

Wenn man 20 % Rabatt erhält, zahlt man nur 80 % des Preises!
Der Rabatt in € ist nicht bekannt.

Gesucht: GW

Dreisatz:

18 € $\mathrel{\hat{=}} 80\,\%$
$0{,}225$ € $\mathrel{\hat{=}} 1\,\%$
$22{,}5$ € $\mathrel{\hat{=}} 100\,\%$

oder:

Prozentformel mit x für GW:

$$\frac{18\text{ €}}{x} = \frac{80}{100} \quad |\cdot x \cdot 100$$

$$1\,800\text{ €} = 80x \quad |:80$$

$$x = 22{,}5\text{ €}$$

Das Buch hätte eigentlich 22,50 € gekostet.
Der Rabatt betrug also 4,50 € (≙ 20 % von 22,50 €!).

h) Die Aufgabe muss in zwei Schritten gelöst werden:

1. Tag:
Gegeben: GW = 100 €; p % = 8 %
Gesucht: PW

Dreisatz:
$100\,\% \triangleq 100\,€$
$1\,\% \triangleq 1\,€$
$8\,\% \triangleq 8\,€$

Die Aktie verliert also am ersten Tag 8 € an Wert und kostet 92 €.

2. Tag:
Gegeben: GW = 92 €; p % = 8 %
Gesucht: PW

Dreisatz:
$100\,\% \triangleq 92\,€$
$1\,\% \triangleq 0{,}92\,€$
$8\,\% \triangleq 0{,}92\,€ \cdot 8 = 7{,}36\,€$

Die Aktie gewinnt am zweiten Tag 7,36 €.
Sie kostet dann 99,36 €.

Hinweise und Tipps

Alternativ wäre auch eine Berechnung mit der Prozentformel möglich.

Beachte: Obwohl die Aktie prozentual gleich stark verliert und gewinnt, ist sie nachher weniger wert. Ursache ist der veränderte Grundwert!

---

19 Gegeben: $P'(7\,|\,-4)$; $\vec{v} = \begin{pmatrix} 3 \\ -5 \end{pmatrix}$

Gesucht: $P(x\,|\,y)$

$$\overrightarrow{PP'} = \vec{v}$$
$$\Leftrightarrow \begin{pmatrix} 7-x \\ -4-y \end{pmatrix} = \begin{pmatrix} 3 \\ -5 \end{pmatrix}$$
$$\Leftrightarrow 7-x = 3 \;\wedge\; -4-y = -5$$
$$\Leftrightarrow x = 4 \;\wedge\; y = 1$$

$P(4\,|\,1)$

Bestimme $\overrightarrow{PP'}$ nach der Regel „Spitze minus Fuß“.

Zeilenweise lösen!

Möglich wäre auch die Berechnung mithilfe des „Gegenpfeils“ $\vec{v}^* = \begin{pmatrix} -3 \\ 5 \end{pmatrix}$

P' wird mithilfe von $\vec{v}^*$ wieder auf P abgebildet. (Umkehrabbildung)

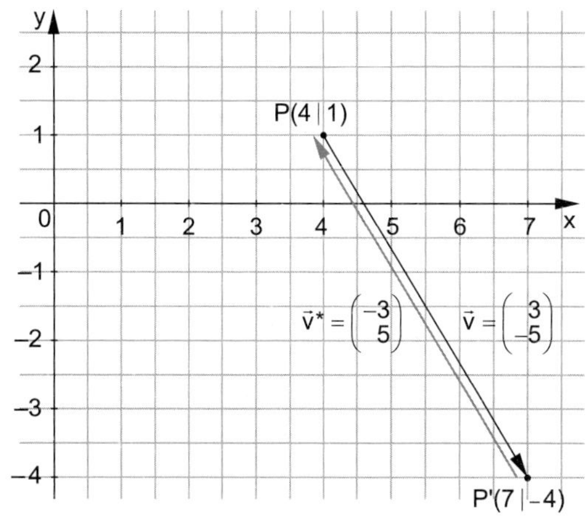

Hinweise und Tipps

20 Mittelpunktsformel:

$M_{\overline{AB}}\left(\frac{-2+5}{2}\,\middle|\,\frac{3+(-4)}{2}\right)$

$M_{\overline{AB}}(1{,}5\,|\,-0{,}5)$

oder:

Vektorvergleich von $\overrightarrow{AM}$ und $\overrightarrow{MB}$:

$\overrightarrow{AM} = \overrightarrow{MB} \qquad |\,M(x\,|\,y)$

$\Leftrightarrow \begin{pmatrix} x-(-2) \\ y-3 \end{pmatrix} = \begin{pmatrix} 5-x \\ -4-y \end{pmatrix}$

$\Leftrightarrow \begin{pmatrix} x+2 \\ y-3 \end{pmatrix} = \begin{pmatrix} 5-x \\ -4-y \end{pmatrix}$

$\Leftrightarrow x+2 = 5-x \ \wedge \ y-3 = -4-y$

$\Leftrightarrow 2x = 3 \ \wedge \ 2y = -1$

$\Leftrightarrow x = 1{,}5 \ \wedge \ y = -0{,}5$

$M(1{,}5\,|\,-0{,}5)$

Die beiden Pfeile, die man vergleicht, müssen zum selben Vektor gehören. Sie müssen also gleich lang, parallel sein und in dieselbe Richtung zeigen.

Möglich wäre auch ein Vergleich von $\overrightarrow{BM}$ und $\overrightarrow{MA}$.

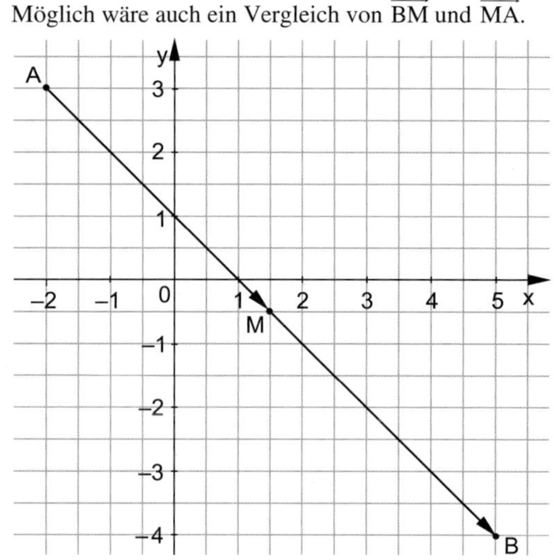

21 M ist der Mittelpunkt von $\overline{BD}$:

$M_{\overline{BD}}\left(\frac{5+0}{2}\,\middle|\,\frac{3+4}{2}\right)$

$M_{\overline{BD}}(2{,}5\,|\,3{,}5)$

Berechnung von C mithilfe von $M(2{,}5\,|\,3{,}5)$:

$\overrightarrow{AM} = \overrightarrow{MC} \qquad |\,C(x\,|\,y)$

$\Leftrightarrow \begin{pmatrix} 2{,}5-2 \\ 3{,}5-1 \end{pmatrix} = \begin{pmatrix} x-2{,}5 \\ y-3{,}5 \end{pmatrix}$

$\Leftrightarrow 0{,}5 = x-2{,}5 \ \wedge \ 2{,}5 = y-3{,}5$

$\Leftrightarrow 3 = x \ \wedge \ 6 = y$

$C(3\,|\,6)$

„Mittelpunktsformel“

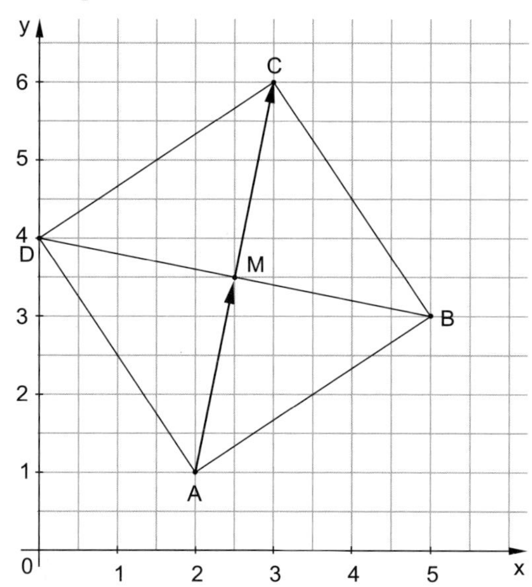

Möglich wäre auch ein Vergleich von $\overrightarrow{AD}$ und $\overrightarrow{BC}$.

22

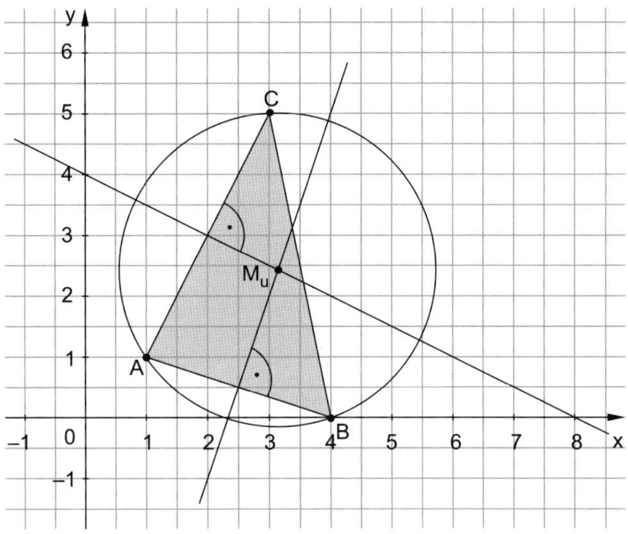

Hinweise und Tipps

Der Mittelpunkt des Umkreises ist der Schnittpunkt der Mittelsenkrechten.

Es genügen zwei Mittelsenkrechte.

Beachte: Der Mittelpunkt des Umkreises kann auch außerhalb des Dreiecks liegen. Verschiebe dazu den Punkt B nach B(2 | 0)!

23

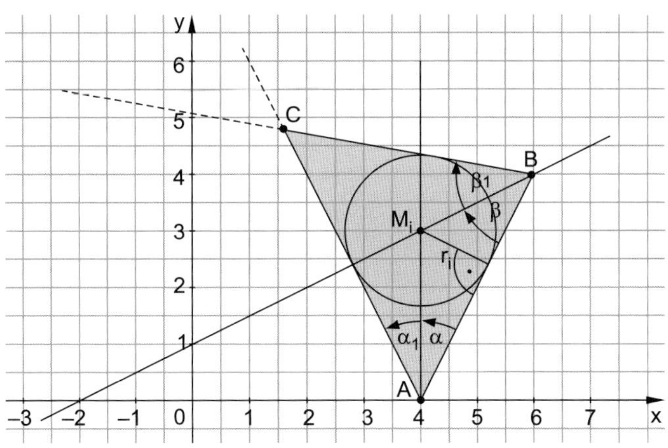

- Zeichne A, B und M_i ein.
- Zeichne die Halbgeraden [AM_i und [BM_i.
  Begründung: Der Inkreismittelpunkt ist der Schnittpunkt der Winkelhalbierenden.
- Spiegle den Winkel $\beta = \sphericalangle ABM_i$ an der Halbgeraden [BM_i.
  Miss dazu den Winkel und trage ihn maßgleich an der Halbgeraden an (oder führe die Achsenspiegelung des Punktes A an der Halbgeraden [BM_i durch und verbinde B mit A').
- Spiegle $\alpha = \sphericalangle BAM_i$ an der Halbgeraden [AM_i.
- C ist der Schnittpunkt der beiden Schenkel.
  Begründung: Die Halbgeraden [BM_i und [AM_i sind die Winkelhalbierenden der Winkel ABC und BAC.
- Der Radius des Inkreises ist das Lot von M_i auf eine Dreiecksseite (Abstand, Berührradius, Tangente).

24

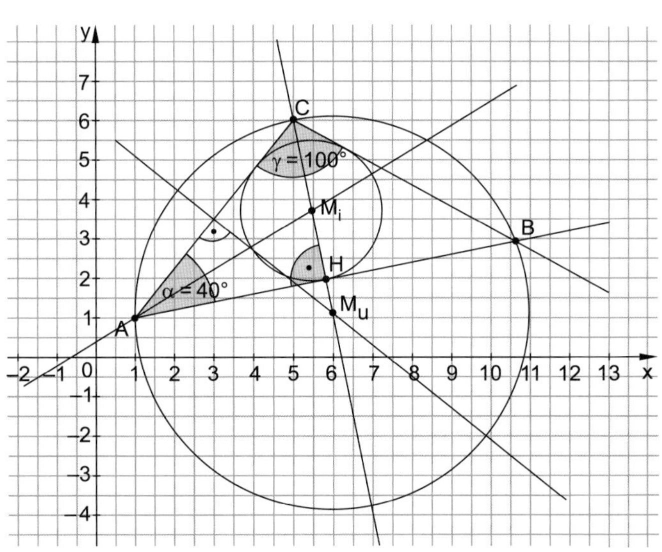

Zeichne $\overline{AC}$ und trage in A den Basiswinkel von 40° an.

Trage einen 100°-Winkel in C an.

Begründung:

- Basiswinkel sind maßgleich.
- Die Winkelsumme im Dreieck beträgt 180°.
  $180° - 2 \cdot 40° = 100°$
- Der Schnittpunkt der freien Schenkel ist B.

Inkreis:
Schnittpunkt der Winkelhalbierenden ist M_i.

Umkreis:
Schnittpunkt der Mittelsenkrechten ist M_u.

Hinweis:
Die Höhe auf die Basis ist zugleich Winkelhalbierende und Mittelsenkrechte.

25 Planfigur:

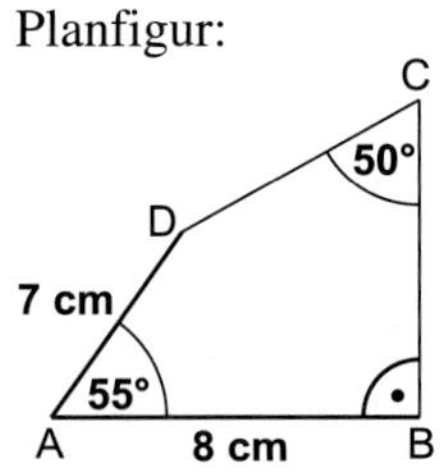

Zeichnung:

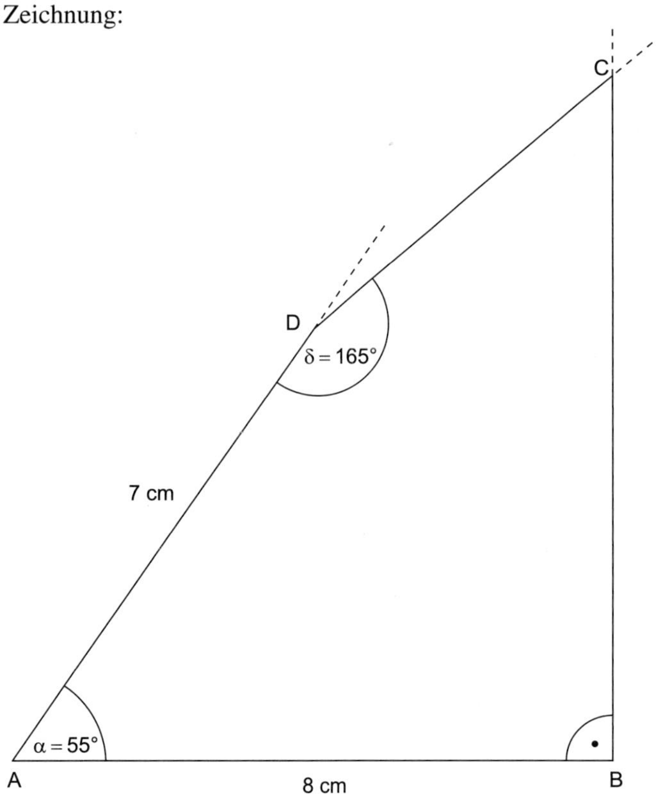

Hinweise und Tipps

Zeichne zuerst eine Planfigur, um dir einen Überblick zu verschaffen. Gegebene Größen sind fett gezeichnet.
Welche Größen lassen sich erschließen?
Hier: ∢ADC (Winkelsumme im Viereck!)

- Zeichne $\overline{AB}$ mit $|\overline{AB}| = 8$ cm.
- Trage in B den Winkel CBA mit 90° an.
- Trage in A den Winkel BAD mit 55° an.
- Zeichne D auf dem Schenkel ein mit $|\overline{AD}| = 7$ cm.
- Trage in D einen 165°-Winkel an.

Begründung:
Die Winkelsumme im Viereck beträgt 360°.
$360° - (90° + 55° + 50°) = 165°$
Der Schnittpunkt der Schenkel [BC und [DC ist der Punkt C.

26 Planfigur:

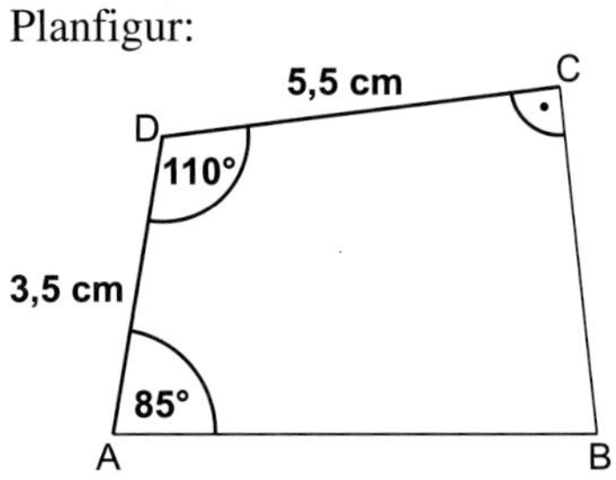

Zeichne ein beliebiges Viereck als Planfigur und trage gegebene Größen farbig (hier: fett) ein. So bekommst du einen Überblick über die gegebenen Größen.

Zeichnung:

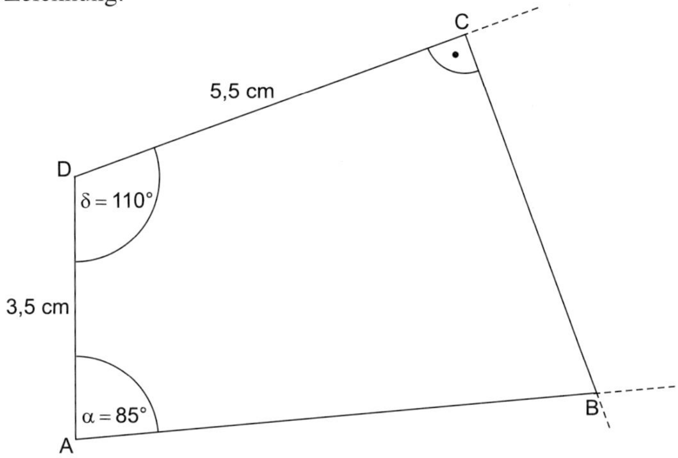

Das Maß des Winkels CBA beträgt:
$360° - (110° + 90° + 85°) = 75°$

Hinweise und Tipps

- Zeichne $\overline{DA}$ mit 3,5 cm Länge.
- Trage $\sphericalangle BAD = 85°$ und $\sphericalangle ADC = 110°$ an.
- Trage C auf dem Schenkel ein mit $|\overline{DC}| = 5,5$ cm.
- Zeichne eine Senkrechte zu $\overline{BC}$ im Punkt C.
- B ist der Schnittpunkt des Schenkels [AB mit der Senkrechten [CB.

---

27 Zeichnung:

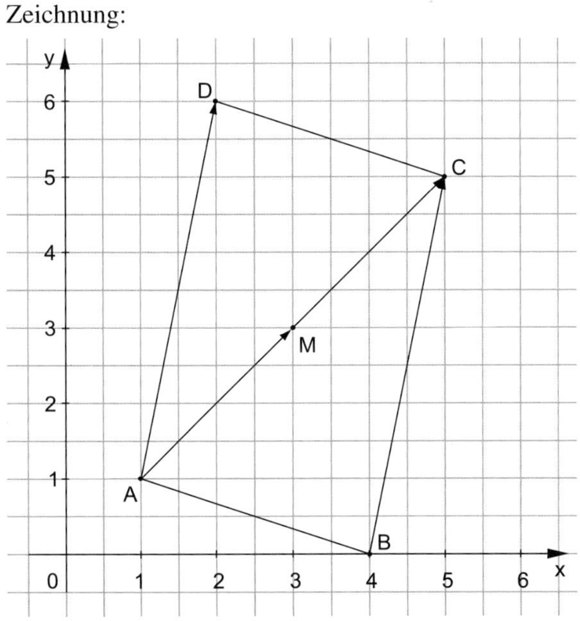

Berechnung von C(x | y):

$$\overrightarrow{AM} = \overrightarrow{MC}$$

$$\Leftrightarrow \begin{pmatrix} 3-1 \\ 3-1 \end{pmatrix} = \begin{pmatrix} x-3 \\ y-3 \end{pmatrix}$$

$$\Leftrightarrow \begin{pmatrix} 2 \\ 2 \end{pmatrix} = \begin{pmatrix} x-3 \\ y-3 \end{pmatrix}$$

$$\Leftrightarrow x = 5 \wedge y = 5$$

C(5 | 5)

Berechnung von D(x | y):

$$\overrightarrow{AD} = \overrightarrow{BC}$$

$$\Leftrightarrow \begin{pmatrix} x-1 \\ y-1 \end{pmatrix} = \begin{pmatrix} 5-4 \\ 5-0 \end{pmatrix}$$

Aus der Zeichnung ergibt sich oft auch der Rechenweg!

Zeichnung von C:
C erhält man durch Parallelverschiebung des Punktes M mit dem Vektor $\overrightarrow{AM}$ (M halbiert die Diagonale $\overline{AC}$. Es gilt also $\overrightarrow{AM} = \overrightarrow{MC}$).
(Ebenso gilt für den Punkt D: $\overrightarrow{BM} = \overrightarrow{MD}$)

Hinweise und Tipps

$\Leftrightarrow \begin{pmatrix} x-1 \\ y-1 \end{pmatrix} = \begin{pmatrix} 1 \\ 5 \end{pmatrix}$

$\Leftrightarrow x = 2 \wedge y = 6$

D(2 | 6)

28

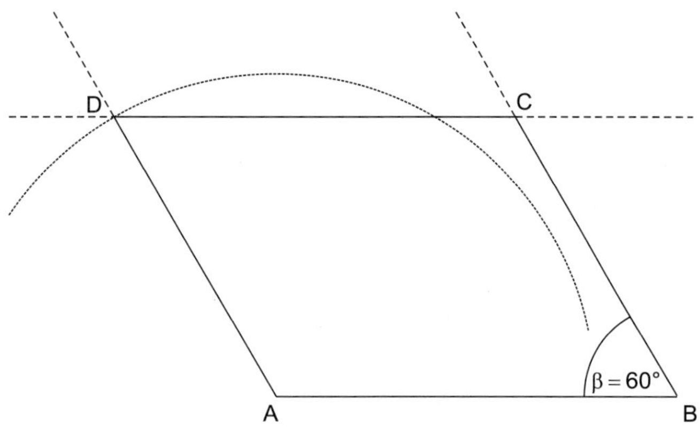

Fehlende Winkel:
$\sphericalangle DCB = 120°$ (benachbarte Winkel: $\sphericalangle CBA + \sphericalangle DCB = 180°$)
$\sphericalangle BAD = 120°$ (gegenüberliegende Winkel: $\sphericalangle BAD = \sphericalangle DCB$)
$\sphericalangle ADC = 60°$ (gegenüberliegende Winkel: $\sphericalangle ADC = \sphericalangle CBA$)

Zeichne eine Planfigur! Trage gegebene Größen farbig ein und versuche, weitere Größen mithilfe der Eigenschaften des Parallelogramms zu erschließen!

Möglichkeit 1:
- Zeichne $\overline{AB}$.
- Trage den 60°-Winkel in B an.
- Zeichne einen Kreis mit 4 cm Radius um A (D liegt auf diesem Kreis!).
- $\overline{DA}$ ist parallel zu $\overline{BC}$. Zeichne eine Parallele zu $\overline{BC}$ durch A.
- D ist der über A (Orientierung!) liegende Schnittpunkt dieser Parallelen mit dem Kreis um A.
- $\overline{CD}$ ist parallel zu $\overline{AB}$. Zeichne eine Parallele zu AB durch D.
- C ist der Schnittpunkt dieser Parallelen mit dem Schenkel des 60°-Winkels.

Möglichkeit 2:
- Zeichne $\overline{AB}$.
- Trage den 60°-Winkel in B an und zeichne auf dem freien Schenkel C ein mit $|\overline{BC}| = 4$ cm (gegenüberliegende Seiten sind gleich lang!).
- Verschiebe $\overline{BC}$ parallel zum Punkt A.

oder:
- Trage in A einen 120°-Winkel an (benachbarte Winkel ergeben zusammen 180°!) und trage auf dem Schenkel D ein mit $|\overline{AD}| = 4$ cm.

Möglichkeit 3:
- Konstruiere C wie oben beschrieben.
- Trage $M_{\overline{AC}}$ ein.
- Spiegle B am Punkt $M_{\overline{AC}}$ auf D. (Punktsymmetrie!)

29 Ein Quadrat hat vier gleich lange Seiten und vier 90°-Winkel.

- DE ist die Winkelhalbierende des Winkels FDH. (Begründung: E ist der Mittelpunkt des Inkreises, also der Schnittpunkt der Winkelhalbierenden!)
  $\Rightarrow \sphericalangle EDH = 45°$
- Der Winkel DHE misst 90°.
  (Begründung: Der Radius des Inkreises steht senkrecht auf der Seite $\overline{DC}$ (Tangente!).)
- Aus $\sphericalangle EDH = 45°$ und $\sphericalangle DHE = 90°$ folgt: $\sphericalangle HED = 45°$
  (Begründung: Winkelsumme im Dreieck DEH)
  $\Rightarrow$ Das Dreieck DEH ist gleichschenklig-rechtwinklig
  (Begründung: Basiswinkel $\sphericalangle EDH = \sphericalangle HED = 45°$) und die Seiten $\overline{DH}$ und $\overline{EH}$ damit gleich lang!
  Ebenso gilt: $\overline{DF}$ und $\overline{FE}$ sind gleich lang.
  (Beweis wie oben im Dreieck DFE)

Damit ist gezeigt, dass alle vier Seiten gleich lang sind.
Wegen $\sphericalangle FDH = \sphericalangle DHE = \sphericalangle EFD = 90°$ gilt auch: $\sphericalangle HEF = 90°$

Hinweise und Tipps

(Winkelsumme im Viereck $360° = 4 \cdot 90°$)
Damit ist gezeigt, dass alle vier Winkel 90° messen.
$\Rightarrow$ DFEH ist ein Quadrat.

30

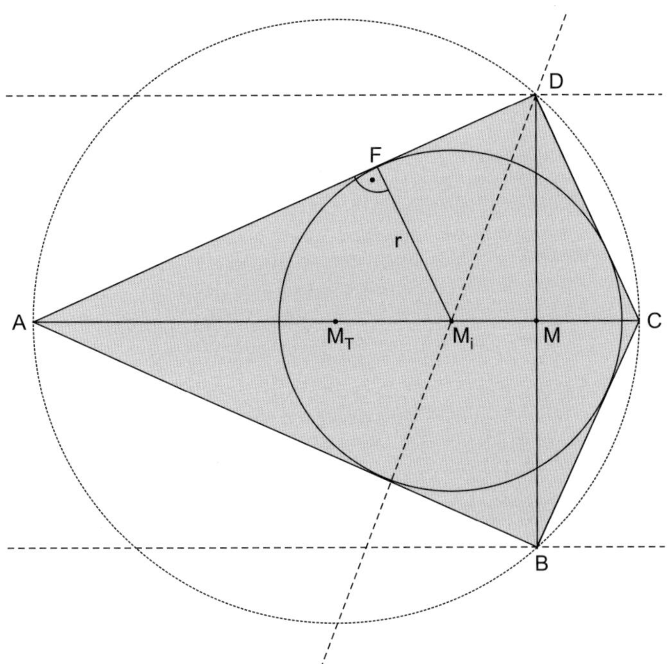

- Zeichne $\overline{AC}$ mit 8 cm Länge.
- Zeichne den Thaleskreis über $\overline{AC}$ mithilfe des Mittelpunktes M_T der Strecke $\overline{AC}$.
  (Begründung: Der Winkel CBA misst 90°. Also liegt B auf dem Thaleskreis über $\overline{AC}$.)
- Zeichne das Parallelenpaar zu AC im Abstand 3 cm. (Begründung: $|\overline{BD}| = 6$ cm; $\overline{BD}$ wird von der Symmetrieachse AC halbiert.)
- D und B sind Schnittpunkte der Parallelen mit dem Thaleskreis.
  Beachte dabei: $\overline{MC}$ sollte kürzer als $\overline{AM}$ sein!
- Konstruiere den Inkreis mithilfe einer Winkelhalbierenden (hier $\sphericalangle$ADC).
- Der Inkreismittelpunkt ist der Schnittpunkt der beiden Winkelhalbierenden (AC ist bereits eine Winkelhalbierende).
- Der Inkreisradius ist das Lot von M_i auf die Seite $\overline{DA}$ (Berührradius; Tangente).
- Der Thaleskreis über $\overline{AC}$ ist bereits der Umkreis von ABCD.

31

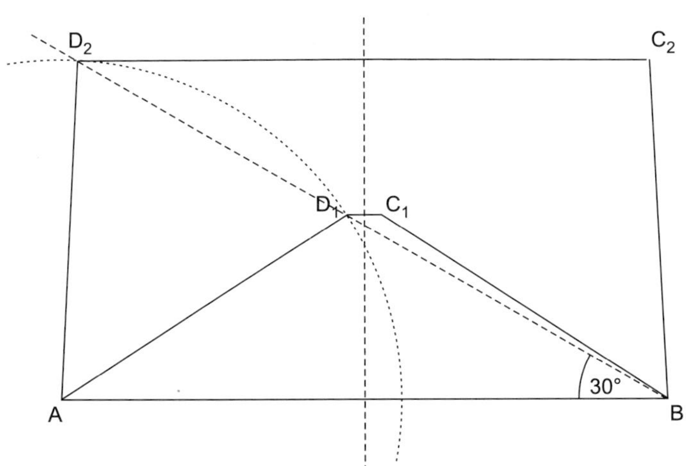

- Zeichne $\overline{AB}$ mit 8 cm Länge.
- Trage den Schenkel des 30°-Winkels DBA ein.
- Zeichne einen Kreis um A mit Radius 4,5 cm. (Begründung: $|\overline{BC}| = |\overline{AD}|$, da das Trapez gleichschenklig ist. D liegt also 4,5 cm von A entfernt auf der Kreislinie.)
- D_1 und D_2 sind die Schnittpunkte des freien Schenkels mit dem Kreis um A $\Rightarrow$ zwei Lösungen!
- Spiegle D_1 bzw. D_2 an der Mittelsenkrechten der Strecke $\overline{AB}$ (Symmetrieachse des gleichschenkligen Trapezes).
- So ergeben sich C_1 und C_2.

2 Grundwissen 9. Klasse

2.1 Lineare Funktionen

Hinweise und Tipps

32 $E(3{,}2\,|\,4{,}8) \overset{?}{\in} g\colon y = \frac{3}{2}x$

$\Leftrightarrow\; 4{,}8 = \frac{3}{2} \cdot 3{,}2$

$\Leftrightarrow\; 4{,}8 = 1{,}5 \cdot 3{,}2$

$\Leftrightarrow\; 4{,}8 = 4{,}8 \quad (w)$

$\Rightarrow\; E \in g$

Einsetzen der x- und y-Koordinaten des Punktes E in die Geradengleichung

Wahre Aussage, also liegt E auf der Geraden g.

$F(5\,|\,-7{,}5) \overset{?}{\in} g\colon y = \frac{3}{2}x$

$\Leftrightarrow\; -7{,}5 = \frac{3}{2} \cdot 5$

$\Leftrightarrow\; -7{,}5 = 1{,}5 \cdot 5$

$\Leftrightarrow\; -7{,}5 = 7{,}5 \quad (f)$

$\Rightarrow\; F \notin g$

Einsetzen der x- und y-Koordinaten des Punktes F in die Geradengleichung

Falsche Aussage, also liegt F nicht auf der Geraden g.

---

33 a)

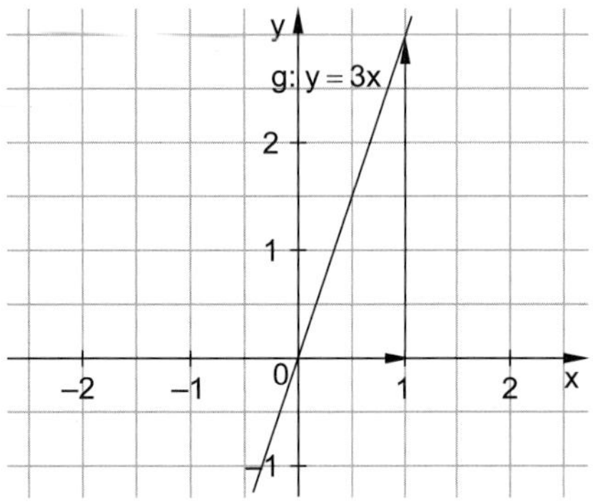

$g\colon y = 3x$

$m = 3 = \frac{3}{1} \;\Rightarrow\; \vec{m} = \binom{1}{3}$

Ausgehend vom Ursprung $O(0\,|\,0)$ trage $v_x = 1$ und daran anschließend $v_y = 3$ an.

b)

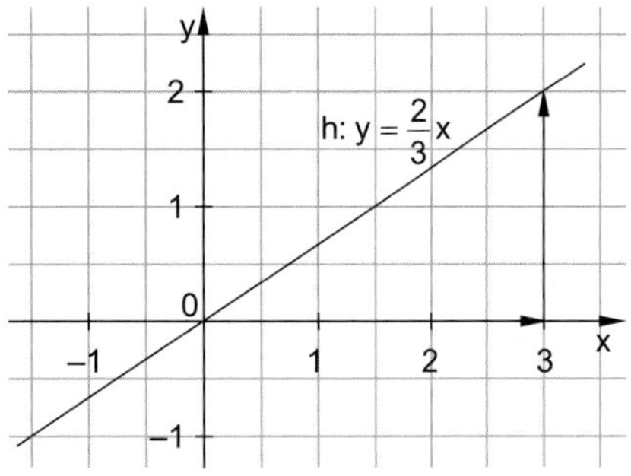

$h\colon y = \frac{2}{3}x$

$m = \frac{2}{3} \;\Rightarrow\; \vec{m} = \binom{3}{2}$

Ausgehend vom Ursprung $O(0\,|\,0)$ trage $v_x = 3$ und daran anschließend $v_y = 2$ an.

c) $i\colon 2x + 5y = 0 \quad \big|\, -2x$

$\Leftrightarrow\; 5y = -2x \quad \big|\, \cdot \frac{1}{5}$

$\Leftrightarrow\; y = -\frac{2}{5}x$

$m = -\frac{2}{5} \;\Rightarrow\; \vec{m} = \binom{5}{-2}$ oder $\vec{m} = \binom{-5}{2}$

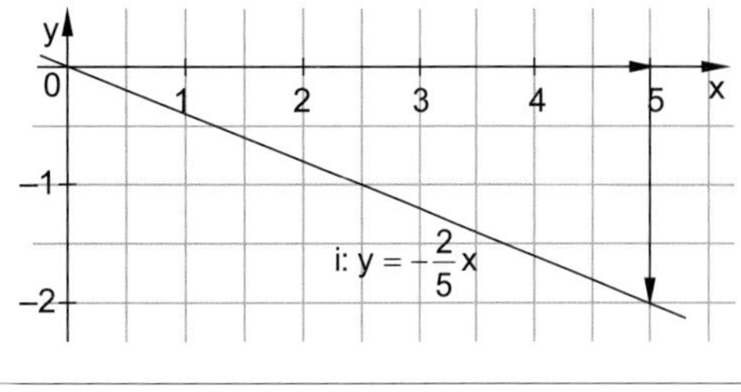

Ausgehend vom Ursprung $O(0\,|\,0)$ trage $v_x = 5$ und daran anschließend $v_y = -2$ an (bzw. $v_x = -5$ und $v_y = 2$).

Hinweise und Tipps

34 a) $\vec{m}=\begin{pmatrix}3\\3\end{pmatrix} \Rightarrow m=\frac{3}{3}=1$

also: g: $y=1x=x$

Schließe vom Steigungspfeil auf den Steigungsfaktor.

b) $\vec{m}=\begin{pmatrix}2\\5\end{pmatrix} \Rightarrow m=\frac{5}{2}$

also: g: $y=\frac{5}{2}x$

c) $\vec{m}=\begin{pmatrix}3\\1{,}5\end{pmatrix} \Rightarrow m=\frac{1{,}5}{3}=\frac{1}{2}$

also: g: $y=\frac{1}{2}x$

d) $\vec{m}=\begin{pmatrix}4\\-1{,}5\end{pmatrix} \Rightarrow m=\frac{-1{,}5}{4}=-\frac{3}{8}$

also: g: $y=-\frac{3}{8}x$

---

35 $g\colon y=\frac{1}{2}x \xmapsto{\vec{v}=\binom{0}{-2}} g'\colon y=\frac{1}{2}x-2$

Der Punkt O(0 | 0) wird auf T(0 | –2) verschoben.

---

36 $A(-7\,|\,-8)\overset{?}{\in}$ g: $3x-2y-10=0$

Prüfe, ob die Koordinaten der Punkte A und B die Funktionsgleichung erfüllen.

$\Leftrightarrow \quad 3\cdot(-7)-2\cdot(-8)-10=0$

$\Leftrightarrow \quad -21+16-10=0$

$\Leftrightarrow \quad -15=0 \quad$ (f)

$\Rightarrow \quad A\notin g$

Der Punkt A liegt nicht auf der Geraden g.

$B\left(1\frac{5}{6}\,\middle|\,-2\frac{1}{4}\right)\overset{?}{\in}$ g: $3x-2y-10=0$

$\Leftrightarrow \quad 3\cdot 1\frac{5}{6}-2\cdot\left(-2\frac{1}{4}\right)-10=0$

$\Leftrightarrow \quad \frac{33}{6}+\frac{18}{4}-10=0$

$\Leftrightarrow \quad \frac{11}{2}+\frac{9}{2}-10=0$

$\Leftrightarrow \quad 0=0 \quad$ (w)

$\Rightarrow \quad B\in g$

Der Punkt B liegt auf der Geraden g.

---

37 $N(x_0\,|\,0)\in$ g: $y=-\frac{1}{2}x-2$

Setze die Koordinaten x_0 bzw. 0 von N in die Geradengleichung ein und löse nach x_0 auf.

$\Leftrightarrow \quad 0=-\frac{1}{2}x_0-2 \quad \left|+\frac{1}{2}x_0\right.$

$\Leftrightarrow \quad \frac{1}{2}x_0=-2 \quad |\cdot 2$

Multiplikation mit dem Kehrbruch

$\Leftrightarrow \quad x_0=-4$

x_0 ist die Nullstelle, $N(x_0\,|\,0)$ ist der Schnittpunkt.

$\Rightarrow \quad N(-4\,|\,0)$

Hinweise und Tipps

38 $m = 2$: $y = 2x + t$

Setze $m = 2$ in die Normalform ein.

Berechnung des y-Achsenabschnitts t:

Setze die Koordinaten von $P(3\,|\,5)$ in die Gleichung ein und löse nach t auf.

$P(3\,|\,5) \in h: 5 = 2 \cdot 3 + t$

$\Leftrightarrow \quad t = -1$

also: h: $y = 2x - 1$

Geradengleichung angeben

---

39 a) Berechnung der Steigung m:

$\overrightarrow{OA} = \begin{pmatrix} 5-0 \\ 8-0 \end{pmatrix} = \begin{pmatrix} 5 \\ 8 \end{pmatrix} \Rightarrow m_{OA} = \frac{8}{5} = 1\frac{3}{5}$

Berechne die Koordinaten des Steigungspfeils $\overrightarrow{OA}$ und gib die Steigung an.

oder:

$A(5\,|\,8) \in g: 8 = m \cdot 5$

$\Leftrightarrow \quad m = \frac{8}{5} = 1\frac{3}{5}$

Der Punkt A liegt auf g, also erfüllen seine Koordinaten die Gleichung $y = mx$.

also: g: $y = 1\frac{3}{5}x$

Geradengleichung angeben

b) Berechnung der Steigung m:

$\overrightarrow{OB} = \begin{pmatrix} 2 \\ 4,2 \end{pmatrix} \Rightarrow m_{OB} = \frac{4,2}{2} = 2,1$

Berechne die Koordinaten des Steigungspfeils $\overrightarrow{OB}$ und gib die Steigung an.

oder:

$B(2\,|\,4,2) \in g: 4,2 = m \cdot 2$

$\Leftrightarrow \quad m = 2,1$

Der Punkt B liegt auf g, also erfüllen seine Koordinaten die Gleichung $y = mx$.

also: g: $y = 2,1x$

Geradengleichung angeben

c) Berechnung der Steigung m:

$\overrightarrow{OC} = \begin{pmatrix} -\frac{1}{3} \\ -\frac{3}{4} \end{pmatrix} \Rightarrow m_{OC} = \frac{-\frac{3}{4}}{-\frac{1}{3}} = \frac{9}{4} = 2\frac{1}{4}$

oder:

$C\left(-\frac{1}{3}\,\middle|\,-\frac{3}{4}\right) \in g: -\frac{3}{4} = m \cdot \left(-\frac{1}{3}\right)$

$\Leftrightarrow \quad m = 2\frac{1}{4}$

also: g: $y = 2\frac{1}{4}x$

d) Berechnung der Steigung m:

$\overrightarrow{OD} = \begin{pmatrix} -1,7 \\ -2,89 \end{pmatrix} \Rightarrow m_{OD} = \frac{-2,89}{-1,7} = 1,7$

oder:

$B(-1,7\,|\,-2,89) \in g: -2,89 = m \cdot (-1,7)$

$\Leftrightarrow \quad m = 1,7$

also: g: $y = 1,7x$

---

40 Berechnung der Steigung m_{ST}:

$\overrightarrow{ST} = \begin{pmatrix} 6-(-2) \\ 5-1 \end{pmatrix} = \begin{pmatrix} 8 \\ 4 \end{pmatrix} \Rightarrow m_{ST} = \frac{4}{8} = \frac{1}{2}$

Berechne die Koordinaten des Steigungspfeils $\overrightarrow{ST}$ und gib die Steigung an.

also: i: $y = \frac{1}{2}x + t$

Setze den Wert $m = \frac{1}{2}$ in die Gleichung $y = mx + t$ ein.

Hinweise und Tipps

Berechnung des y-Achsenabschnitts t:

$T(6|5) \in i: 5 = \frac{1}{2} \cdot 6 + t$

$\Leftrightarrow \quad t = 2$

also: $i: y = \frac{1}{2}x + 2$

Koordinaten von S *oder* T(5 | 6) einsetzen und nach t auflösen

---

41 $t = 1 \Rightarrow T(0|1)$

$\overrightarrow{TP} = \begin{pmatrix} 4-0 \\ -5-1 \end{pmatrix} = \begin{pmatrix} 4 \\ -6 \end{pmatrix} \Rightarrow m_{TP} = \frac{-6}{4} = -1{,}5$

oder: Berechnung der Steigung m:

$g: \quad y = mx + 1$

$P(4|-5) \in g: \; -5 = m \cdot 4 + 1$

$\Leftrightarrow \quad 4m = -6$

$\Leftrightarrow \quad m = -1{,}5$

also: $g: y = -1{,}5x + 1$

t hat den Wert 1. Verwende den Achsenabschnittspunkt zur Berechnung des Steigungspfeils $\overrightarrow{TP}$. Gib die Steigung an.

Setze t = 1 in y = mx + t ein.
Koordinaten von P(4 | –5) einsetzen

42

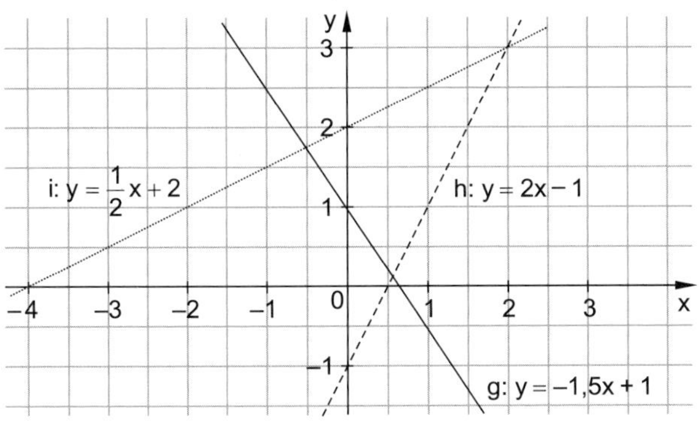

---

43 $x = 0: \; A(0|y_A) \in g: \; y_A = -\frac{4}{5} \cdot 0 - \frac{5}{4}$

$\Leftrightarrow \quad y_A = -1{,}25$

also: A(0 | –1,25)

$x = 5: \; B(5|y_B) \in g: \; y_B = -\frac{4}{5} \cdot 5 - \frac{5}{4}$

$\Leftrightarrow \quad y_B = -5\frac{1}{4}$

also: B(5 | –5,25)

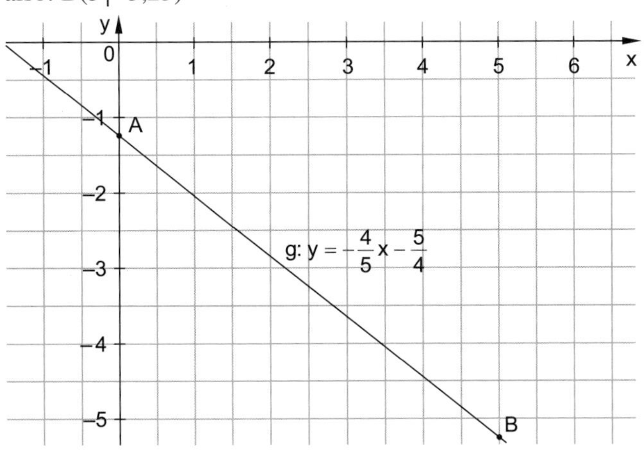

Berechne die Koordinaten zweier beliebiger Punkte, die auf g liegen. Wähle dazu jeweils einen Wert für x und berechne die y-Koordinate des Punktes.

Hinweise und Tipps

44 $AB \parallel CD \;\Leftrightarrow\; m_{AB} = m_{CD}$

$\vec{m}_{AB} = \begin{pmatrix} 7-3 \\ 3-(-4) \end{pmatrix} = \begin{pmatrix} 4 \\ 7 \end{pmatrix}$

$\vec{m}_{CD} = \begin{pmatrix} -2-2 \\ 1-9 \end{pmatrix} = \begin{pmatrix} -4 \\ -8 \end{pmatrix}$

Berechne die Koordinaten der zugehörigen Steigungspfeile und ermittle daraus die Steigungsfaktoren.

also: $\left.\begin{array}{l} m_{AB} = \frac{7}{4} = 1\frac{3}{4} \\ m_{CD} = \frac{-8}{-4} = 2 \end{array}\right\} \; m_{AB} \neq m_{CD} \;\Leftrightarrow\; AB \nparallel CD$

Die Geraden AB und CD haben unterschiedliche Steigungen, sind also nicht parallel zueinander.

---

45 $e \parallel f \;\Leftrightarrow\; m_e = m_f = 2$

Parallelitätsbedingung

$P(2\,|\,1) \in f: 1 = 2 \cdot 2 + t$

$\Leftrightarrow\; t = -3$

Punktkoordinaten von P in $y = mx + t$ einsetzen und t berechnen

also: f: $y = 2x - 3$

Geradengleichung angeben

---

46 Berechnung der Steigungspfeile der Geraden durch die Eckpunkte des Vierecks:

$\overrightarrow{PQ} = \begin{pmatrix} 2-(-4) \\ -1-(-3) \end{pmatrix} = \begin{pmatrix} 6 \\ 2 \end{pmatrix}$

$\overrightarrow{SR} = \begin{pmatrix} 5-(-1) \\ 4-2 \end{pmatrix} = \begin{pmatrix} 6 \\ 2 \end{pmatrix}$

$\overrightarrow{PS} = \begin{pmatrix} -1-(-4) \\ 2-(-3) \end{pmatrix} = \begin{pmatrix} 3 \\ 5 \end{pmatrix}$

$\overrightarrow{QR} = \begin{pmatrix} 5-2 \\ 4-(-1) \end{pmatrix} = \begin{pmatrix} 3 \\ 5 \end{pmatrix}$

Da $\overrightarrow{PQ} = \overrightarrow{SR}$ (alternativ: $\overrightarrow{PS} = \overrightarrow{QR}$) ist PQRS ein Parallelogramm.

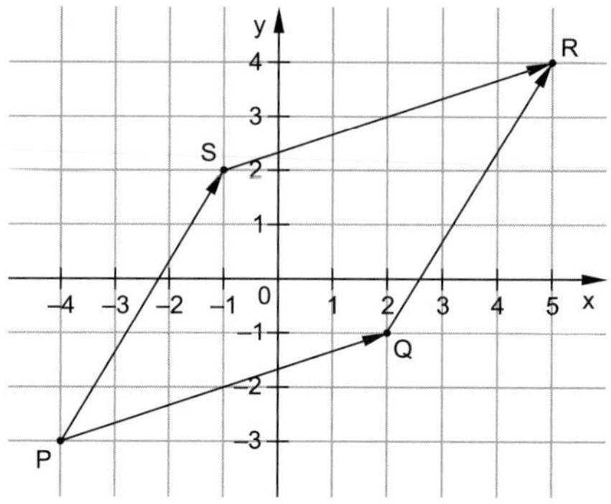

Die einander gegenüberliegenden Steigungspfeile $\overrightarrow{PQ}$ und $\overrightarrow{SR}$ (bzw. $\overrightarrow{PS}$ und $\overrightarrow{QR}$) haben gleiche Koordinaten, sind also Repräsentanten eines gemeinsamen Vektors. Also sind $\overline{PQ}$ und $\overline{SR}$ sowie $\overline{PS}$ und $\overline{QR}$ zueinander parallel und gleich lang.
Die Identität von einem Paar gegenüberliegender Steigungspfeile reicht bereits aus, um nachzuweisen, dass PQRS ein Parallelogramm ist.

---

47 Berechnung der Steigung:

$g: 5x + 4y = 12 \quad |-5x$

$\Leftrightarrow\; 4y = -5x + 12 \quad |\cdot \frac{1}{4}$

$\Leftrightarrow\; y = -\frac{5}{4}x + 3$

Umformung in die Normalform $y = mx + t$

also: $m_g = -\frac{5}{4}$

Es gilt:

$-\frac{5}{4} \cdot m_h = -1$

$\Leftrightarrow\; m_h = \frac{4}{5}$

$m_g \cdot m_h = -1$

Hinweise und Tipps

Berechnung des y-Achsenabschnitts t:

$P(2\,|\,3) \in h:\ 3 = \frac{4}{5} \cdot 2 + t$

$\Leftrightarrow\quad t = 1\frac{2}{5}$

also: h: $y = \frac{4}{5}x + 1\frac{2}{5}$

Einsetzen von P und m_h in die Normalform und auflösen nach t

---

48 $g_1: y = \frac{3}{4}x + 3$

also: $m_{g_1} = \frac{3}{4}$

$g_2:\ -4x + 3y = 12 \quad |+4x$

$\Leftrightarrow\quad 3y = 4x + 12 \quad |\cdot \frac{1}{3}$

$\Leftrightarrow\quad y = \frac{4}{3}x + 4$

also: $m_{g_2} = \frac{4}{3}$

Bringe die Gleichungen g_2 bis g_4 auf Normalform und betrachte die entsprechenden Steigungsfaktoren.

$g_3:\ -2y - 11 = \frac{3}{2}x \quad |+11$

$\Leftrightarrow\quad -2y = \frac{3}{2}x + 11 \quad |\cdot\left(-\frac{1}{2}\right)$

$\Leftrightarrow\quad y = -\frac{3}{4}x - 5\frac{1}{2}$

also: $m_{g_3} = -\frac{3}{4}$

$g_4:\ 4x - 3y = 5 \quad |-4x$

$\Leftrightarrow\quad -3y = -4x + 5 \quad |\cdot\left(-\frac{1}{3}\right)$

$\Leftrightarrow\quad y = \frac{4}{3}x - 1\frac{2}{3}$

also: $m_{g_4} = \frac{4}{3}$

$g_5:\ \frac{2}{3}(9 + 4{,}5y) = -4x$

$\Leftrightarrow\quad \frac{2}{3} \cdot 9 + \frac{2}{3} \cdot \frac{9}{2}y = -4x$

$\Leftrightarrow\quad 6 + 3y = -4x \quad |-6$

$\Leftrightarrow\quad 3y = -4x - 6 \quad |\cdot \frac{1}{3}$

$\Leftrightarrow\quad y = -\frac{4}{3}x - 2$

also: $m_{g_5} = -\frac{4}{3}$

Es gilt:

$m_{g_1} \cdot m_{g_5} = \frac{3}{4} \cdot \left(-\frac{4}{3}\right) = -1$, also $g_1 \perp g_5$

$m_{g_2} \cdot m_{g_3} = \frac{4}{3}\left(-\frac{3}{4}\right) = -1$, also $g_2 \perp g_3$

$m_{g_3} \cdot m_{g_4} = \left(-\frac{3}{4}\right) \cdot \frac{4}{3} = -1$, also $g_3 \perp g_4$

Hinweise und Tipps

Um unnötige Rechnung zu vermeiden, bilde im Kopf den Kehrbruch einer Steigung und ändere das Vorzeichen. Ist das Ergebnis mit einer der anderen Steigungen identisch, so stehen die zugehörigen Geraden aufeinander senkrecht.

---

49 a)

- [X] g_1: $y = \frac{3}{2}x - 4$
- [ ] g_2: $y = 3x + 7$
- [ ] g_3: $y = 0{,}6x - 0{,}5$
- [ ] g_4: $y = -\frac{2}{3}x - 1$
- [X] g_5: $y = 1{,}5x$
- [ ] g_6: $y = 0{,}66x + 0{,}125$

$g_i \parallel g_j \Leftrightarrow m_i = m_j$

b)

- [ ] h_1: $y = \frac{1}{3}x - 4$
- [X] h_2: $y = 3x + 7$
- [ ] h_3: $y = 0{,}3x - 0{,}5$
- [ ] h_4: $y = -\frac{2}{3}x$
- [X] h_5: $y = -\frac{1}{3}x$
- [ ] h_6: $y = 1x + 0{,}1$

$h_i \perp h_j \Leftrightarrow m_i \cdot m_j = -1$

2.2 Lineare Gleichungssysteme

50 a)

$$\begin{array}{|l} y = x - 2 \\ \wedge \ y = -2x + 1 \end{array}$$

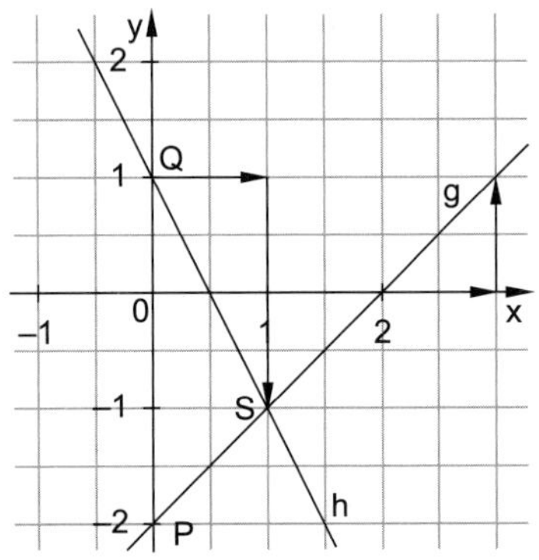

Ablesen des Schnittpunkts: S(1 | –1)

g: y = x – 2
- P(0 | –2) liegt auf g, da der y-Achsenabschnitt t = –2.
- Von P aus „1 LE nach rechts, 1 LE nach oben“, da die Steigung m = 1.

h: y = –2x + 1
- Q(0 | 1) liegt auf h, da t = 1.
- Von Q aus „1 LE nach rechts und 2 LE nach unten“, da m = –2.

Hinweise und Tipps

Probe:

$$\begin{array}{|ll} & -1=1-2 \quad \text{(wahr)} \\ \wedge & -1=-2\cdot 1+1 \quad \text{(wahr)} \end{array}$$

$L=\{(1|-1)\}$

Einsetzen der Koordinaten in beide Gleichungen

b)

$$\begin{array}{|ll} & 2y+x=4 \quad |-x \\ \wedge & 2y=x \end{array}$$

Beide Gleichungen nach y auflösen

$$\Leftrightarrow \begin{array}{|ll} & 2y=-x+4 \quad |:2 \\ \wedge & 2y=x \quad |:2 \end{array}$$

$$\Leftrightarrow \begin{array}{|ll} & y=-0,5x+2 \\ \wedge & y=0,5x \end{array}$$

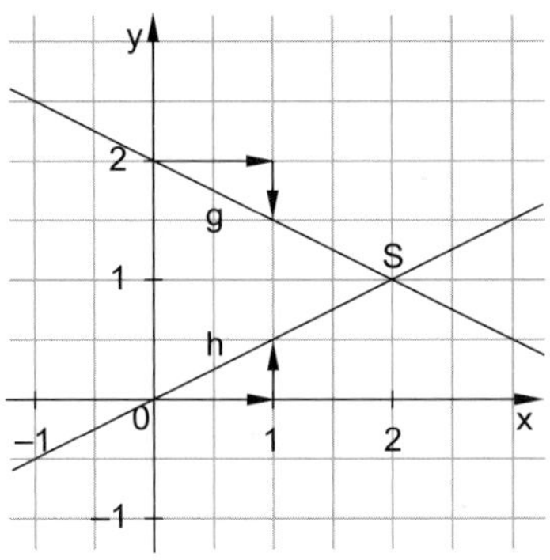

g: $y=-0,5x+2$, also:
$t=2$
$m=-0,5$ (1 LE nach rechts; 0,5 LE nach unten)
h: $y=0,5x$, also:
$t=0$ (Ursprungsgerade)
$m=0,5$ (1 LE nach rechts; 0,5 LE nach oben)

Ablesen des Schnittpunkts: $S(2|1)$

Probe:

$$\begin{array}{|ll} & 2\cdot 1+2=4 \quad \text{(wahr)} \\ \wedge & 2\cdot 1=2 \quad \text{(wahr)} \end{array}$$

$L=\{(2|1)\}$

Setze immer in das ursprüngliche Gleichungssystem ein, da beim Umformen Fehler passiert sein können.

---

51 a)

$$\begin{array}{|ll} & y=\mathbf{x-2} \\ \wedge & y=\mathbf{-2x+1} \end{array}$$

Setze Gleichung I und Gleichung II gleich.

$$\Leftrightarrow \begin{array}{|ll} & \mathbf{x-2}=\mathbf{-2x+1} \quad (I=II) \quad |+2x+2 \\ \wedge & y=-2x+1 \end{array}$$

$$\Leftrightarrow \begin{array}{|ll} & 3x=3 \quad |:3 \\ \wedge & y=-2x+1 \end{array}$$

$$\Leftrightarrow \begin{array}{|ll} & x=1 \\ \wedge & y=-2\mathbf{x}+1 \end{array}$$

Setze $x=1$ in Gleichung II ein.

$$\Leftrightarrow \begin{array}{|ll} & x=1 \\ \wedge & y=-2\cdot\mathbf{1}+1 \end{array}$$

$$\Leftrightarrow \begin{array}{|ll} & x=1 \\ \wedge & y=-1 \end{array}$$

$L=\{(1|-1)\}$

Vergleiche mit Aufgabe 74 a.

b)

$$\begin{array}{|ll} & x=\mathbf{3-y} \\ \wedge & x=\mathbf{4+2y} \end{array}$$

Setze Gleichung I und Gleichung II gleich.

$$\Leftrightarrow \begin{array}{|ll} & \mathbf{3-y}=\mathbf{4+2y} \quad (I=II) \quad |-2y-3 \\ \wedge & x=4+2y \end{array}$$

$$\Leftrightarrow \begin{array}{|ll} & -3y=1 \quad |:(-3) \\ \wedge & x=4+2y \end{array}$$

Hinweise und Tipps

$$\Leftrightarrow \left| \begin{array}{l} y = -\frac{1}{3} \\ \wedge\ x = 4 + 2\mathbf{y} \end{array} \right.$$

Setze $y = -\frac{1}{3}$ in Gleichung II ein.

$$\Leftrightarrow \left| \begin{array}{l} y = -\frac{1}{3} \\ \wedge\ x = 4 + 2\left(\mathbf{-\frac{1}{3}}\right) \end{array} \right.$$

$$\Leftrightarrow \left| \begin{array}{l} y = -\frac{1}{3} \\ \wedge\ x = 3\frac{1}{3} \end{array} \right.$$

$$L = \left\{\left(3\frac{1}{3} \,\middle|\, -\frac{1}{3}\right)\right\}$$

c)

$$\left| \begin{array}{l} 4x = \mathbf{3y - 7} \\ \wedge\ 4x = \mathbf{3y - 2} \end{array} \right.$$

Setze Gleichung I und Gleichung II gleich.

$$\Leftrightarrow \left| \begin{array}{l} \mathbf{3y - 7} = \mathbf{3y - 2} \quad (\mathrm{I} = \mathrm{II}) \quad |-3y+7 \\ \wedge\ 4x = 3y - 2 \end{array} \right.$$

$$\Leftrightarrow \left| \begin{array}{l} 0 = 5 \\ \wedge\ 4x = 3y - 2 \end{array} \right.$$

Gleichung I enthält eine falsche Aussage.

$$L = \varnothing$$

Dieses Gleichungssystem hat keine Lösung! (parallele Geraden)

d)

$$\left| \begin{array}{ll} 0{,}4x - 5{,}2y = 1{,}4 & |+5{,}2y \\ \wedge\ 2{,}1x = 2{,}52 + 3{,}15y & |:2{,}1 \end{array} \right.$$

Beide Gleichungen nach derselben Variablen auflösen, z. B. nach x

$$\Leftrightarrow \left| \begin{array}{ll} 0{,}4x = 1{,}4 + 5{,}2y & |:0{,}4 \\ \wedge\ x = 1{,}2 + 1{,}5y & \end{array} \right.$$

$$\Leftrightarrow \left| \begin{array}{l} x = \mathbf{3{,}5 + 13y} \\ \wedge\ x = \mathbf{1{,}2 + 1{,}5y} \end{array} \right.$$

Setze Gleichung I und Gleichung II gleich.

$$\Leftrightarrow \left| \begin{array}{l} \mathbf{3{,}5 + 13y} = \mathbf{1{,}2 + 1{,}5y} \quad (\mathrm{I} = \mathrm{II}) \quad |-3{,}5 - 1{,}5y \\ \wedge\ x = 1{,}2 + 1{,}5y \end{array} \right.$$

$$\Leftrightarrow \left| \begin{array}{ll} 11{,}5y = -2{,}3 & |:11{,}5 \\ \wedge\ x = 1{,}2 + 1{,}5y & \end{array} \right.$$

$$\Leftrightarrow \left| \begin{array}{l} y = -0{,}2 \\ \wedge\ x = 1{,}2 + 1{,}5\mathbf{y} \end{array} \right.$$

Setze $y = -0{,}2$ in Gleichung II ein.

$$\Leftrightarrow \left| \begin{array}{l} y = -0{,}2 \\ \wedge\ x = 1{,}2 + 1{,}5(\mathbf{-0{,}2}) \end{array} \right.$$

$$\Leftrightarrow \left| \begin{array}{l} y = -0{,}2 \\ \wedge\ x = 0{,}9 \end{array} \right.$$

$$L = \{(0{,}9 \mid -0{,}2)\}$$

---

52 a)

$$\left| \begin{array}{l} 6x + 4\mathbf{y} = 3 \\ \wedge\ y = \mathbf{4x - 2} \end{array} \right.$$

Setze den Rechtsterm von Gleichung II in Gleichung I ein.

$$\Leftrightarrow \left| \begin{array}{l} 6x + 4(\mathbf{4x - 2}) = 3 \quad (\mathrm{II\ in\ I}) \\ \wedge\ y = 4x - 2 \end{array} \right.$$

$$\Leftrightarrow \left| \begin{array}{l} 6x + 16x - 8 = 3 \\ \wedge\ y = 4x - 2 \end{array} \right.$$

Hinweise und Tipps

$$\Leftrightarrow \begin{vmatrix} 22x - 8 = 3 & |+8 \\ \wedge \quad y = 4x - 2 \end{vmatrix}$$

$$\Leftrightarrow \begin{vmatrix} 22x = 11 & |:22 \\ \wedge \quad y = 4x - 2 \end{vmatrix}$$

$$\Leftrightarrow \begin{vmatrix} x = 0,5 \\ \wedge \quad y = 4\mathbf{x} - 2 \end{vmatrix}$$

Setze x = 0,5 in Gleichung II ein.

$$\Leftrightarrow \begin{vmatrix} x = 0,5 \\ \wedge \quad y = 4 \cdot \mathbf{0,5} - 2 \end{vmatrix}$$

$$\Leftrightarrow \begin{vmatrix} x = 0,5 \\ \wedge \quad y = 0 \end{vmatrix}$$

$L = \{(0,5 \,|\, 0)\}$

b) $$\begin{vmatrix} 4\mathbf{x} - 4y = 2 \\ \wedge \quad x = \mathbf{3 - y} \end{vmatrix}$$

Setze den Rechtsterm von Gleichung II in Gleichung I ein.

$$\Leftrightarrow \begin{vmatrix} 4(\mathbf{3 - y}) - 4y = 2 & \text{(II in I)} \\ \wedge \quad x = 3 - y \end{vmatrix}$$

$$\Leftrightarrow \begin{vmatrix} 12 - 4y - 4y = 2 \\ \wedge \quad x = 3 - y \end{vmatrix}$$

$$\Leftrightarrow \begin{vmatrix} 12 - 8y = 2 & |-12 \\ \wedge \quad x = 3 - y \end{vmatrix}$$

$$\Leftrightarrow \begin{vmatrix} -8y = -10 & |:(-8) \\ \wedge \quad x = 3 - y \end{vmatrix}$$

$$\Leftrightarrow \begin{vmatrix} y = 1,25 \\ \wedge \quad x = 3 - \mathbf{y} \end{vmatrix}$$

Setze y = 1,25 in Gleichung II ein.

$$\Leftrightarrow \begin{vmatrix} y = 1,25 \\ \wedge \quad x = 3 - \mathbf{1,25} \end{vmatrix}$$

$$\Leftrightarrow \begin{vmatrix} y = 1,25 \\ \wedge \quad x = 1,75 \end{vmatrix}$$

$L = \{(1,75 \,|\, 1,25)\}$

c) $$\begin{vmatrix} 0,5y = 0,6x + 0,3 \\ \wedge \quad 0,4x - 2,2 - y = 0 & |+y \end{vmatrix}$$

Auflösen von Gleichung II nach y

$$\Leftrightarrow \begin{vmatrix} 0,5\mathbf{y} = 0,6x + 0,3 \\ \wedge \quad \mathbf{0,4x - 2,2} = y \end{vmatrix}$$

Setze den Linksterm von Gleichung II in Gleichung I ein.

$$\Leftrightarrow \begin{vmatrix} 0,5(\mathbf{0,4x - 2,2}) = 0,6x + 0,3 & \text{(II in I)} \\ \wedge \quad 0,4x - 2,2 = y \end{vmatrix}$$

$$\Leftrightarrow \begin{vmatrix} 0,2x - 1,1 = 0,6x + 0,3 & |-0,6x + 1,1 \\ \wedge \quad 0,4x - 2,2 = y \end{vmatrix}$$

$$\Leftrightarrow \begin{vmatrix} -0,4x = 1,4 & |:(-0,4) \\ \wedge \quad 0,4x - 2,2 = y \end{vmatrix}$$

$$\Leftrightarrow \begin{vmatrix} x = -3,5 \\ \wedge \quad 0,4\mathbf{x} - 2,2 = y \end{vmatrix}$$

Setze x = −3,5 in Gleichung II ein.

$$\Leftrightarrow \begin{vmatrix} x = -3,5 \\ \wedge \quad 0,4(\mathbf{-3,5}) - 2,2 = y \end{vmatrix}$$

Hinweise und Tipps

$\Leftrightarrow \left| \begin{array}{l} x = -3{,}5 \\ \wedge\ -3{,}6 = y \end{array} \right.$

$L = \{(-3{,}5 \mid -3{,}6)\}$

d) $\left| \begin{array}{l} 0{,}6y + 2{,}58 = 2{,}7x \quad \mid -2{,}58 \\ \wedge\ 3y - 1{,}5x = 3{,}9 \end{array} \right.$

Auflösen von Gleichung I nach y

$\Leftrightarrow \left| \begin{array}{l} 0{,}6y = 2{,}7x - 2{,}58 \quad \mid :0{,}6 \\ \wedge\ 3y - 1{,}5x = 3{,}9 \end{array} \right.$

$\Leftrightarrow \left| \begin{array}{l} y = \mathbf{4{,}5x - 4{,}3} \\ \wedge\ 3\mathbf{y} - 1{,}5x = 3{,}9 \end{array} \right.$

Setze den Rechtsterm von Gleichung I in Gleichung II ein.

$\Leftrightarrow \left| \begin{array}{l} y = 4{,}5x - 4{,}3 \\ \wedge\ 3(\mathbf{4{,}5x - 4{,}3}) - 1{,}5x = 3{,}9 \end{array} \right. \quad$ (I in II)

$\Leftrightarrow \left| \begin{array}{l} y = 4{,}5x - 4{,}3 \\ \wedge\ 13{,}5x - 12{,}9 - 1{,}5x = 3{,}9 \end{array} \right.$

$\Leftrightarrow \left| \begin{array}{l} y = 4{,}5x - 4{,}3 \\ \wedge\ 12x - 12{,}9 = 3{,}9 \quad \mid +12{,}9 \end{array} \right.$

$\Leftrightarrow \left| \begin{array}{l} y = 4{,}5x - 4{,}3 \\ \wedge\ 12x = 16{,}8 \quad \mid :12 \end{array} \right.$

$\Leftrightarrow \left| \begin{array}{l} y = 4{,}5\mathbf{x} - 4{,}3 \\ \wedge\ x = 1{,}4 \end{array} \right.$

Setze x = 1,4 in Gleichung I ein.

$\Leftrightarrow \left| \begin{array}{l} y = 4{,}5 \cdot \mathbf{1{,}4} - 4{,}3 \\ \wedge\ x = 1{,}4 \end{array} \right.$

$\Leftrightarrow \left| \begin{array}{l} y = 2 \\ \wedge\ x = 1{,}4 \end{array} \right.$

$L = \{(1{,}4 \mid 2)\}$

---

53 a) $\left| \begin{array}{l} 4x + 6y = -3 \\ \wedge\ 5x - 3y = -2 \quad \mid \cdot 2 \end{array} \right.$

Stelle betragsgleiche Koeffizienten mit unterschiedlichen Vorzeichen her.

$\Leftrightarrow \left| \begin{array}{l} 4x \mathbf{+ 6y} = -3 \\ \wedge\ 10x \mathbf{- 6y} = -4 \end{array} \right.$

Addition bewirkt Wegfallen von y

$\Leftrightarrow \left| \begin{array}{l} 14x = -7 \quad (I + II) \quad \mid :14 \\ \wedge\ 10x - 6y = -4 \end{array} \right.$

$\Leftrightarrow \left| \begin{array}{l} x = -0{,}5 \\ \wedge\ 10\mathbf{x} - 6y = -4 \end{array} \right.$

Setze x = −0,5 in Gleichung II ein.

$\Leftrightarrow \left| \begin{array}{l} x = -0{,}5 \\ \wedge\ 10(\mathbf{-0{,}5}) - 6y = -4 \end{array} \right.$

$\Leftrightarrow \left| \begin{array}{l} x = -0{,}5 \\ \wedge\ -5 - 6y = -4 \quad \mid +5 \end{array} \right.$

$\Leftrightarrow \left| \begin{array}{l} x = -0{,}5 \\ \wedge\ -6y = 1 \quad \mid :(-6) \end{array} \right.$

$\Leftrightarrow \left| \begin{array}{l} x = -0{,}5 \\ \wedge\ y = -\frac{1}{6} \end{array} \right.$

$L = \left\{\left(-0{,}5 \,\middle|\, -\frac{1}{6}\right)\right\}$

Hinweise und Tipps

b)

$$\begin{vmatrix} 3x-0{,}5y+2=4 \\ \wedge\ 4x+2y+4=0 \end{vmatrix} \quad \begin{matrix} |-2 \\ |-4 \end{matrix}$$

Ordne und fasse zusammen.

$$\Leftrightarrow \begin{vmatrix} 3x-0{,}5y=2 \\ \wedge\ 4x+2y=-4 \end{vmatrix} \quad |\cdot 4$$

Stelle betragsgleiche Koeffizienten her.

$$\Leftrightarrow \begin{vmatrix} 12x-\mathbf{2y}=8 \\ \wedge\ 4x+\mathbf{2y}=-4 \end{vmatrix}$$

Addition bewirkt Wegfallen von y

$$\Leftrightarrow \begin{vmatrix} 16x=4 \quad (I+II) \quad |:16 \\ \wedge\ 4x+2y=-4 \end{vmatrix}$$

$$\Leftrightarrow \begin{vmatrix} x=0{,}25 \\ \wedge\ 4\mathbf{x}+2y=-4 \end{vmatrix}$$

Setze $x = 0{,}25$ in Gleichung II ein.

$$\Leftrightarrow \begin{vmatrix} x=0{,}25 \\ \wedge\ 4\cdot\mathbf{0{,}25}+2y=-4 \end{vmatrix}$$

$$\Leftrightarrow \begin{vmatrix} x=0{,}25 \\ \wedge\ 1+2y=-4 \quad |-1 \end{vmatrix}$$

$$\Leftrightarrow \begin{vmatrix} x=0{,}25 \\ \wedge\ 2y=-5 \quad |:2 \end{vmatrix}$$

$$\Leftrightarrow \begin{vmatrix} x=0{,}25 \\ \wedge\ y=-2{,}5 \end{vmatrix}$$

$L = \{(0{,}25\,|\,-2{,}5)\}$

c)

$$\begin{vmatrix} -1{,}3x+4y=2 \quad |\cdot 4 \\ \wedge\ 5{,}2x-16y=5 \end{vmatrix}$$

Stelle betragsgleiche Koeffizienten her.

$$\Leftrightarrow \begin{vmatrix} \mathbf{-5{,}2x+16y}=8 \\ \wedge\ \mathbf{5{,}2x-16y}=5 \end{vmatrix}$$

Addition bewirkt Wegfallen von x und y

$$\Leftrightarrow \begin{vmatrix} 0=13 \quad (I+II) \\ \wedge\ 5{,}2x-16y=5 \end{vmatrix}$$

Eine falsche Aussage in Gleichung I:
Das Gleichungssystem hat keine Lösung!

$L = \emptyset$

d)

$$\begin{vmatrix} -0{,}4x-0{,}5y=3 \\ \wedge\ -0{,}1y+1{,}2x=9 \end{vmatrix}$$

Zuerst ordnen

$$\Leftrightarrow \begin{vmatrix} -0{,}4x-0{,}5y=3 \\ \wedge\ 1{,}2x-0{,}1y=9 \end{vmatrix} \quad |\cdot 3$$

Dann: Herstellen betragsgleicher Koeffizienten

$$\Leftrightarrow \begin{vmatrix} \mathbf{-1{,}2x}-1{,}5y=9 \\ \wedge\ \mathbf{1{,}2x}-0{,}1y=9 \end{vmatrix}$$

Addition bewirkt Wegfallen von x

$$\Leftrightarrow \begin{vmatrix} -1{,}6y=18 \quad (I+II) \quad |:(-1{,}6) \\ \wedge\ 1{,}2x-0{,}1y=9 \end{vmatrix}$$

$$\Leftrightarrow \begin{vmatrix} y=-11{,}25 \\ \wedge\ 1{,}2x-0{,}1\mathbf{y}=9 \end{vmatrix}$$

Setze $y = -11{,}25$ in Gleichung II ein.

$$\Leftrightarrow \begin{vmatrix} y=-11{,}25 \\ \wedge\ 1{,}2x-0{,}1(\mathbf{-11{,}25})=9 \end{vmatrix}$$

$$\Leftrightarrow \begin{vmatrix} y=-11{,}25 \\ \wedge\ 1{,}2x+1{,}125=9 \end{vmatrix} \quad |-1{,}125$$

$$\Leftrightarrow \begin{vmatrix} y=-11{,}25 \\ \wedge\ 1{,}2x=7{,}875 \end{vmatrix} \quad |:1{,}2$$

Hinweise und Tipps

$\Leftrightarrow \left| \begin{array}{l} y = -11{,}25 \\ \wedge \; x = 6{,}5625 \end{array} \right.$

$L = \{(6{,}5625 \mid -11{,}25)\}$

2.3 Reelle Zahlen

54 a)

$x^2 = 8 \quad |\sqrt{\;}$

$\Leftrightarrow |x| = \sqrt{8}$

$\Leftrightarrow x_1 = -\sqrt{8} \;\vee\; x_2 = \sqrt{8}$

$L = \{-\sqrt{8}; \sqrt{8}\}$

In der Grundmenge $\mathbb{R}$ gibt es zwei Lösungen.

b)

$2x^2 = 32 \quad |:2$

$\Leftrightarrow x^2 = 16 \quad |\sqrt{\;}$

$\Leftrightarrow |x| = \sqrt{16}$

$\Leftrightarrow x_1 = -\sqrt{16} = -4 \;\vee\; x_2 = \sqrt{16} = 4$

$L = \{-4; 4\}$

c)

$-8x^2 + 4 = -6 \quad |-4$

$\Leftrightarrow -8x^2 = -10 \quad |:(-8)$

$\Leftrightarrow x^2 = 1{,}25 \quad |\sqrt{\;}$

$\Leftrightarrow |x| = \sqrt{1{,}25}$

$\Leftrightarrow x_1 = -\sqrt{1{,}25} \;\vee\; x_2 = \sqrt{1{,}25}$

$L = \{-\sqrt{1{,}25}; \sqrt{1{,}25}\}$

Löse nach x^2 auf.

d)

$12x^2 = -24 \quad |:12$

$\Leftrightarrow x^2 = -2$

$L = \varnothing$

Die Wurzel aus einer negativen Zahl ist in $\mathbb{R}$ nicht definiert. Es gibt keine reelle Zahl, die mit sich selbst multipliziert eine negative Zahl ergibt!

e)

$-\frac{1}{2}x^2 + 15 = 2{,}5 \quad |-15$

$\Leftrightarrow -\frac{1}{2}x^2 = -12{,}5 \quad |\cdot(-2)$

$\Leftrightarrow x^2 = 25 \quad |\sqrt{\;}$

$\Leftrightarrow |x| = \sqrt{25}$

$\Leftrightarrow x_1 = -\sqrt{25} = -5 \;\vee\; x_2 = \sqrt{25} = 5$

$L = \{-5; 5\}$

Löse nach x^2 auf.

f)

$\frac{3}{4}x^2 - \frac{1}{8} = \frac{29}{24} \quad \left| +\frac{1}{8} \text{ bzw. } +\frac{3}{24}\right.$

Zuerst die Strichumformung, …

$\Leftrightarrow \frac{3}{4}x^2 = \frac{32}{24}$

dann die Punktumformung.

$\Leftrightarrow \frac{3}{4}x^2 = \frac{4}{3} \quad \left|\cdot\frac{4}{3}\right.$

$\Leftrightarrow x^2 = \frac{16}{9} \quad |\sqrt{\;}$

$\Leftrightarrow |x| = \sqrt{\frac{16}{9}}$

Hinweise und Tipps

$\Leftrightarrow \; x_1 = -\sqrt{\frac{16}{9}} = -\frac{4}{3} \;\vee\; x_2 = \sqrt{\frac{16}{9}} = \frac{4}{3}$

$L = \left\{\left(-\frac{4}{3}; \frac{4}{3}\right)\right\}$

Beachte: $\sqrt{\frac{16}{9}} = \frac{\sqrt{16}}{\sqrt{9}} = \frac{\sqrt{4^2}}{\sqrt{3^2}} = \frac{\sqrt{4}^2}{\sqrt{3}^2} = \frac{4}{3}$

---

55 a) $5\sqrt{x} - 3\sqrt{x} = (5-3)\sqrt{x} = 2\sqrt{x}$

Ausklammern von $\sqrt{x}$

b) $6\sqrt{x} + 9\sqrt{x} - 4\sqrt{y} - 2\sqrt{y} = (6+9)\sqrt{x} + (-4-2)\sqrt{y}$
$= 15\sqrt{x} + (-6)\sqrt{y}$
$= 15\sqrt{x} - 6\sqrt{y}$

Dieser Schritt dient nur zur rechnerischen Begründung. Rechne künftig einfach: $-4\sqrt{y} - 2\sqrt{y} = -6\sqrt{y}$

c) $\sqrt{3} - 2\sqrt{6} + 4\sqrt{3} + 3\sqrt{6} = \sqrt{3} + 4\sqrt{3} - 2\sqrt{6} + 3\sqrt{6}$
$= 5\sqrt{3} + \sqrt{6}$

Zuerst ordnen!
$\sqrt{3} + 4\sqrt{3} = 1\sqrt{3} + 4\sqrt{3} = 5\sqrt{3}$
$-2\sqrt{6} + 3\sqrt{6} = 1\sqrt{6} = \sqrt{6}$

d) $-9\sqrt{x} + 4\sqrt{3} - 8\sqrt{x} - 10\sqrt{3} = -9\sqrt{x} - 8\sqrt{x} + 4\sqrt{3} - 10\sqrt{3}$
$= -17\sqrt{x} - 6\sqrt{3}$

Ordnen!
$-9-8 = -17; +4-10 = -6$

---

56 a) $5\sqrt{27} \cdot 3\sqrt{3} = 5 \cdot 3 \cdot \sqrt{27} \cdot \sqrt{3}$
$= 15 \cdot \sqrt{27 \cdot 3}$
$= 15 \cdot \sqrt{81}$
$= 15 \cdot 9$
$= 135$

Ordnen der Faktoren
Wurzeln multiplizieren durch Multiplikation der Radikanden

b) $\sqrt{xy^2} \cdot \sqrt{25x} = \sqrt{xy^2 \cdot 25x}$
$= \sqrt{25x^2y^2}$
$= 5xy$

Radikanden multiplizieren

Aus jedem Faktor die Wurzel ziehen
$\sqrt{25} = 5 \quad \sqrt{x^2} = x \quad \sqrt{y^2} = y$

c) $\sqrt{49t^2s^2} \cdot \sqrt{2t^2} = \sqrt{49t^2s^2 \cdot 2t^2}$
$= \sqrt{2 \cdot 49t^4s^2}$
$= 7 \cdot t^2s \cdot \sqrt{2}$

Achte bei Potenzen auf gerade Exponenten!
$\sqrt{t^4} = t^2$, denn $t^2 \cdot t^2 = t^4$
Aus jedem Faktor die Wurzel ziehen
$\sqrt{2}$ bleibt stehen.

d) $\frac{\sqrt{5y^3} \cdot \sqrt{6xy}}{\sqrt{30xy^2}} = \sqrt{\frac{5y^3 \cdot 6xy}{30xy^2}}$
$= \sqrt{\frac{30xy^4}{30xy^2}}$
$= \sqrt{y^2}$
$= y$

Wenn kein + oder – vorkommt, darf man alles unter eine Wurzel schreiben.

Kürzen

e) $\frac{5x \cdot \sqrt{3x}}{4\sqrt{xy}} : \frac{\sqrt{yx}}{\sqrt{xy^2}} = \frac{5x \cdot \sqrt{3x}}{4\sqrt{xy}} \cdot \frac{\sqrt{xy^2}}{\sqrt{yx}}$
$= \frac{5x \cdot \sqrt{3x \cdot xy^2}}{4\sqrt{xy \cdot yx}}$
$= \frac{5x \cdot \sqrt{3x^2y^2}}{4 \cdot \sqrt{x^2y^2}}$

Mit dem Kehrbruch multiplizieren
Auf einen Bruchstrich schreiben und Radikanden multiplizieren

Radikanden unter eine Wurzel schreiben und kürzen

Hinweise und Tipps

$$= \frac{5x}{4} \cdot \sqrt{\frac{3x^2y^2}{x^2y^2}}$$
$$= \frac{5x}{4} \cdot \sqrt{3}$$

f) $\frac{24\sqrt{27g}}{6\sqrt{3k^2g^3}} \cdot \left(\frac{\sqrt{5k}}{\sqrt{4g^4}}\right)^2 = 4 \cdot \sqrt{\frac{27g}{3k^2g^3}} \cdot \left(\sqrt{\frac{5k}{4g^4}}\right)^2$

Bringe die Radikanden unter eine Wurzel und kürze, wenn möglich.

$$= 4 \cdot \sqrt{\frac{9}{k^2g^2}} \cdot \frac{5k}{4g^4}$$

Das Wurzelzeichen fällt beim Quadrieren weg: $\sqrt{a}^2 = a$

$$= 4 \cdot \frac{3}{kg} \cdot \frac{5k}{4g^4}$$

Restliche Faktoren zusammenfassen und kürzen

$$= \frac{15}{g^5}$$

---

57 a) $\sqrt{18} = \sqrt{9 \cdot 2} = \sqrt{9} \cdot \sqrt{2} = 3\sqrt{2}$

b) $\sqrt{45x^3} = \sqrt{9 \cdot 5 \cdot x^2 \cdot x} = 3x\sqrt{5x}$

Zerlege die Potenzen so, dass gerade Exponenten entstehen.

c) $\sqrt{90x^5y^3} = \sqrt{9 \cdot 10 \cdot x^4 \cdot x \cdot y^2 \cdot y} = 3x^2y\sqrt{10xy}$

d) $7\sqrt{18} - 6\sqrt{32} + 5\sqrt{50} = 7\sqrt{9 \cdot 2} - 6\sqrt{16 \cdot 2} + 5\sqrt{25 \cdot 2}$
$= 7 \cdot 3\sqrt{2} - 6 \cdot 4\sqrt{2} + 5 \cdot 5\sqrt{2}$
$= 21\sqrt{2} - 24\sqrt{2} + 25\sqrt{2}$
$= 22\sqrt{2}$

Wurzeln mit gleichem Radikanden werden addiert, indem man die Koeffizienten addiert: $21 - 24 + 25 = 22$

e) $x\sqrt{6x^3} - \sqrt{24x^5} - 4x^2\sqrt{54x}$
$= x\sqrt{6xx^2} - \sqrt{4 \cdot 6x^4x} - 4x^2\sqrt{9 \cdot 6x}$
$= x^2\sqrt{6x} - 2x^2\sqrt{6x} - 12x^2\sqrt{6x}$
$= -13x^2\sqrt{6x}$

Gleicher Radikand: $x^2 - 2x^2 - 12x^2 = -13x^2$

f) $2xy\sqrt{7y} - \sqrt{63x^2y^3} - \sqrt{175x^2y}$
$= 2xy\sqrt{7y} - \sqrt{7 \cdot 9x^2y^2y} - \sqrt{25 \cdot 7x^2y}$
$= 2xy\sqrt{7y} - 3xy\sqrt{7y} - 5x\sqrt{7y}$
$= -xy\sqrt{7y} - 5x\sqrt{7y}$

Weiter kann man nicht zusammenfassen, da $-xy - 5x$ nicht gleichartig sind.

---

58 a) $\frac{5}{\sqrt{8}} = \frac{5 \cdot \sqrt{8}}{\sqrt{8} \cdot \sqrt{8}} = \frac{5\sqrt{8}}{8} = \frac{5}{8}\sqrt{8}$

b) $\frac{6}{\sqrt{5} - \sqrt{3}} = \frac{6 \cdot (\sqrt{5} + \sqrt{3})}{(\sqrt{5} - \sqrt{3}) \cdot (\sqrt{5} + \sqrt{3})}$

Wende die 3. binomische Formel an.

$$= \frac{6\sqrt{5} + 6\sqrt{3}}{5 - 3}$$
$$= \frac{6\sqrt{5} + 6\sqrt{3}}{2}$$
$$= 3\sqrt{5} + 3\sqrt{3}$$

Hinweise und Tipps

c) $\frac{\sqrt{7}}{\sqrt{x}+\sqrt{y}} = \frac{\sqrt{7}\cdot(\sqrt{x}-\sqrt{y})}{(\sqrt{x}+\sqrt{y})\cdot(\sqrt{x}-\sqrt{y})} = \frac{\sqrt{7x}-\sqrt{7y}}{x-y}$

d) $\frac{\sqrt{3}}{4+\sqrt{3}} = \frac{\sqrt{3}\cdot(4-\sqrt{3})}{(4+\sqrt{3})\cdot(4-\sqrt{3})}$

$= \frac{4\sqrt{3}-3}{16-3}$

$= \frac{4\sqrt{3}-3}{13}$

$= \frac{4}{13}\sqrt{3}-\frac{3}{13}$

2.4 Flächeninhalt ebener Figuren

59 $A_{\Delta ABC} = \frac{1}{2}\cdot c\cdot h_c$

Setze den Flächeninhalt und die Höhe in die Flächenformel mit Grundlinie c ein.

$20\text{ cm}^2 = \frac{1}{2}\cdot c\cdot 4\text{ cm} \quad |:2\text{ cm}$

Auflösen nach der gesuchten Seitenlänge c

$c = 10\text{ cm}$

Zeichnung:

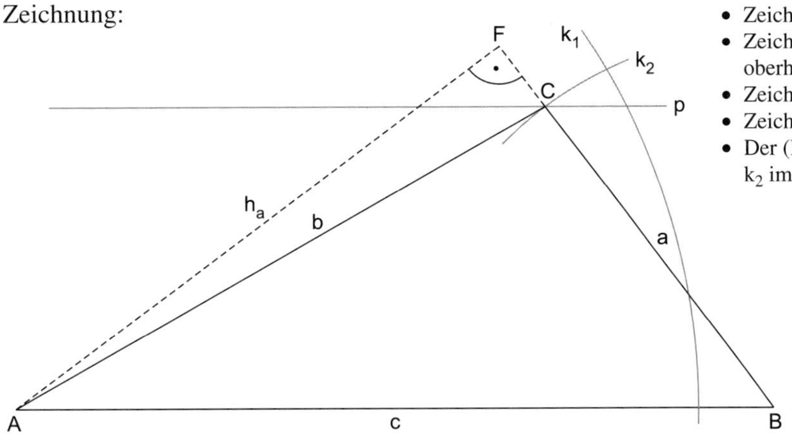

- Zeichne $c = \overline{AB}$ mit 10 cm Länge.
- Zeichne Parallele p zu c im Abstand $h_c = 4$ cm oberhalb (Umlaufsinn im Dreieck ABC!) von c.
- Zeichne Kreis k_1 um A mit Radius 9 cm.
- Zeichne Kreis k_2 um B mit Radius $a = 5$ cm.
- Der (linke) Schnittpunkt von Parallele p mit Kreis k_2 im Kreisinneren von Kreis k_1 ($b < 9$ cm) ist C.

Berechnung des Abstands:

$A_{\Delta ABC} = \frac{1}{2}\cdot a\cdot h_a$

Der Abstand des Punktes A von der Geraden BC entspricht der Länge der Höhe $h_a = \overline{AF}$.

$20\text{ cm}^2 = \frac{1}{2}\cdot 5\text{ cm}\cdot h_a \quad \left|\cdot\frac{2}{5\text{ cm}}\right.$

$h_a = 8\text{ cm}$

60 Im rechtwinkligen Dreieck sind die Katheten auch die Höhen. Also gilt $h_a = b$ und $h_b = a$.

$$A_{\Delta ABC} = \frac{1}{2} \cdot a \cdot b$$

$$A_{\Delta ABC} = \frac{1}{2} \cdot 3\,cm \cdot 4\,cm$$

$$A_{\Delta ABC} = 6\,cm^2$$

Bestimmung der Höhe h_c:

$$A_{\Delta ABC} = \frac{1}{2} \cdot c \cdot h_c$$

$$6\,cm^2 = \frac{1}{2} \cdot 5\,cm \cdot h_c \quad \left| \cdot \frac{2}{5\,cm} \right.$$

$$h_c = 2{,}4\,cm$$

Hinweise und Tipps

Aus dem Flächeninhalt lässt sich wie in der vorherigen Aufgabe die fehlende Höhe h_c berechnen.

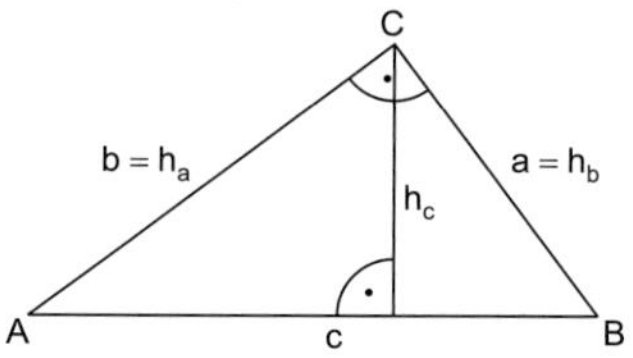

Setze den Flächeninhalt und die Grundlinie in die Flächenformel mit Höhe h_c ein und löse nach h_c auf.

---

61 Berechnung der Höhe aus dem Flächeninhalt:

$$A_{\Delta ABC} = \frac{1}{2} \cdot c \cdot h_c$$

$$12\,cm^2 = \frac{1}{2} \cdot 8\,cm \cdot h_c \quad |:4\,cm$$

$$h_c = 3\,cm$$

Zeichnung:

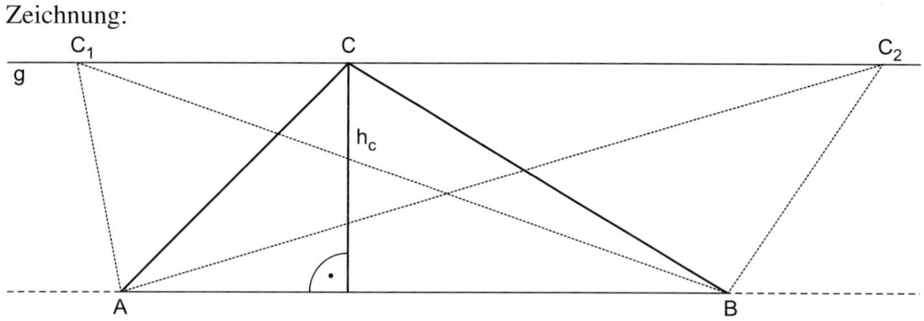

Die Punkte C_n haben wegen $h_c = 3$ cm einen Abstand von 3 cm zur Grundlinie c. Sie liegen deshalb auf einer Parallelen g zu AB im Abstand 3 cm.

Alle Punkte C_n auf der Parallelen g bilden mit den Punkten A und B Dreiecke mit 12 cm^2 Flächeninhalt. Es gibt unendlich viele solcher Dreiecke.

---

62 a) $A = \frac{1}{2} \cdot e \cdot f$

$$A = \frac{1}{2} \cdot 9\,cm \cdot 4\,cm$$

$$A = 18\,cm^2$$

b) Berechnung der fehlenden Diagonale aus dem Flächeninhalt:

$$A = \frac{1}{2} \cdot e \cdot f$$

Flächeninhalt und Diagonalenlänge in die Flächenformel einsetzen

$$18\,cm^2 = \frac{1}{2} \cdot 5\,cm \cdot f \quad \left| \cdot \frac{2}{5\,cm} \right.$$

Auflösen nach f

$$f = \frac{36}{5}\,cm$$

$$f = 7{,}2\,cm$$

Hinweise und Tipps

c) $A = \frac{1}{2} \cdot e \cdot f$

Das Quadrat ist ein Drachenviereck (die Diagonalen stehen aufeinander senkrecht), bei dem die Diagonalen gleich lang sind. Die Flächenformel gilt also auch für das Quadrat mit $e = f \rightarrow A = \frac{1}{2} \cdot e \cdot e = \frac{1}{2} \cdot e^2$

$A = \frac{1}{2} \cdot e^2$

Einsetzen des Flächeninhalts und Auflösen nach e

$18\text{ cm}^2 = \frac{1}{2} \cdot e^2 \quad | \cdot 2$

$36\text{ cm}^2 = e^2 \quad | \sqrt{}$

$e = 6\text{ cm}$

Ziehe die Quadratwurzel.

Rechnerisch wäre auch $e = -6$ cm möglich, als Länge der Diagonale allerdings nicht sinnvoll.

Die Diagonalen sind 6 cm lang.

d)

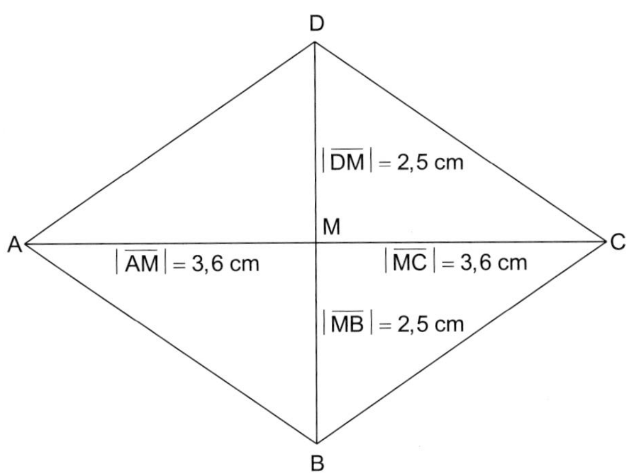

Die Längen der Diagonalen wurden in Teilaufgabe b berechnet. Sie sind 5 cm und 7,2 cm lang.

Die Raute ist ein spezielles Drachenviereck, bei dem sich die Diagonalen gegenseitig halbieren. Zeichne also die zweite Diagonale durch den Mittelpunkt von $\overline{BD}$.

---

63 $A = g_1 \cdot h_1$

$A = 4\text{ cm} \cdot 2\text{ cm}$

$A = 8\text{ cm}^2$

$A = g_2 \cdot h_2$

$8\text{ cm}^2 = 2{,}24\text{ cm} \cdot h_2$

$h_2 = \frac{8\text{ cm}^2}{2{,}24\text{ cm}}$

$h_2 = 3{,}57\text{ cm}$ (gerundet)

Der Abstand der beiden Seiten entspricht der Länge der anderen Höhe des Parallelogramms.

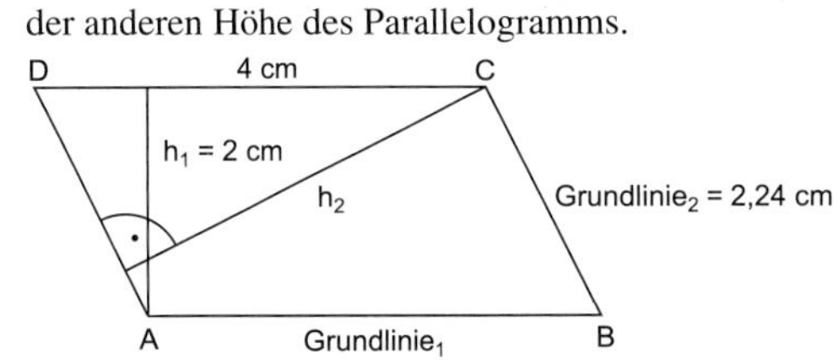

---

64 a) $m = \frac{1}{2} \cdot (a + c)$

$m = \frac{1}{2} \cdot (40\text{ m} + 10\text{ m})$

$m = 25\text{ m}$

Die Mittellinie m wird als Grundlinie für die beiden trapezförmigen Bereiche des Beckens benötigt.

Nichtschwimmerbereich:

$A = \frac{1}{2} \cdot (m + c) \cdot h$

$A = \frac{1}{2} \cdot (25\text{ m} + 10\text{ m}) \cdot 25\text{ m}$

$A = 437{,}5\text{ m}^2$

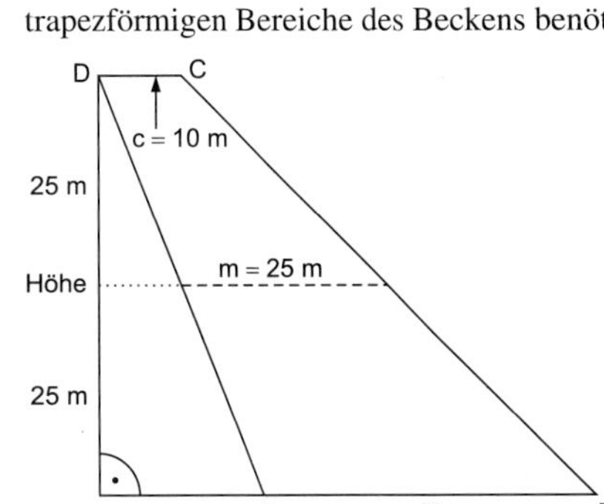

Schwimmerbereich:

$A = \frac{1}{2} \cdot (a + m) \cdot h$

$A = \frac{1}{2} \cdot (40\text{ m} + 25\text{ m}) \cdot 25\text{ m}$

$A = 812{,}5\text{ m}^2$

Hinweise und Tipps

Die Mittellinie m halbiert den Abstand der Seiten a und c. Von c und von a hat m den Abstand 25 m. Die Höhe der Trapeze, die den Schwimmerbereich und den Nichtschwimmerbereich darstellen, beträgt also jeweils 25 m.

b) Gesamtfläche des Beckens:

$A = \frac{1}{2} \cdot (a + c) \cdot h$

$A = \frac{1}{2} \cdot (40\text{ m} + 10\text{ m}) \cdot 50\text{ m}$

$A = 1\,250\text{ m}^2$

70 % der Gesamtfläche:

$A_{\Delta ABC} = 1\,250\text{ m}^2 \cdot 0{,}70 = 875\text{ m}^2$

Einsetzen des Flächeninhalts und der Grundlinie in die Flächenformel:

$A_{\Delta ABC} = \frac{1}{2} \cdot |\overline{BC}| \cdot |\overline{AL}|$

$875\text{ m}^2 = \frac{1}{2} \cdot 70\text{ m} \cdot |\overline{AL}|$

$|\overline{AL}| = 25\text{ m}$

Die kürzeste Schwimmstrecke ist 25 m lang.

Die kürzeste Strecke vom Punkt A zum gegenüberliegenden Rand ist das Lot $\overline{AL}$. $\overline{AL}$ entspricht der Höhe des Dreiecks ABC bzw. dem Abstand des Punktes A von der Strecke $\overline{BC}$.

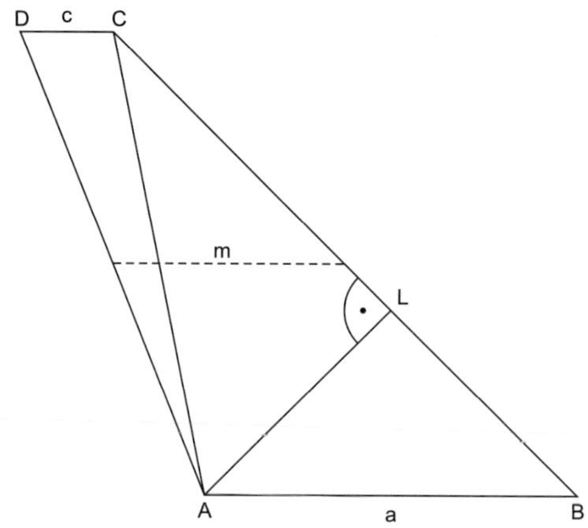

65 Planfigur:

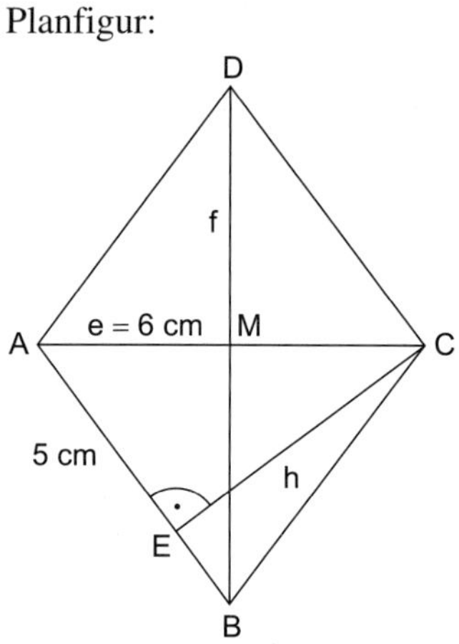

$A = \frac{1}{2} \cdot e \cdot f$

$24\text{ cm}^2 = \frac{1}{2} \cdot 6\text{ cm} \cdot f$

$f = 8\text{ cm}$

Eine Raute ist ein Drachenviereck.

$A = g \cdot h$

$24\text{ cm}^2 = 5\text{ cm} \cdot h$

$h = \frac{24}{5}\text{ cm}$

$h = 4{,}8\text{ cm}$

Eine Raute ist auch ein Parallelogramm.
Die Grundlinie ist $\overline{AB}$ mit der Länge 5 cm.
Der Abstand h ist die Höhe des Parallelogramms.

66

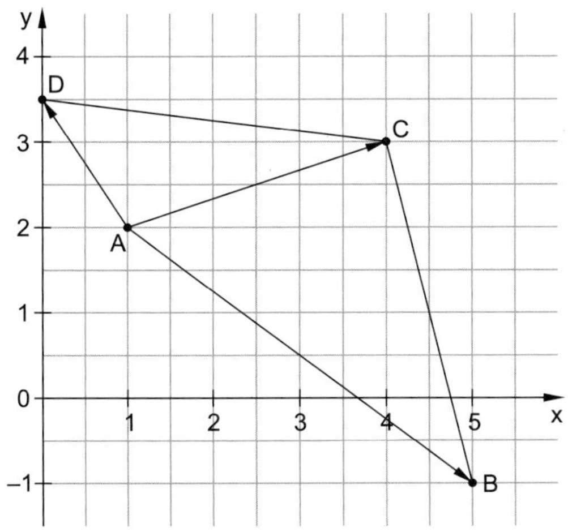

Hinweise und Tipps

Zerlege das Viereck in zwei Dreiecke. Hier: ABC und ACD

Wähle aufspannende Vektorpfeile möglichst günstig aus. ($\overrightarrow{AC}$ kann man für beide Teildreiecke verwenden!)

$$\overrightarrow{AB} = \begin{pmatrix} 5-1 \\ -1-2 \end{pmatrix} = \begin{pmatrix} 4 \\ -3 \end{pmatrix}$$

$$\overrightarrow{AC} = \begin{pmatrix} 4-1 \\ 3-2 \end{pmatrix} = \begin{pmatrix} 3 \\ 1 \end{pmatrix}$$

$$\overrightarrow{AD} = \begin{pmatrix} 0-1 \\ 3{,}5-2 \end{pmatrix} = \begin{pmatrix} -1 \\ 1{,}5 \end{pmatrix}$$

Berechne die Flächeninhalte der Dreiecke mit der Determinantenformel.

$$A_{\Delta ABC} = \frac{1}{2} \cdot \begin{vmatrix} 4 & 3 \\ -3 & 1 \end{vmatrix} \text{FE} = \frac{1}{2} \cdot [4 \cdot 1 - (-3) \cdot 3] \text{ FE}$$
$$= \frac{1}{2} \cdot [4+9] \text{ FE} = \frac{13}{2} \text{ FE} = 6{,}5 \text{ FE}$$

Beachte die Reihenfolge der Vektoren in der Determinante: Betrachte $\overrightarrow{AB}$ und $\overrightarrow{AC}$ als Zeiger einer Uhr, die in A befestigt sind. Der „Zeiger" $\overrightarrow{AB}$ hat den kürzeren Weg zum Zeiger $\overrightarrow{AC}$, wenn er *gegen* den Uhrzeigersinn läuft. Also kommt $\overrightarrow{AB}$ zuerst in die Determinante.

$$A_{\Delta ACD} = \frac{1}{2} \cdot \begin{vmatrix} 3 & -1 \\ 1 & 1{,}5 \end{vmatrix} \text{FE} = \frac{1}{2} \cdot [3 \cdot 1{,}5 - 1 \cdot (-1)] \text{ FE}$$
$$= \frac{1}{2} \cdot [4{,}5+1] \text{ FE} = \frac{5{,}5}{2} \text{ FE} = 2{,}75 \text{ FE}$$

Reihenfolge beachten! Zuerst $\overrightarrow{AC}$, denn der Winkel CAD ist kleiner als der Winkel DAC.

Der Flächeninhalt des Vierecks beträgt also
$A_{ABCD} = 6{,}5 \text{ FE} + 2{,}75 \text{ FE} = 9{,}25 \text{ FE}$.

67

a) $\overrightarrow{BD} = \begin{pmatrix} -5 \\ 1 \end{pmatrix}$; $\overrightarrow{BA} = \begin{pmatrix} -6 \\ -3 \end{pmatrix}$

$$A = \begin{vmatrix} -5 & -6 \\ 1 & -3 \end{vmatrix} \text{FE} = [(-5) \cdot (-3) - 1 \cdot (-6)] \text{ FE}$$
$$= [15+6] \text{ FE} = 21 \text{ FE}$$

$\overrightarrow{BD}$ und $\overrightarrow{BA}$ spannen das Dreieck ABD auf. Das Parallelogramm hat den doppelten Flächeninhalt. Deshalb fällt der Faktor $\frac{1}{2}$ vor der Determinante weg.

b) $\overrightarrow{BA} = \begin{pmatrix} -6 \\ -3 \end{pmatrix}$; $\overrightarrow{BC} = \begin{pmatrix} 1 \\ 4 \end{pmatrix}$

$$A = \begin{vmatrix} 1 & -6 \\ 4 & -3 \end{vmatrix} \text{FE} = [1 \cdot (-3) - 4 \cdot (-6)] \text{ FE}$$
$$= [-3+24] \text{ FE} = 21 \text{ FE}$$

$\overrightarrow{BC}$ wird auf $\overrightarrow{BA}$ gedreht, also $\overrightarrow{BC}$ zuerst.

c) $\overrightarrow{AC} = \begin{pmatrix} 7 \\ 7 \end{pmatrix}$; $\overrightarrow{AB} = \begin{pmatrix} 6 \\ 3 \end{pmatrix}$

$$A = \begin{vmatrix} 6 & 7 \\ 3 & 7 \end{vmatrix} \text{FE} = (6 \cdot 7 - 3 \cdot 7) \text{ FE}$$
$$= (42-21) \text{ FE} = 21 \text{ FE}$$

$\overrightarrow{AC}$ und $\overrightarrow{AB}$ spannen das Dreieck ABC auf, das halb so groß ist wie das Parallelogramm. $\overrightarrow{AB}$ wird auf $\overrightarrow{AC}$ gedreht, also $\overrightarrow{AB}$ zuerst.

68 a)

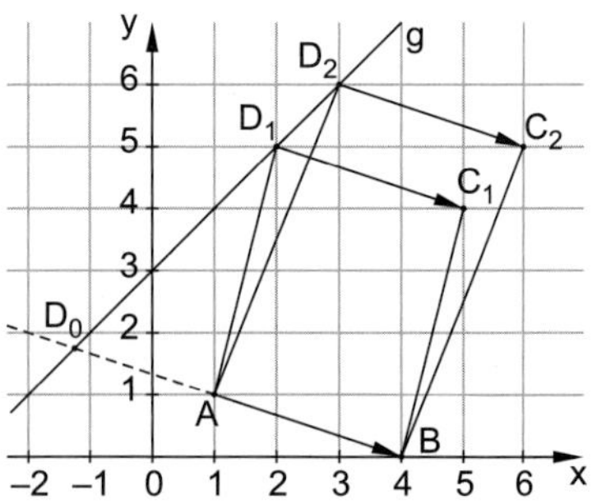

Berechnung des Flächeninhalts von ABC_1D_1:
Zuerst: Koordinaten von D_1:
$y = 2 + 3 = 5$
$D_1(2\,|\,5)$

$\overrightarrow{AB} = \begin{pmatrix} 4-1 \\ 0-1 \end{pmatrix} = \begin{pmatrix} 3 \\ -1 \end{pmatrix}, \quad \overrightarrow{AD_1} = \begin{pmatrix} 2-1 \\ 5-1 \end{pmatrix} = \begin{pmatrix} 1 \\ 4 \end{pmatrix}$

Bestimmung des Flächeninhalts mithilfe der Determinante:
$A = \begin{vmatrix} 3 & 1 \\ -1 & 4 \end{vmatrix} \text{FE} = (3 \cdot 4 - (-1) \cdot 1)\ \text{FE} = (12 + 1)\ \text{FE} = 13\ \text{FE}$

b) $D_n(x\,|\,x+3)$, da $y = x + 3$

$\overrightarrow{AB} = \begin{pmatrix} 3 \\ -1 \end{pmatrix}, \quad \overrightarrow{AD_n} = \begin{pmatrix} x-1 \\ x+3-1 \end{pmatrix} = \begin{pmatrix} x-1 \\ x+2 \end{pmatrix}$

$A(x) = \begin{vmatrix} 3 & x-1 \\ -1 & x+2 \end{vmatrix} \text{FE}$
$A(x) = [3 \cdot (x+2) - (-1) \cdot (x-1)]\ \text{FE}$
$A(x) = (3x + 6 + x - 1)\ \text{FE}$
$A(x) = (4x + 5)\ \text{FE}$

c) $\begin{vmatrix} & A(x) = (4x+5)\ \text{FE} \\ \wedge & A \quad = 10\ \text{FE} \end{vmatrix}$

$\Rightarrow \quad 10 = 4x + 5 \quad (\text{I} = \text{II}) \quad |-5$
$\Leftrightarrow \quad 5 = 4x \quad |:4$
$\Leftrightarrow \quad x = \frac{5}{4}$
$\mathbb{L} = \left\{1\frac{1}{4}\right\}$

$D_n(x\,|\,x+3) \Rightarrow D_3\left(1\frac{1}{4} \,\middle|\, 1\frac{1}{4} + 3\right) = D_3\left(1\frac{1}{4} \,\middle|\, 4\frac{1}{4}\right)$

d) Es entsteht kein Parallelogramm mehr, wenn der Punkt D_n auf den Punkt D_0 auf der Geraden AB fällt. Aus dem Parallelogramm wird dann eine Strecke.

Hinweise und Tipps

- Einzeichnen der Geraden g: $y = x + 3$
  y-Achsenabschnitt $t = 3$
  Steigung $m = 1$
- Einzeichnen der Punkte D_1 und D_2 auf der Geraden g mithilfe der bekannten x-Koordinaten
- Parallelverschiebung des Punktes D_1 auf C_1 mit dem Vektor $\overrightarrow{AB}$, ebenso mit D_2

Einsetzen von $x = 2$ in die Geradengleichung

$\overrightarrow{AB}$ zuerst

In Abhängigkeit von x bedeutet: Rechne nicht mit speziellen Koordinaten für D. Verwende die allgemeinen Koordinaten der Punkte D_n, die durch die Funktionsgleichung der Geraden festgelegt sind.

Aufspannende Vektoren mit „Spitze minus Fuß“

$x = 1\frac{1}{4}$ einsetzen

siehe Zeichnung in Teilaufgabe a

Hinweise und Tipps

Der Flächeninhalt ist in diesem Fall 0 FE.

$$\begin{array}{|l} A(x) = (4x+5)\ \text{FE} \\ \wedge \quad A = 0\ \text{FE} \end{array}$$

$$\begin{aligned} &\Rightarrow \quad 4x + 5 = 0 \quad (\text{I} = \text{II}) && \vert -5 \\ &\Leftrightarrow \quad 4x = -5 && \vert :4 \\ &\Leftrightarrow \quad x = -\frac{5}{4} \end{aligned}$$

$L = \left\{-1\frac{1}{4}\right\}$

oder:

Bestimmung der Geradengleichung von AB:

Vektor $\overrightarrow{AB} = \binom{3}{-1}$: y-Koordinate durch x-Koordinate ergibt die Steigung

Steigung von AB: $m = -\frac{1}{3}$

Einsetzen von B in die Normalform von AB:

Normalform $y = mx + t$ mit $B(4\,|\,0)$ und $m = -\frac{1}{3}$

$0 = -\frac{1}{3} \cdot 4 + t$

$t = \frac{4}{3}$

Geradengleichung von AB: $y = -\frac{1}{3}x + \frac{4}{3}$

Berechnung der Koordinaten von D_0:
Schnittpunkt der Geraden g mit AB:

$$\begin{array}{r|l} \text{AB:} & y = -\frac{1}{3}x + \frac{4}{3} \\ \text{g:} & \wedge \ y = x + 3 \end{array}$$

$$\begin{aligned} &\Rightarrow \quad -\frac{1}{3}x + \frac{4}{3} = x + 3 \quad (\text{I} = \text{II}) && \left\vert -x - \frac{4}{3} \right. \\ &\Leftrightarrow \quad -\frac{4}{3}x = \frac{5}{3} && \left\vert \cdot\left(-\frac{3}{4}\right) \right. \\ &\Leftrightarrow \quad x = -\frac{5}{4} \end{aligned}$$

$L = \left\{-1\frac{1}{4}\right\}$

Es existieren Parallelogramme ABC_nD_n für $x > -1\frac{1}{4}$.

Für $x < -1\frac{1}{4}$ ändert sich der Umlaufsinn der Parallelogramme.

69 a)

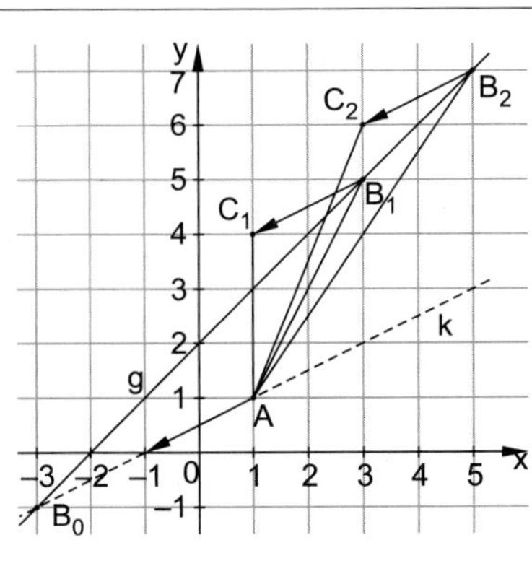

- Zeichnen der Geraden g: $y = x + 2$
  y-Achsenabschnitt $t = 2$
  Steigung $m = 1$ (1 nach rechts, 1 nach oben)
- Einzeichnen der beiden Punkte $B_1(3\,|\,5)$ und $B_2(5\,|\,7)$ auf der Geraden. Die y-Koordinaten erhält man durch Einsetzen der x-Koordinaten in die Geradengleichung $y = x + 2$.
- Parallelverschiebung der Punkte B_1 und B_2 mit dem Vektor $\overrightarrow{B_nC_n} = \binom{-2}{-1}$ ergibt die Punkte C_1 und C_2.

  (Von B_n aus jeweils „2 nach links und 1 nach unten".)

✎ Hinweise und Tipps

b) Flächeninhalt der Dreiecke:

Aufspannende Vektoren:

$\overrightarrow{B_nC_n} = \begin{pmatrix} -2 \\ -1 \end{pmatrix}, \quad \overrightarrow{B_nA} = \begin{pmatrix} 1-x \\ 1-(x+2) \end{pmatrix} = \begin{pmatrix} 1-x \\ -1-x \end{pmatrix}$

„Spitze minus Fuß"
Verwende die allgemeinen Koordinaten der Punkte $B_n(x\,|\,x+2)$.

Berechnung des Flächeninhalts mithilfe der Determinante:

$A_{\Delta AB_nC_n}(x) = \frac{1}{2} \cdot \begin{vmatrix} -2 & 1-x \\ -1 & -1-x \end{vmatrix}$ FE

Beachte die Reihenfolge der Vektoren in der Determinante.

$A_{\Delta AB_nC_n}(x) = \frac{1}{2} \cdot [-2 \cdot (-1-x) - (-1) \cdot (1-x)]$ FE

Tipp: Wenn du die Determinante auflöst, setze immer eine eckige Klammer.

$A_{\Delta AB_nC_n}(x) = \frac{1}{2} \cdot [2+2x-(-1+x)]$ FE

Um Vorzeichenfehler zu vermeiden, gehe schrittweise vor und löse die Klammern von innen nach außen auf.

$A_{\Delta AB_nC_n}(x) = \frac{1}{2} \cdot [2+2x+1-x]$ FE

$A_{\Delta AB_nC_n}(x) = \frac{1}{2} \cdot (3+x)$ FE

$A_{\Delta AB_nC_n}(x) = (0{,}5x+1{,}5)$ FE

c) $\begin{array}{|ll} & A(x) = (0{,}5x+1{,}5) \text{ FE} \\ \wedge & A \quad = 4 \text{ FE} \end{array}$

Aus Teilaufgabe b

$\Rightarrow \quad 0{,}5x+1{,}5 = 4 \quad (I = II) \quad |-1{,}5$

$\Leftrightarrow \quad 0{,}5x = 2{,}5 \quad |:0{,}5$

$\Leftrightarrow \quad x = 5$

$L = \{5\}$

Das ist die x-Koordinate von B_2, also hat das Dreieck AB_2C_2 in der Zeichnung den Flächeninhalt 4 FE.

d) Es entsteht kein Dreieck, wenn B_n auf B_0 fällt. Das Dreieck wird dann zu einer Strecke.

Der Flächeninhalt ist in diesem Fall 0 FE.

$\begin{array}{|ll} & A(x) = (0{,}5x+1{,}5) \text{ FE} \\ \wedge & A(x) = 0 \text{ FE} \end{array}$

$\Rightarrow \quad 0{,}5x+1{,}5 = 0 \quad (I = II) \quad |-1{,}5$

$\Leftrightarrow \quad 0{,}5x = -1{,}5 \quad |:0{,}5$

$\Leftrightarrow \quad x = -3$

$L = \{-3\}$

oder:

Es entsteht kein Dreieck, wenn die Punkte A, B_n und C_n auf **einer** Geraden liegen.

siehe Zeichnung in Teilaufgabe a

Diese Gerade muss durch A verlaufen und parallel zum Vektor $\overrightarrow{B_nC_n} = \begin{pmatrix} -2 \\ -1 \end{pmatrix}$ sein. Diese Gerade wird mit k bezeichnet und ihre Gleichung berechnet:

Die Steigung der Geraden k ist: $m = \frac{-1}{-2} = 0{,}5$

Vektor $\overrightarrow{B_nC_n} = \begin{pmatrix} -2 \\ -1 \end{pmatrix}$: y-Koordinate durch x-Koordinate ergibt die Steigung

Einsetzen von $A(1\,|\,1)$ in die Normalform von k:

Normalform $y = mx + t$ mit $A(1\,|\,1)$ und $m = 0{,}5$

$1 = 0{,}5 \cdot 1 + t$

$\Leftrightarrow \quad t = 0{,}5$

Geradengleichung von k: $y = 0{,}5x + 0{,}5$

Hinweise und Tipps

Die Punkte B_n müssen auf der Geraden g liegen. Deshalb fallen die Punkte A, B_n und C genau dann auf eine Gerade, wenn B_n auf den Schnittpunkt B_0 der Geraden g und k fällt.

Überlege, wie weit der Punkt B_n wandern darf.

Berechnung der x-Koordinate von B_0:
Schnittpunkt von g und k:

Schnittpunktbedingung

$$\begin{array}{|ll} & y = 0{,}5x + 0{,}5 \\ \wedge & y = x + 2 \end{array}$$

$$\Rightarrow \quad 0{,}5x + 0{,}5 = x + 2 \quad (\mathrm{I} = \mathrm{II}) \quad |-0{,}5 - x$$
$$\Leftrightarrow \quad -0{,}5x = 1{,}5 \quad |:(-0{,}5)$$
$$\Leftrightarrow \quad x = -3$$
$$L = \{-3\}$$

Es existieren Dreiecke für $x > -3$.

Für $x < -3$ ändert sich der Umlaufsinn in AC_nB_n.

70 a)

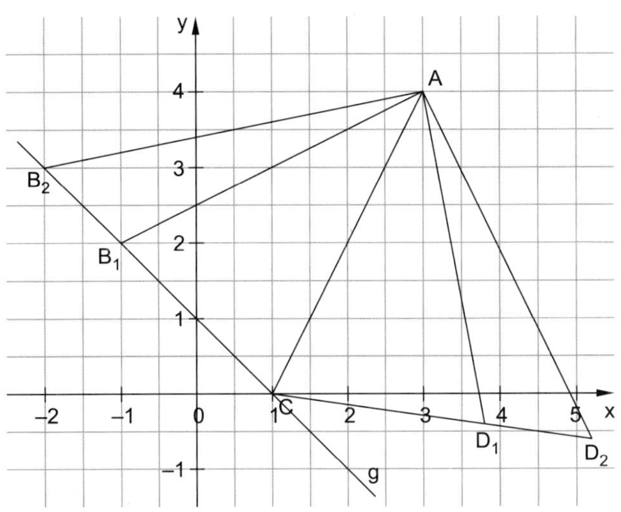

- Zeichne die Gerade g: $y = -x + 1$
  Achsenabschnitt $t = 1$
  Steigung $m = -1$ (1 LE nach rechts, 1 LE nach unten)
- Zeichne den Punkt B_1 mit dem x-Wert 1 auf der Geraden ein.
- Spiegle B_1 an AC, um D_1 zu erhalten.
- Verfahre ebenso mit B_2.

b) Der Flächeninhalt lässt sich für das Dreieck AB_1C aus den Koordinaten der Eckpunkte $A(3\,|\,4)$, $B_1(-1\,|\,2)$ und $C(1\,|\,0)$ berechnen.
Aufspannende Vektoren:

$$\overrightarrow{AB_1} = \begin{pmatrix} -1-3 \\ 2-4 \end{pmatrix} = \begin{pmatrix} -4 \\ -2 \end{pmatrix}, \quad \overrightarrow{AC} = \begin{pmatrix} 1-3 \\ 0-4 \end{pmatrix} = \begin{pmatrix} -2 \\ -4 \end{pmatrix}$$

Berechnung der Fläche des Dreiecks AB_1C mithilfe der Determinante:

Reihenfolge in der Determinante beachten

$$A_{\Delta AB_1C} = \frac{1}{2} \cdot \begin{vmatrix} -4 & -2 \\ -2 & -4 \end{vmatrix} \text{ FE}$$

$$A_{\Delta AB_1C} = \frac{1}{2} \cdot [-4 \cdot (-4) - (-2) \cdot (-2)] \text{ FE}$$

$$A_{\Delta AB_1C} = \frac{1}{2} \cdot (16 - 4) \text{ FE}$$

$$A_{\Delta AB_1C} = 6 \text{ FE}$$

Der Flächeninhalt des Drachenvierecks ist doppelt so groß wie der des Dreiecks:

$$A_{\text{Drache}} = 2 \cdot A_{\Delta AB_1C} = 2 \cdot 6 \text{ FE} = 12 \text{ FE}$$

Hinweise und Tipps

c) In Abhängigkeit von x rechnet man mit den allgemeinen Koordinaten $B_n(x\,|-x+1)$:

$\overrightarrow{AB_n} = \begin{pmatrix} x-3 \\ -x+1-4 \end{pmatrix} = \begin{pmatrix} x-3 \\ -x-3 \end{pmatrix}$

Berechnung der Fläche des Dreiecks AB_nC mithilfe der Determinante:

$A_{\Delta AB_nC}(x) = \frac{1}{2} \cdot \begin{vmatrix} x-3 & -2 \\ -x-3 & -4 \end{vmatrix}$ FE

$A_{\Delta AB_nC}(x) = \frac{1}{2} \cdot [(x-3)\cdot(-4) - (-x-3)\cdot(-2)]$ FE

$A_{\Delta AB_nC}(x) = \frac{1}{2} \cdot (-4x+12-2x-6)$ FE

$A_{\Delta AB_nC}(x) = \frac{1}{2} \cdot (-6x+6)$ FE

$A_{\Delta AB_nC}(x) = (-3x+3)$ FE

Die Fläche des Drachenvierecks ist doppelt so groß:
$A(x) = 2 \cdot (-3x+3)$ FE $= (-6x+6)$ FE

d) $\begin{vmatrix} & A(x) = (-6x+6) \text{ FE} \\ \wedge & A = 10 \text{ FE} \end{vmatrix}$

$\Rightarrow \quad -6x+6 = 10 \quad (\text{I} = \text{II}) \quad |-6$

$\Leftrightarrow \quad -6x = 4 \quad |:(-6)$

$\Leftrightarrow \quad x = -\frac{2}{3}$

$L = \left\{-\frac{2}{3}\right\}$

$B_n(x\,|-x+1)$

$B_3\left(-\frac{2}{3}\,\middle|\,\frac{2}{3}+1\right) = B_3\left(-\frac{2}{3}\,\middle|\,1\frac{2}{3}\right)$

---

71 a) $\overrightarrow{B_nC_n} = \begin{pmatrix} 3 \\ 1 \end{pmatrix}$ und $\overrightarrow{B_nA_n}$ als aufspannende Vektoren.

Dabei gilt: $A_n(x\,|\,0{,}25x+4)$ und $B_n(x\,|-0{,}5x+1)$

Die Punkte liegen auf den Geraden g und k. Die Geradengleichungen legen die y-Koordinaten der Punkte fest.

also: $\overrightarrow{B_nA_n} = \begin{pmatrix} x-x \\ 0{,}25x+4-(-0{,}5x+1) \end{pmatrix} = \begin{pmatrix} 0 \\ 0{,}75x+3 \end{pmatrix}$

„Spitze minus Fuß“
Es gilt: Besitzen zwei Punkte die gleiche Abszisse, dann hat der zugehörige Vektor die x-Koordinate 0.

Berechnung des Flächeninhalts mithilfe der Determinante:

$A_{\Delta A_nB_nC_n}(x) = \frac{1}{2} \cdot \begin{vmatrix} 3 & 0 \\ 1 & 0{,}75x+3 \end{vmatrix}$ FE

$A_{\Delta A_nB_nC_n}(x) = \frac{1}{2} \cdot [3 \cdot (0{,}75x+3) - 1 \cdot 0]$ FE

$A_{\Delta A_nB_nC_n}(x) = \frac{1}{2} \cdot [2{,}25x+9]$ FE

$A_{\Delta A_nB_nC_n}(x) = (1{,}125x+4{,}5)$ FE

Hinweise und Tipps

b) $A(x) = (1{,}125x + 4{,}5)$ FE
$\wedge$ $A = 9$ FE

Der Flächeninhalt soll 9 FE betragen.

$\Rightarrow$ $1{,}125x + 4{,}5 = 9$ (I = II) $|-4{,}5$
$\Leftrightarrow$ $1{,}125x = 4{,}5$ $|:1{,}125$
$\Leftrightarrow$ $x = 4$
$L = \{4\}$

Die x-Koordinate der Punkte A_3 und B_3 ist also $x = 4$.

Die y-Koordinaten der Punkte A_3 und B_3 erhält man aus den Geradengleichungen:

Einsetzen von $x = 4$ in die zugehörigen Geradengleichungen:

$A_3(4 \mid 0{,}25 \cdot 4 + 4)$
$A_3(4 \mid 5)$

g: $y = 0{,}25x + 4$

$B_3(4 \mid -0{,}5 \cdot 4 + 1)$
$B_3(4 \mid -1)$

k: $y = -0{,}5x + 1$

Bestimmung von C_3 mithilfe des Vektors $\overrightarrow{B_nC_n} = \begin{pmatrix}3\\1\end{pmatrix}$:
$C_3(4 + \mathbf{3} \mid -1 + \mathbf{1})$
$C_3(7 \mid 0)$

„Von B_3 aus 3 nach rechts, 1 nach oben“

c) In A_0 rechtwinkliges Dreieck $A_0B_0C_0$:
Der rechte Winkel in A_0 entsteht, wenn $\overline{A_0B_0}$ senkrecht zu $\overline{C_0A_0}$ ist.
$\overline{A_nB_n}$ ist immer parallel zur y-Achse, also muss $\overline{C_0A_0}$ parallel zur x-Achse sein. C_0 und A_0 besitzen somit die gleiche y-Koordinate.

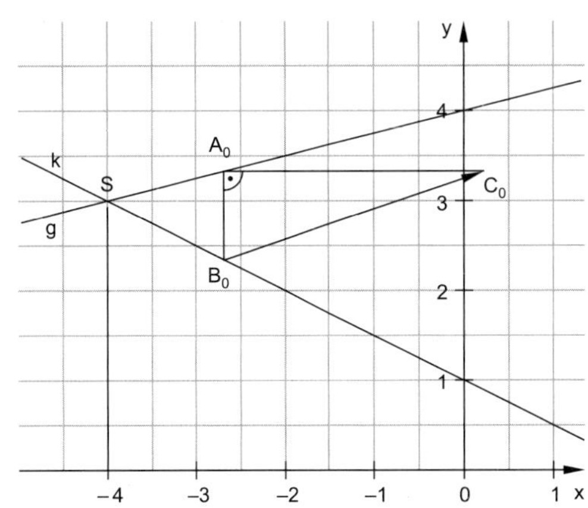

Wegen $\overrightarrow{B_nC_n} = \begin{pmatrix}3\\1\end{pmatrix}$ gilt: Die y-Koordinate von C_n ist immer **um 1 größer** als die y-Koordinate von B_n.
A_0 und C_0 besitzen somit die gleiche y-Koordinate, wenn die Strecke $\overline{A_0B_0}$ die Länge 1 LE besitzt.

Aus Teilaufgabe b im Einführungsbeispiel ist bekannt:
$|\overline{A_nB_n}|(x) = (0{,}75x + 3)$ LE

Da $|\overline{A_0B_0}| = 1$ LE gelten muss, damit das Dreieck rechtwinklig in A_0 ist, erhält man:

$0{,}75x + 3 = 1$ $|-3$
$\Leftrightarrow$ $0{,}75x = -2$ $|:0{,}75$
$\Leftrightarrow$ $x = -2\frac{2}{3}$

Das in A rechtwinklige Dreieck entsteht also, wenn A_0 die x-Koordinate $x = -2\frac{2}{3}$ hat.

Den Flächeninhalt des rechtwinkligen Dreiecks $A_0B_0C_0$ erhält man mithilfe des Terms $A(x) = (1{,}125x + 4{,}5)$ FE (siehe Einführungsbeispiel, Teilaufgabe b):

$$A_{\Delta A_0B_0C_0} = \left[1{,}125 \cdot \left(-2\frac{2}{3}\right) + 4{,}5\right] \text{FE} = 1{,}5 \text{ FE}$$

Der Flächeninhalt des rechtwinkligen Dreiecks $A_0B_0C_0$ beträgt 1,5 FE.

72 a)

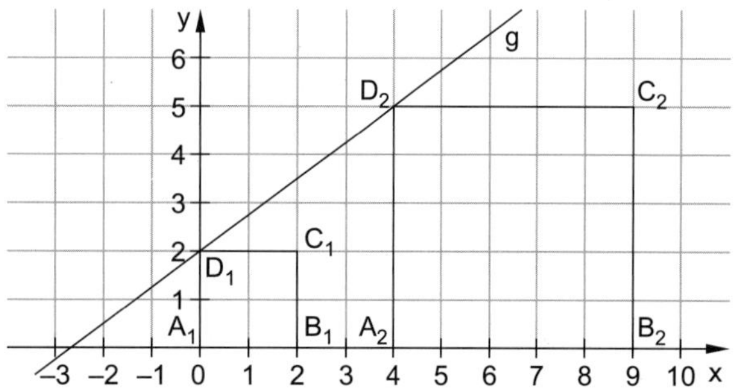

b) Für den Umfang und den Flächeninhalt benötigt man die Seitenlänge in Abhängigkeit von x.
Die Seitenlänge ist die Länge der Strecke $\overline{A_nD_n}$.
Die Punkte A_n und D_n besitzen dieselbe Abszisse
→ Differenz der y-Koordinaten.

$y_D = 0{,}75x + 2$
$y_A = 0$

$|\overline{A_nD_n}|(x) = (y_D - y_A)\ \text{LE} = (0{,}75x + 2)\ \text{LE}$

Berechnung des Umfangs in Abhängigkeit von x:

$u(x) = 4 \cdot |\overline{A_nD_n}|(x)$
$u(x) = 4 \cdot (0{,}75x + 2)\ \text{LE}$
$u(x) = (3x + 8)\ \text{LE}$

Berechnung des Flächeninhalts in Abhängigkeit von x:

$A(x) = |\overline{A_nD_n}| \cdot |\overline{A_nD_n}|$
$A(x) = (0{,}75x + 2)^2\ \text{FE}$
$A(x) = (0{,}5625x^2 + 3x + 4)\ \text{FE}$

c)
$$\begin{array}{|l} |\overline{A_nD_n}|(x) = (0{,}75x + 2)\ \text{LE} \\ \wedge\ |\overline{A_nD_n}|(x) = 6{,}5\ \text{LE} \end{array}$$

$\Rightarrow\ 0{,}75x + 2 = 6{,}5 \quad (I = II) \quad |-2$
$\Leftrightarrow\ 0{,}75x = 4{,}5 \quad |:0{,}75$
$\Leftrightarrow\ x = 6$
$L = \{6\}$

Für die x-Koordinate 6 beträgt die Seitenlänge 6,5 LE.

d) Berechnung der x-Koordinaten von D_4:

$$\begin{array}{l|l} h: & y = -0{,}5x + 6{,}5 \\ g: & \wedge\ y = 0{,}75x + 2 \end{array}$$

$\Rightarrow\ -0{,}5x + 6{,}5 = 0{,}75x + 2 \quad (I = II) \quad |-0{,}75x - 6{,}5$
$\Leftrightarrow\ -1{,}25x = -4{,}5 \quad |:(-1{,}25)$
$\Leftrightarrow\ x = 3{,}6$
$L = \{3{,}6\}$

Der Schnittpunkt hat die x-Koordinate $x = 3{,}6$.

Der Umfang in Abhängigkeit von x ist aus Teilaufgabe b bekannt:

$u(x) = (3x + 8)\ \text{LE}$
$u(3{,}6) = (3 \cdot 3{,}6 + 8)\ \text{LE}$
$u(3{,}6) = 18{,}8\ \text{LE}$

Der Umfang beträgt 18,8 LE.

Hinweise und Tipps

- Zeichne die Gerade g:
  $t = 2;\ m = 0{,}75 = \frac{3}{4}$ (4 nach rechts, 3 nach oben)
- Zeichne D_1 und A_1 für $x = 0$ ein.
- Die Seitenlänge des Quadrats ist $|\overline{A_nD_n}|$, hier also 2 LE lang.
- Vervollständige das Quadrat.
- Verfahre ebenso für das zweite Quadrat.

A_n liegen auf der x-Achse mit der Gleichung $y = 0$.

Der Umfang ist die Summe der 4 Seitenlängen.

Länge mal Breite

1. binomische Formel: $(0{,}75x)^2 + 2 \cdot 0{,}75x \cdot 2 + 2^2$

Schnittpunkt der beiden Geraden → Gleichsetzen

73 a)

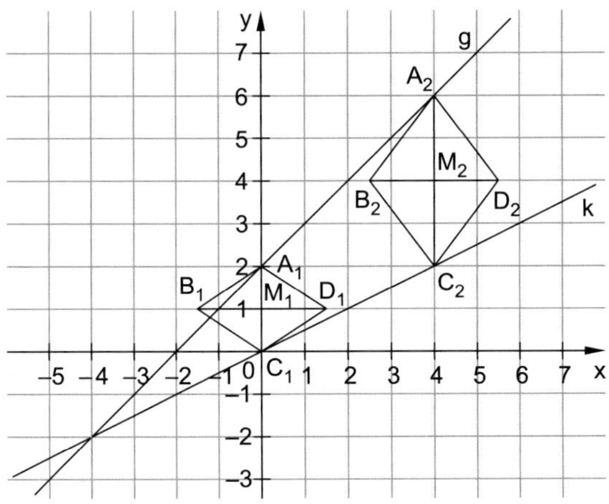

Hinweise und Tipps

- Zeichne g und k und die Punkte A_1 und C_1 für die x-Koordinate $x = 0$ auf der jeweiligen Geraden ein.
- Bei einer Raute halbieren sich die Diagonalen gegenseitig und stehen senkrecht aufeinander. Gehe also vom Mittelpunkt M_1 aus 1,5 LE nach links und nach rechts, um die Diagonale $\overline{B_1D_1}$ einzuzeichnen.
- Verfahre ebenso für die zweite Raute.

b) Flächenformel:

$$A = \frac{1}{2} \cdot e \cdot f$$

Eine Raute ist ein spezielles Drachenviereck.

Die Diagonale $f = \overline{B_nD_n}$ ist immer 3 LE lang.
Die Länge der Diagonale $\overline{A_nC_n}$ ändert sich, ist also abhängig von x:

$$|\overline{A_nC_n}|(x) = (y_{A_n} - y_{C_n}) \text{ LE}$$

$$|\overline{A_nC_n}|(x) = (x + 2 - 0{,}5x) \text{ LE}$$

$$|\overline{A_nC_n}|(x) = (0{,}5x + 2) \text{ LE}$$

Gleiche Abszisse x der Punkte → Differenz der y-Koordinaten ergibt die Streckenlänge.
Die y-Koordinaten sind durch die Geradengleichungen gegeben: g: $y = x + 2$; k: $y = 0{,}5x$

Flächeninhalt A(x):

$$A(x) = \frac{1}{2} \cdot |\overline{A_nC_n}|(x) \cdot |\overline{BD}|$$

$$A(x) = \frac{1}{2} \cdot (0{,}5x + 2) \cdot 3 \text{ FE}$$

$$A(x) = \frac{1}{2} \cdot (1{,}5x + 6) \text{ FE}$$

$$A(x) = (0{,}75x + 3) \text{ FE}$$

c) Der Flächeninhalt soll 6 FE betragen:

$$\begin{array}{|l} \quad A(x) = (0{,}75x + 3) \text{ FE} \\ \wedge \; A(x) = 6 \text{ FE} \\ \hline \end{array}$$

$$\Rightarrow \; 0{,}75x + 3 = 6 \quad (\text{I} = \text{II}) \quad |-3$$

$$\Leftrightarrow \; 0{,}75x = 3 \quad |:0{,}75 \text{ bzw.} \cdot \frac{4}{3}$$

$$\Leftrightarrow \; x = 4$$

$\mathbb{L} = \{4\}$

Die Raute $A_2B_2C_2D_2$ aus Teilaufgabe a hat 4 FE Flächeninhalt.

d) Ein Quadrat entsteht, wenn die beiden Diagonalen gleich lang sind. Es gilt also $|\overline{A_nC_n}| = 3$ LE.

$\overline{BD}$ ist immer 3 LE lang.

$$\begin{array}{|l} \quad |\overline{A_nC_n}|(x) = (0{,}5x + 2) \text{ LE} \\ \wedge \; |\overline{A_nC_n}|(x) = 3 \text{ LE} \\ \hline \end{array}$$

Hinweise und Tipps

$$\Rightarrow \quad 0{,}5x + 2 = 3 \quad (I = II) \quad |-2$$
$$\Leftrightarrow \quad 0{,}5x = 1 \quad |:0{,}5 \quad \text{bzw.} \cdot 2$$
$$\Leftrightarrow \quad x = 2$$
$L = \{2\}$

Wenn A und C die x-Koordinate $x = 2$ haben, entsteht ein Quadrat.

---

74 a)

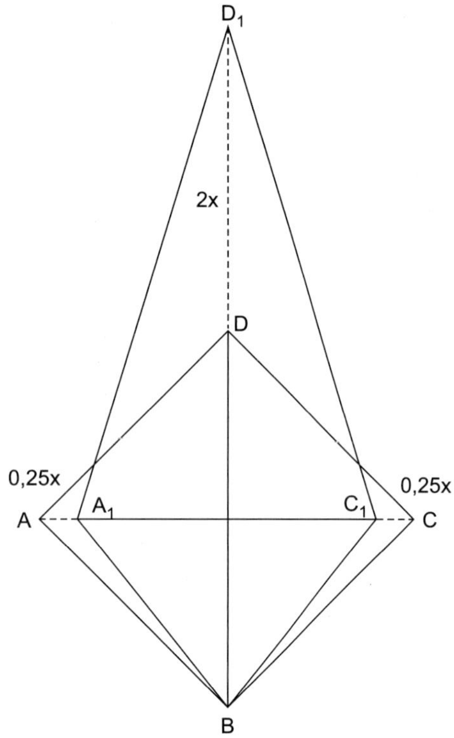

- Zeichne das Quadrat ABCD mithilfe der Diagonalen. Diese stehen senkrecht aufeinander und halbieren sich gegenseitig.
- Verkürze $\overline{AC}$ an beiden Seiten um jeweils 0,25x cm, also um $0{,}25 \cdot 2\ \text{cm} = 0{,}5\ \text{cm}$.
- Verlängere $\overline{BD}$ über D hinaus um 2x cm, also um $2 \cdot 2\ \text{cm} = 4\ \text{cm}$.

b) Die x-Werte sind begrenzt durch die 5 cm lange Diagonale $\overline{AC}$. Man kann sie um höchstens 5 cm verkürzen.
Sie wird um $2 \cdot 0{,}25x = 0{,}5x$ verkürzt.
Ansatz:

$$0{,}5x = 5 \quad |:0{,}5 \quad \text{bzw.} \cdot 2$$
$$\Leftrightarrow \quad x = 10$$

Wenn man für x die Zahl 10 einsetzt, wird die Diagonale $\overline{AC}$ um 5 cm verkürzt, sie verschwindet also ganz.
Sinnvoll sind demnach alle x-Werte zwischen 0 und 10.
$D = \{x \mid 0 < x < 10\}$

x-Werte größer oder gleich 0 sind nicht sinnvoll, da dann $\overline{AC}$ nicht verkürzt und $\overline{BD}$ nicht verlängert wird.

c) Es ist ein Drachenviereck entstanden:

$$A = \frac{1}{2} \cdot |\overline{A_1C_1}| \cdot |\overline{BD_1}|$$
$$|\overline{A_1C_1}| = 5\ \text{cm} - 1\ \text{cm} = 4\ \text{cm}$$
$$|\overline{BD_1}| = 5\ \text{cm} + 4\ \text{cm} = 9\ \text{cm}$$
$$A = \frac{1}{2} \cdot 4\ \text{cm} \cdot 9\ \text{cm} = 18\ \text{cm}^2$$

$\overline{AC}$ wird an beiden Seiten um 0,25x verkürzt. Also um insgesamt $2 \cdot 0{,}25x = 0{,}5x$.
Für den x-Wert ergibt sich eine Verkürzung um $0{,}5 \cdot 2\ \text{cm} = 1\ \text{cm} \rightarrow |\overline{A_1C_1}| = 5\ \text{cm} - 1\ \text{cm} = 4\ \text{cm}$.
$\overline{BD}$ wird um 2x verlängert $\rightarrow$ Für $x = 2$ ergibt sich eine Verlängerung um $2 \cdot 2\ \text{cm} = 4\ \text{cm}$.

Hinweise und Tipps

d) $A(x) = \frac{1}{2} \cdot |\overline{A_nC_n}| \cdot |\overline{BD_n}|$

Für die Diagonalen gilt:

$|\overline{A_nC_n}|(x) = (5 - 0,5x)$ cm, $|\overline{BD_n}|(x) = (5 + 2x)$ cm

$A(x) = \frac{1}{2} \cdot (5 - 0,5x) \cdot (5 + 2x)\ cm^2$

$A(x) = (2,5 - 0,25x) \cdot (5 + 2x)\ cm^2$

$A(x) = (12,5 + 5x - 1,25x - 0,5x^2)\ cm^2$

$A(x) = (-0,5x^2 + 3,75x + 12,5)\ cm^2$

e) Extremwertbestimmung:

$A(x) = (-0,5x^2 + 3,75x + 12,5)\ cm^2$

$A(x) = -0,5[x^2 - 7,5x - 25]\ cm^2$

$A(x) = -0,5[x^2 - 7,5x \mathbf{+ 3,75^2 - 3,75^2} - 25]\ cm^2$

$A(x) = -0,5[(x - 3,75)^2 - 14,0625 - 25]\ cm^2$

$A(x) = -0,5[(x - 3,75)^2 - 39,0625]\ cm^2$

$A(x) = [-0,5(x - 3,75)^2 + 19,53125]\ cm^2$

$A_{max} = 19,53125\ cm^2$ für $x = 3,75$

Der Faktor $-0,5$ wird ausgeklammert, indem jeder Summand durch den auszuklammernden Faktor $-0,5$ dividiert wird:
$-0,5x^2 : (-0,5) = x^2$
$3,75x : (-0,5) = -7,5x$
$12,5 : (-0,5) = -25$

Ablesen: Wähle x so, dass die runde Klammer den Wert 0 ergibt. Ist die Klammer 0, ergibt sich der Extremwert als Zahl hinter der runden Klammer. Maximum, da vor der runden Klammer eine negative Zahl steht.

---

75 a)

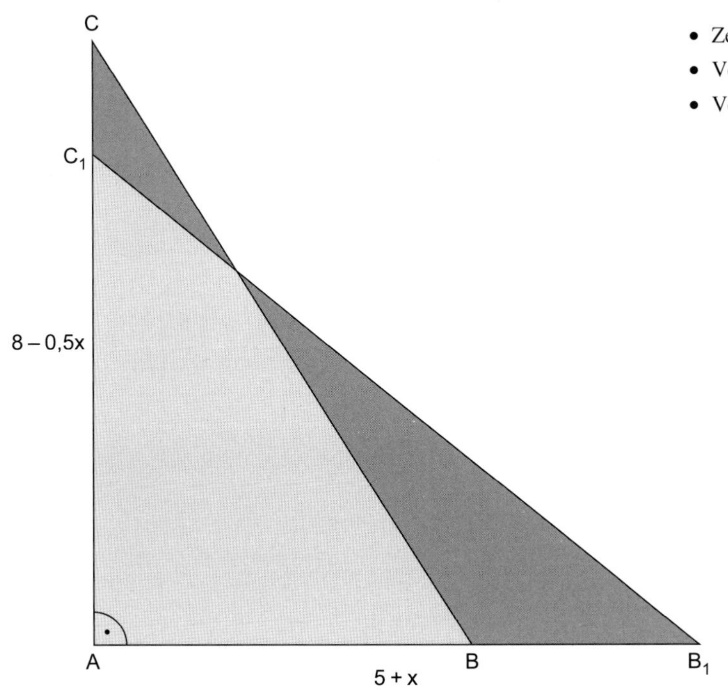

- Zeichne das Dreieck ABC.
- Verlängere $\overline{AB}$ über B hinaus um 3 cm.
- Verkürze $\overline{AC}$ von C aus um $0,5 \cdot 3$ cm $= 1,5$ cm.

b) Seitenlängen:

$|\overline{AB_n}|(x) = (5 + x)$ cm — Verlängerung um x

$|\overline{AC_n}|(x) = (8 - 0,5x)$ cm — Verkürzung um 0,5x

Flächeninhalt des Dreiecks:

$A_{\Delta AB_nC_n}(x) = \frac{1}{2} \cdot |\overline{AB_n}|(x) \cdot |\overline{AC_n}|(x)$

$A_{\Delta AB_nC_n}(x) = \frac{1}{2} \cdot (5 + x) \cdot (8 - 0,5x)\ cm^2$

Multipliziere die erste Klammer mit $\frac{1}{2}$.

Hinweise und Tipps

$A_{\Delta AB_nC_n}(x) = (2{,}5 + 0{,}5x) \cdot (8 - 0{,}5x)\ cm^2$

$A_{\Delta AB_nC_n}(x) = (20 - 1{,}25x + 4x - 0{,}25x^2)\ cm^2$ — Ausmultiplizieren

$A_{\Delta AB_nC_n}(x) = (-0{,}25x^2 + 2{,}75x + 20)\ cm^2$ — Ordnen und zusammenfassen

c) Extremwertbestimmung:

$A_{\Delta AB_nC_n}(x) = (-0{,}25x^2 + 2{,}75x + 20)\ cm^2$

$A_{\Delta AB_nC_n}(x) = -0{,}25[x^2 - 11x - 80]\ cm^2$

$A_{\Delta AB_nC_n}(x) = -0{,}25[x^2 - 11x + \mathbf{5{,}5^2 - 5{,}5^2} - 80]\ cm^2$

$A_{\Delta AB_nC_n}(x) = -0{,}25[(x - 5{,}5)^2 - 5{,}5^2 - 80]\ cm^2$

$A_{\Delta AB_nC_n}(x) = -0{,}25[(x - 5{,}5)^2 - 30{,}25 - 80]\ cm^2$

$A_{\Delta AB_nC_n}(x) = -0{,}25[(x - 5{,}5)^2 - 110{,}25]\ cm^2$

$A_{\Delta AB_nC_n}(x) = [-0{,}25(x - 5{,}5)^2 + 27{,}5625]\ cm^2$

$A_{max} = 27{,}5625\ cm^2$ für $x = 5{,}5$

Der Faktor $-0{,}25$ wird ausgeklammert, indem jeder Summand durch den auszuklammernden Faktor $-0{,}25$ dividiert wird:
$-0{,}25x^2 : (-0{,}25) = x^2$
$2{,}75x : (-0{,}25) = -11x$
$20 : (-0{,}25) = -80$

Negativer Faktor vor der runden Klammer
→ Maximum
Wähle den x-Wert so, dass die runde Klammer 0 ergibt → $x = 5{,}5$ und Extremwert 27,5625.

d) Beim gleichschenklig-rechtwinkligen Dreieck sind die beiden Katheten gleich lang.
Also:

$|\overline{AB_n}|(x) = |\overline{AC_n}|(x)$

$5 + x = 8 - 0{,}5x \quad | +0{,}5x - 5$

$\Leftrightarrow \quad 1{,}5x = 3 \quad | :1{,}5$

$\Leftrightarrow \quad x = 2$

Für den x-Wert $x = 2$ ist das Dreieck gleichschenklig-rechtwinklig.

Die Katheten besitzen folgende Längen:

$|\overline{AB_2}| = (5 + x)\ cm = (5 + 2)\ cm = 7\ cm$

$|\overline{AC_n}| = (8 - 0{,}5x)\ cm = (8 - 0{,}5 \cdot 2)\ cm = 7\ cm$

Flächeninhalt:

$A_{\Delta AB_2C_2} = \frac{1}{2} \cdot 7\ cm \cdot 7\ cm = 24{,}5\ cm^2$

oder:

Den Flächeninhalt erhält man auch mithilfe des Terms aus Teilaufgabe b:
Setze den x-Wert $x = 2$ ein:

$A_{\Delta AB_nC_n}(x) = (-0{,}25x^2 + 2{,}75x + 20)\ cm^2$

$A_{\Delta AB_2C_2}(2) = (-0{,}25 \cdot 2^2 + 2{,}75 \cdot 2 + 20)\ cm^2$

$A_{\Delta AB_2C_2}(2) = 24{,}5\ cm^2$

Hinweise und Tipps

76 a)

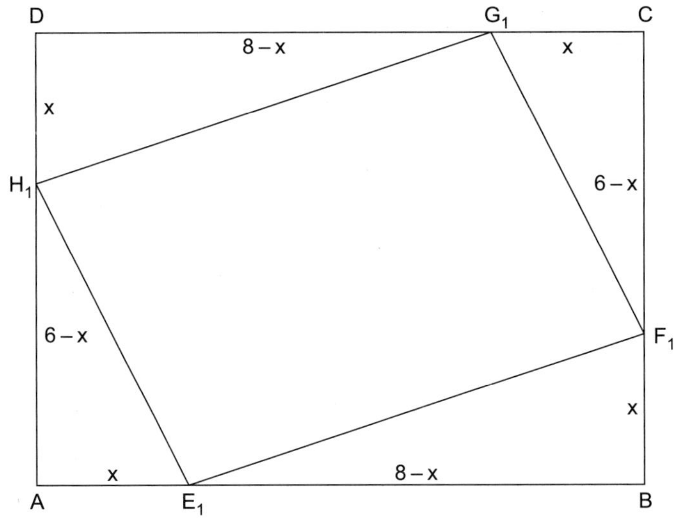

Rücke von den angegebenen Eckpunkten jeweils um 2 cm ein.

b) Den Flächeninhalt des Parallelogramms berechnet man mithilfe des umgebenden Rechtecks und der „verbleibenden Dreiecke“ (z. B. E_nBF_n).

Betrachte die Dreiecke E_nBF_n und G_nDH_n. Diese sind kongruent nach SWS, also flächengleich.
Gleiches gilt für die Dreiecke H_nAE_n und F_nCG_n.

Es gilt also:

$A_{\text{Parallelogramm}} = A_{\text{Rechteck}} - 2 \cdot A_{\Delta E_nBF_n} - 2 \cdot A_{\Delta H_nAE_n}$

Formel $A = \frac{1}{2} \cdot g \cdot h$ für die Dreiecke

$A_{\text{Parallelogramm}} = 8\text{ cm} \cdot 6\text{ cm} - 2 \cdot \frac{1}{2} \cdot (8 - x) \cdot x\text{ cm}^2 - 2 \cdot \frac{1}{2} \cdot x \cdot (6 - x)\text{ cm}^2$

$A_{\text{Parallelogramm}} = [48 - (8 - x) \cdot x - x \cdot (6 - x)]\text{ cm}^2$

$A_{\text{Parallelogramm}} = [48 - 8x + x^2 - 6x + x^2]\text{ cm}^2$

$A_{\text{Parallelogramm}} = [2x^2 - 14x + 48]\text{ cm}^2$

c) Extremwertbestimmung:

$A(x) = 2[x^2 - 7x + 24]\text{ cm}^2$

$A(x) = 2[x^2 - 7x + \mathbf{3{,}5^2 - 3{,}5^2} + 24]\text{ cm}^2$

$3{,}5^2 = \left(\frac{7}{2}\right)^2 = \frac{49}{4} = 12\frac{1}{4}$

$A(x) = 2[(x - 3{,}5)^2 - 12{,}25 + 24]\text{ cm}^2$

$A(x) = 2[(x - 3{,}5)^2 + 11{,}75]\text{ cm}^2$

$A(x) = [2(x - 3{,}5)^2 + 23{,}5]\text{ cm}^2$

$A_{min} = 23{,}5\text{ cm}^2$ für $x = 3{,}5$

Positiver Faktor vor der runden Klammer → Minimum
Wähle den x-Wert so, dass die Klammer 0 ergibt.

Hinweise und Tipps

2.5 Strahlensätze

77

☐ $\frac{|\overline{ZC}|}{|\overline{ZD}|}=\frac{|\overline{ZA}|}{|\overline{ZB}|}$	☒ $\frac{|\overline{EF}|}{|\overline{BC}|}=\frac{|\overline{ZF}|}{|\overline{ZC}|}$	☐ $\frac{|\overline{ZD}|}{|\overline{ZE}|}=\frac{|\overline{ZA}|}{|\overline{ZF}|}$	☒ $\frac{|\overline{AD}|}{|\overline{EF}|}=\frac{|\overline{ZA}|}{|\overline{ZE}|}$
☐ $\frac{|\overline{DC}|}{|\overline{ZD}|}=\frac{|\overline{AB}|}{|\overline{ZB}|}$	☐ $\frac{|\overline{EF}|}{|\overline{BC}|}=\frac{|\overline{ZE}|}{|\overline{ZA}|}$	☐ $\frac{|\overline{AB}|}{|\overline{ZA}|}=\frac{|\overline{BC}|}{|\overline{AD}|}$	☒ $\frac{|\overline{ZE}|}{|\overline{ZB}|}=\frac{|\overline{ZF}|}{|\overline{ZC}|}$
☒ $\frac{|\overline{AB}|}{|\overline{ZE}|}=\frac{|\overline{CD}|}{|\overline{ZF}|}$	☒ $\frac{|\overline{AD}|}{|\overline{BC}|}=\frac{|\overline{ZA}|}{|\overline{ZB}|}$	☒ $\frac{|\overline{ZA}|}{|\overline{AE}|}=\frac{|\overline{ZD}|}{|\overline{DF}|}$	☐ $\frac{|\overline{ZC}|}{|\overline{ZD}|}=\frac{|\overline{ZA}|}{|\overline{ZB}|}$

$\frac{|\overline{AB}|}{|\overline{CD}|}=\frac{|\overline{ZA}|}{|\overline{ZD}|}=\frac{|\overline{ZE}|}{|\overline{ZF}|}$

$\Rightarrow \frac{|\overline{AB}|}{|\overline{ZE}|}=\frac{|\overline{CD}|}{|\overline{ZF}|}$

78

$$\frac{|\overline{E'F'}|}{|\overline{EF}|}=\frac{|\overline{GE'}|}{|\overline{GE}|}$$

$$\Leftrightarrow \frac{|\overline{E'F'}|}{4{,}5\text{ m}}=\frac{7\text{ m}}{2\text{ m}} \quad |\cdot 4{,}5\text{ m}$$

$$\Leftrightarrow |\overline{E'F'}|=\frac{7}{2}\cdot 4{,}5\text{ m}$$

$$\Leftrightarrow |\overline{E'F'}|=15{,}75\text{ m}$$

Ansatz mit dem 2. Strahlensatz (Zentrum = G)
Einsetzen der bekannten Streckenlängen

Löse die Verhältnisgleichung nach der gesuchten Streckenlänge $|\overline{E'F'}|$ auf.

79

$$\frac{291{,}28\text{ m}}{0{,}08\text{ m}}=\frac{x}{0{,}4\text{ m}}$$

$$\Leftrightarrow 3\,641=\frac{x}{0{,}4\text{ m}} \quad |\cdot 0{,}4\text{ m}$$

$$\Leftrightarrow x=3\,641\cdot 0{,}4\text{ m}$$

$$\Leftrightarrow x=1\,456{,}4\text{ m}$$

Der Tourist ist 1 456,4 m vom Turm entfernt.

Ansatz mit dem 2. Strahlensatz (Zentrum = „Auge").
Einsetzen der bekannten Streckenlängen.

Löse die Verhältnisgleichung nach der gesuchten Streckenlänge x auf.

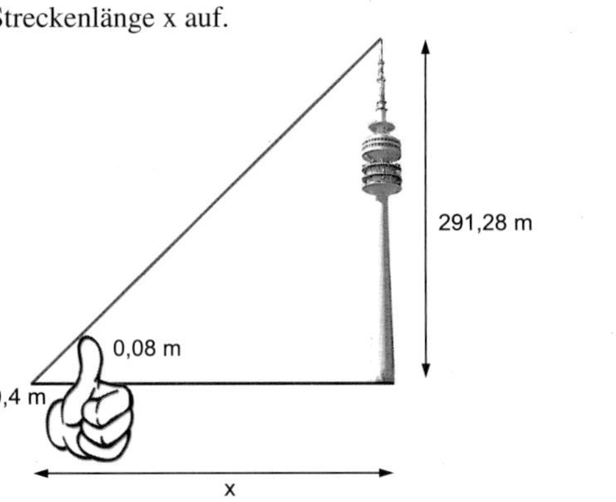

---

80 Sei x die Entfernung des Tormanns zum Schützen, dann gilt:

$$\frac{7{,}32\text{ m}}{2{,}05\text{ m}}=\frac{16\text{ m}}{x}$$

$$\Leftrightarrow 7{,}32\cdot x=16\text{ m}\cdot 2{,}05 \quad |:7{,}32$$

$$\Leftrightarrow x=32{,}8\text{m}:7{,}32$$

$$\Leftrightarrow x=4{,}48\text{ m}$$

Der Tormann muss $(16-4{,}48)$ m $=11{,}52$ m aus dem Tor laufen, um das Tor komplett abzudecken.

Ansatz mit dem 2. Strahlensatz
(Zentrum = „Schussposition")
Einsetzen der bekannten Streckenlängen

Löse die Verhältnisgleichung nach der gesuchten Streckenlänge x auf.

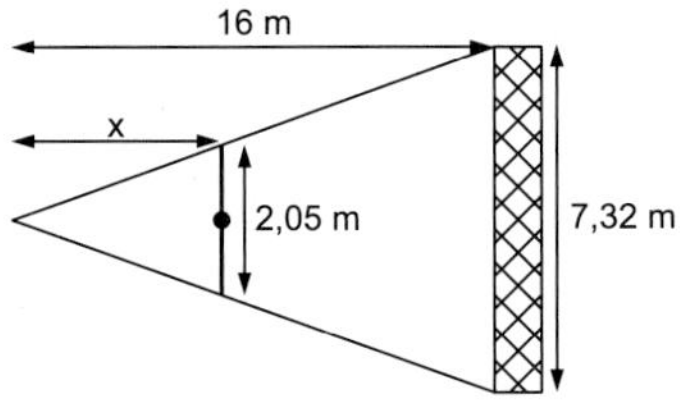

Hinweise und Tipps

81 Es gelten:

$$\frac{|\overline{EA}|}{|\overline{ZE}|} = \frac{8}{4} = 2 \quad \text{und} \quad \frac{|\overline{FD}|}{|\overline{ZF}|} = \frac{6}{3} = 2$$

$$\Rightarrow \quad \frac{|\overline{EA}|}{|\overline{ZE}|} = \frac{|\overline{FD}|}{|\overline{ZF}|}$$

Der 1. Strahlensatz ist erfüllt.
Damit sind $\overline{EF}$ und $\overline{AD}$ parallel.

Überprüfe, ob der 1. Strahlensatz (Zentrum = Z) erfüllt ist, indem du die Verhältnisse auf der linken und der rechten Seite der Verhältnisgleichung berechnest.

---

82 a) $x \in]0; 8[$

b) Berechnung von $|\overline{E_nF_n}|(x)$:

Zur Berechnung des Flächeninhaltes der Dreiecke E_nF_nM muss zunächst die Länge der Grundlinie $\overline{E_nF_n}$ in Abhängigkeit von x bestimmt werden: Ansatz mit dem 2. Strahlensatz (Zentrum = C).
$\overline{AB} \parallel \overline{E_nF_n}$, da E_nF_nM gleichschenklig

$$\frac{|\overline{AB}|}{|\overline{E_nF_n}|(x)} = \frac{|\overline{CM}|}{|\overline{CD_n}|}$$

Einsetzen der bekannten Streckenlängen

$$\Leftrightarrow \quad \frac{4\text{ cm}}{|\overline{E_nF_n}|(x)} = \frac{8\text{ cm}}{(8-x)\text{ cm}}$$

Löse die Verhältnisgleichung nach der gesuchten Streckenlänge $|\overline{E_nF_n}|(x)$ auf.

$$\Leftrightarrow \quad |\overline{E_nF_n}|(x) \cdot 8 = 4 \cdot (8-x)\text{ cm} \quad \Big| \cdot \frac{1}{8}$$

$$\Leftrightarrow \quad |\overline{E_nF_n}|(x) = \frac{1}{2} \cdot (8-x)\text{ cm}$$

$$\Leftrightarrow \quad |\overline{E_nF_n}|(x) = \left(4 - \frac{1}{2}x\right)\text{cm}$$

Berechnung von $A_{\Delta E_nF_nM}$:

Berechnung des Flächeninhalts (Flächeninhaltsformel Dreieck)

$$A_{\Delta E_nF_nM} = \frac{1}{2} \cdot g \cdot h$$

$$A_{\Delta E_nF_nM}(x) = \frac{1}{2} \cdot |\overline{E_nF_n}|(x) \cdot |\overline{MD_n}|(x)$$

Vereinfachen

$$A_{\Delta E_nF_nM}(x) = \frac{1}{2} \cdot \left(4 - \frac{1}{2}x\right) \cdot x\text{ cm}^2$$

$$A_{\Delta E_nF_nM}(x) = \left(-\frac{1}{4}x^2 + 2x\right)\text{cm}^2$$

c) Berechnung von A_{max}:

Faktor $-\frac{1}{4}$ ausklammern, dabei die Umkehrung der Vorzeichen in der Klammer beachten

$$A_{\Delta E_nF_nM}(x) = \left(-\frac{1}{4}x^2 + 2x\right)\text{cm}^2$$

Quadratisch ergänzen

$$A_{\Delta E_nF_nM}(x) = -\frac{1}{4} \cdot [x^2 - 8x]\text{ cm}^2$$

Binomische Formel

$$A_{\Delta E_nF_nM}(x) = -\frac{1}{4} \cdot [x^2 - 8x \mathbf{+ 4^2 - 4^2}]\text{ cm}^2$$

$$A_{\Delta E_nF_nM}(x) = -\frac{1}{4} \cdot [(x-4)^2 - 16]\text{ cm}^2$$

$$A_{\Delta E_nF_nM}(x) = \left[-\frac{1}{4}(x-4)^2 + 4\right]\text{cm}^2$$

Extremwert angeben

$$A_{max} = 4\text{ cm}^2 \text{ für } x = 4$$

83 a)

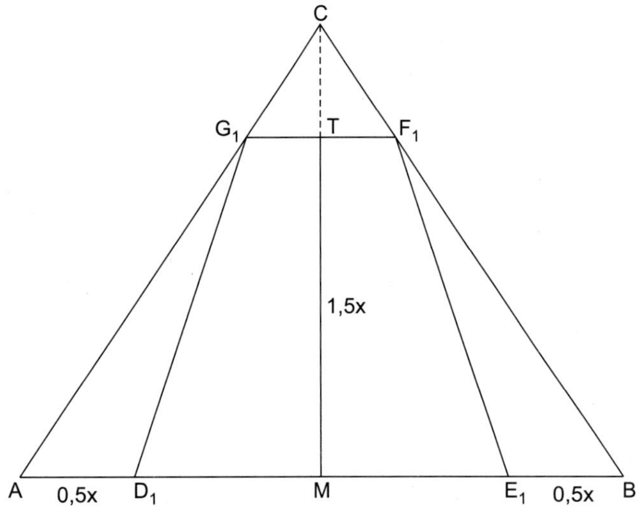

Hinweise und Tipps

- Zeichne ABC und rücke von A und B aus jeweils $0{,}5 \cdot 3\text{ cm} = 1{,}5\text{ cm}$ ein.
- Zeichne dann eine Parallele zu AB im Abstand $1{,}5 \cdot 3\text{ cm} = 4{,}5\text{ cm}$.
- Die Schnittpunkte dieser Parallelen mit $\overline{CA}$ und $\overline{BC}$ ergeben G_1 und F_1.

b) Benötigte Seitenlängen:

$$|\overline{D_nE_n}|(x) = (8 - 2 \cdot 0{,}5x)\text{ cm} = (8 - x)\text{ cm}$$

$|\overline{G_nF_n}|(x)$ wird mit dem 2. Vierstreckensatz berechnet:

$$\frac{|\overline{G_nF_n}|(x)}{|\overline{AB}|} = \frac{|\overline{CT}|}{|\overline{CM}|}$$

$$|\overline{G_nF_n}|(x) = \frac{|\overline{CT}|}{|\overline{CM}|} \cdot |\overline{AB}|$$

$|\overline{CT}| = (6 - 1{,}5x)\text{ cm}$

$$|\overline{G_nF_n}|(x) = \frac{(6-1{,}5x)\text{ cm}}{6\text{ cm}} \cdot 8\text{ cm}$$

$$|\overline{G_nF_n}|(x) = \frac{4}{3} \cdot \left(6 - \frac{3}{2}x\right)\text{ cm}$$

$$|\overline{G_nF_n}|(x) = (8 - 2x)\text{ cm}$$

Die Höhe h des Trapezes ist der Abstand der beiden Seiten $\overline{G_nF_n}$ und $\overline{AB}$: $h(x) = 1{,}5x$

Damit ergibt sich für den Flächeninhalt des Trapezes:

$$A(x) = \frac{1}{2} \cdot \left[\,|\overline{D_nE_n}|(x) + |\overline{G_nF_n}|(x)\right] \cdot h(x)$$

$$A(x) = \frac{1}{2} \cdot [8 - x + 8 - 2x] \cdot 1{,}5x\text{ cm}^2$$

$$A(x) = \frac{1}{2} \cdot (16 - 3x) \cdot 1{,}5x\text{ cm}^2$$

$$A(x) = \left(8 - \frac{3}{2}x\right) \cdot \frac{3}{2}x\text{ cm}^2$$

$$A(x) = \left(-\frac{9}{4}x^2 + 12x\right)\text{cm}^2$$

c) Extremwertbestimmung mit quadratischer Ergänzung:

$$A(x) = -\frac{9}{4}\left[x^2 - \frac{16}{3}x\right]\text{cm}^2$$

$$A(x) = -\frac{9}{4}\left[x^2 - \frac{16}{3}x + \left(\mathbf{\frac{8}{3}}\right)^{\mathbf{2}} - \left(\mathbf{\frac{8}{3}}\right)^{\mathbf{2}}\right]\text{cm}^2$$

Hinweise und Tipps

$$A(x) = -\frac{9}{4}\left[\left(x-\frac{8}{3}\right)^2 - \frac{64}{9}\right]\text{cm}^2$$

$$A(x) = \left[-\frac{9}{4}\left(x-2\frac{2}{3}\right)^2 + 16\right]\text{cm}^2$$

$$A_{max} = 16\text{ cm}^2 \text{ für } x = 2\frac{2}{3}$$

2.6 Rechtwinklige Dreiecke

84 $|\overline{EF}|^2 = |\overline{FG}|^2 + |\overline{GE}|^2 \quad |\sqrt{}$

$\Rightarrow \quad |\overline{EF}| = \sqrt{|\overline{FG}|^2 + |\overline{GE}|^2}$

$\Leftrightarrow \quad 13\text{ cm} = \sqrt{12^2 + 5^2}\text{ cm}$

$\Leftrightarrow \quad 13\text{ cm} = \sqrt{169}\text{ cm}$

$\Leftrightarrow \quad 13\text{ cm} = 13\text{ cm} \quad (w)$

Das Dreieck EFG ist rechtwinklig.

Um zu zeigen, dass das Dreieck EFG rechtwinklig ist, genügt es, die Gültigkeit des Satzes des Pythagoras nachzuweisen. In allen rechtwinkligen Dreiecken ist die längste Seite die Hypotenuse.

---

85 a) $c^2 = a^2 + b^2 \quad |\sqrt{}$

$\Rightarrow \quad c = \sqrt{a^2 + b^2}$

$\Leftrightarrow \quad c = \sqrt{12^2 + 5^2}\text{ cm}$

$\Leftrightarrow \quad c = \sqrt{144 + 25}\text{ cm}$

$\Leftrightarrow \quad c = \sqrt{169}\text{ cm}$

$\Leftrightarrow \quad c = 13\text{ cm}$

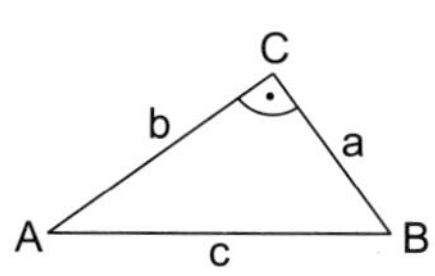

Satz des Pythagoras anwenden (Die Hypotenuse liegt dem rechten Winkel gegenüber.)

Setze die gegebenen Werte ein.

b) $b^2 = a^2 + c^2 \quad |-c^2$

$\Leftrightarrow \quad a^2 = b^2 - c^2 \quad |\sqrt{}$

$\Rightarrow \quad a = \sqrt{b^2 - c^2}$

$\Leftrightarrow \quad a = \sqrt{30^2 - 12^2}\text{ cm}$

$\Leftrightarrow \quad a = \sqrt{900 - 144}\text{ cm}$

$\Leftrightarrow \quad a = \sqrt{756}\text{ cm}$

$\Leftrightarrow \quad a = 27{,}50\text{ cm}$

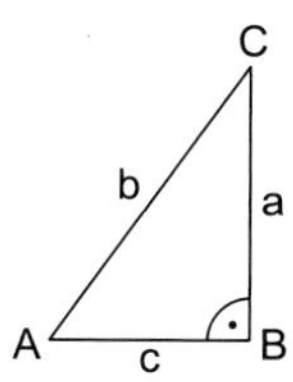

Satz des Pythagoras anwenden (b ist die Hypotenuse)
Die Länge einer Kathete ist zu berechnen, also entsprechend umformen.

Setze die gegebenen Werte ein (3 dm = 30 cm).

Forme um.

---

86 Die Länge des Schenkels $|\overline{DA}|$ (bzw. $|\overline{BC}|$) ist zu berechnen.

$$|\overline{AE}| = \frac{|\overline{AB}| - |\overline{DC}|}{2}$$

$$|\overline{AE}| = \frac{14-9}{2}\text{ cm}$$

$$|\overline{AE}| = 2{,}5\text{ cm}$$

Planfigur:

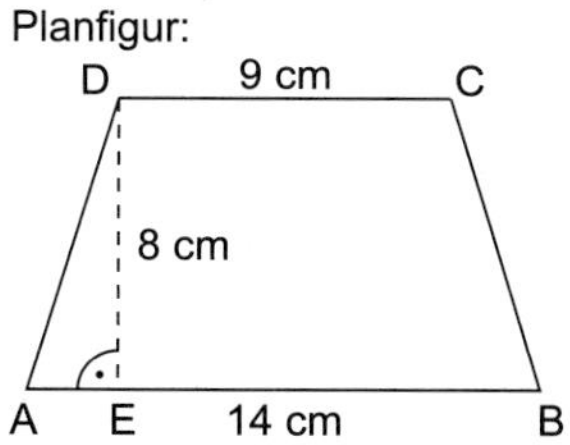

Betrachte das in E rechtwinklige Dreieck AED:

$|\overline{DA}|^2 = |\overline{AE}|^2 + |\overline{ED}|^2 \quad |\sqrt{}$

$\Rightarrow \quad |\overline{DA}| = \sqrt{2{,}5^2 + 8^2}\text{ cm}$

$\Leftrightarrow \quad |\overline{DA}| = 8{,}38\text{ cm} = |\overline{BC}|$

Damit gilt:

$u_{ABCD} = |\overline{AB}| + |\overline{BC}| + |\overline{CD}| + |\overline{DA}|$

$u_{ABCD} = |\overline{AB}| + 2 \cdot |\overline{DA}| + |\overline{CD}|$

$u_{ABCD} = (14 + 2 \cdot 8{,}38 + 9)\ \text{cm}$

$u_{ABCD} = 39{,}76\ \text{cm}$

Hinweise und Tipps

$|\overline{BC}| = |\overline{DA}|$, da es sich um ein gleichschenkliges Trapez handelt.

---

87 Der Punkt A liegt auf dem Thaleskreis über der Strecke $\overline{BC}$, somit ist das Dreieck ABC rechtwinklig in A.

Gesucht ist die Länge der Hypotenuse $\overline{BC}$:

$$|\overline{BC}|^2 = |\overline{AB}|^2 + |\overline{CA}|^2$$

$$\Leftrightarrow \quad a^2 = c^2 + b^2 \qquad |\sqrt{\ }$$

$$\Rightarrow \quad a = \sqrt{5^2 + 7^2}\ \text{cm}$$

$$\Leftrightarrow \quad a = 8{,}60\ \text{cm}$$

---

88 Berechnung von f:

Im rechtwinkligen Dreieck SCD gilt:

$$a^2 = \left(\frac{e}{2}\right)^2 + \left(\frac{f}{2}\right)^2$$

$$\Leftrightarrow \quad \left(\frac{f}{2}\right)^2 = a^2 - \left(\frac{e}{2}\right)^2 \qquad |\sqrt{\ }$$

$$\Rightarrow \quad \frac{f}{2} = \sqrt{a^2 - \left(\frac{e}{2}\right)^2}$$

$$\Leftrightarrow \quad \frac{f}{2} = \sqrt{5^2 - \left(\frac{3}{2}\right)^2}\ \text{cm}$$

$$\Leftrightarrow \quad \frac{f}{2} = 4{,}77\ \text{cm} \qquad |\cdot 2$$

$$\Leftrightarrow \quad f = 9{,}54\ \text{cm}$$

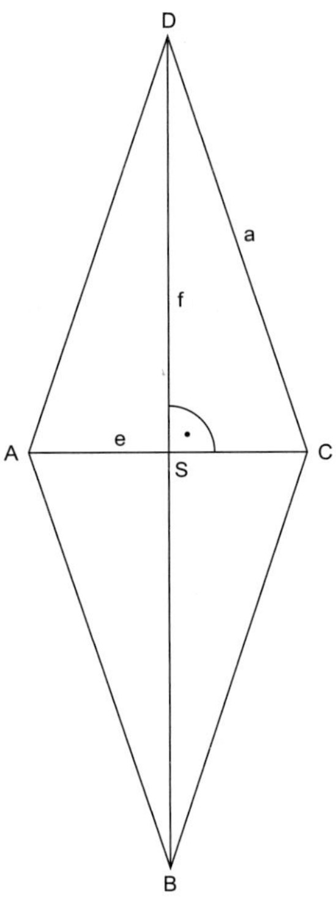

Berechnung von A_{Raute}:

$A_{Raute} = \frac{1}{2} \cdot e \cdot f$

$A_{Raute} = \frac{1}{2} \cdot 3 \cdot 9{,}54\ \text{cm}^2$

$A_{Raute} = 14{,}31\ \text{cm}^2$

---

89 a) $\overline{EC}$ ist die maximale Höhe. $\overline{CD}$ ist die Breite des Lkw. Die Strecke $\overline{ME}$ ist der Tunnelradius.

Im Dreieck CME gilt:

$$|\overline{EC}|^2 = |\overline{ME}|^2 - |\overline{CM}|^2 \qquad |\sqrt{\ }$$

$$|\overline{EC}| = \sqrt{(5\ \text{m})^2 - (1{,}25\ \text{m})^2}$$

$$|\overline{EC}| = 4{,}84\ \text{m}$$

Der Lkw kann also höchstens 4,84 m hoch sein.

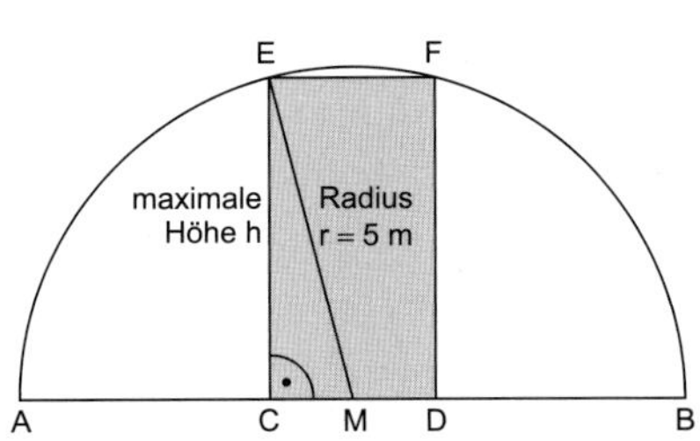

Breite des Lastwagens: b = 2,50 m

Hinweise und Tipps

b) Es gilt ein Sicherheitsabstand von 50 cm zur Decke.
Der Radius des Halbkreises beträgt also nur noch 4,50 m!

$|\overline{GC}| = |\overline{MG}|^2 - |\overline{CM}|^2 \qquad |\sqrt{\ }$

$|\overline{GC}| = \sqrt{(4,5\text{ m})^2 - (1,25\text{ m})^2}$

$|\overline{GC}| = 4,32\text{ m}$

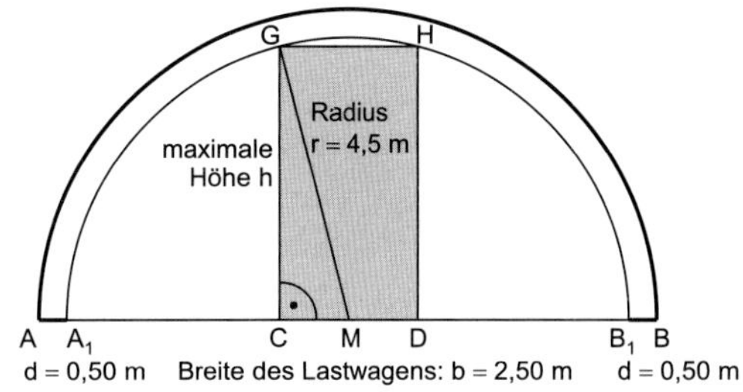

---

90 Berechnung der Höhe:

$h = \frac{a}{2}\sqrt{3} \qquad$ oder: $\qquad a^2 = h^2 + \left(\frac{a}{2}\right)^2$

$h = \frac{6}{2}\sqrt{3}\text{ cm} \qquad h = \sqrt{a^2 - \left(\frac{a}{2}\right)^2}$

$h = 3\sqrt{3}\text{ cm} \qquad h = \sqrt{(6\text{ cm})^2 - (3\text{ cm})^2}$

$h = \sqrt{27}\text{ cm}$

$h = \sqrt{9 \cdot 3}\text{ cm}$

$h = 3\sqrt{3}\text{ cm}$

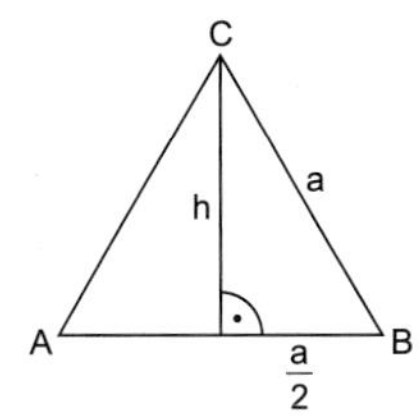

Berechnung des Flächeninhalts:

$A_\Delta = \frac{1}{2} \cdot g \cdot h$

$A_\Delta = \frac{1}{2} \cdot a \cdot h$

$A_\Delta = \frac{1}{2} \cdot 6 \cdot 3\sqrt{3}\text{ cm}^2$

$A_\Delta = 9\sqrt{3}\text{ cm}^2$

---

91 a) $|\overline{AC}| = |\overline{AB}|\sqrt{2}$

Formel für die Länge der Diagonale im Quadrat anwenden

$|\overline{AC}| = 6\sqrt{2}\text{ cm}$

$|\overline{AC}| = 8,49\text{ cm}$

$|\overline{AE}| = \frac{1}{2}|\overline{AC}|$

$|\overline{AE}| = \frac{1}{2}6\sqrt{2}\text{ cm}$

$|\overline{AE}| = 3\sqrt{2}\text{ cm}$

$|\overline{AE}| = 4,24\text{ cm}$

Bestimme die Länge von $\overline{AS}$ mithilfe des Satzes des Pythagoras im in E rechtwinkligen Dreieck AES.

$|\overline{SA}|^2 = |\overline{AE}|^2 + |\overline{ES}|^2$

$\Rightarrow \quad |\overline{SA}| = \sqrt{|\overline{AE}|^2 + |\overline{ES}|^2}$

$\Leftrightarrow \quad |\overline{SA}| = \sqrt{(3\sqrt{2})^2 + 10^2}\text{ cm}$

$\Leftrightarrow \quad |\overline{SA}| = \sqrt{9 \cdot 2 + 100}\text{ cm}$

$\Leftrightarrow \quad |\overline{SA}| = 10,86\text{ cm}$

$$|\overline{MS}|^2 = |\overline{EM}|^2 + |\overline{SE}|^2$$
$$\Rightarrow \quad |\overline{MS}| = \sqrt{|\overline{EM}|^2 + |\overline{SE}|^2}$$
$$\Leftrightarrow \quad |\overline{MS}| = \sqrt{3^2 + 10^2}\ \text{cm}$$
$$\Leftrightarrow \quad |\overline{MS}| = \sqrt{109}\ \text{cm}$$
$$\Leftrightarrow \quad |\overline{MS}| = 10{,}44\ \text{cm}$$

b)
$$\frac{|\overline{BD}|}{|\overline{GH}|} = \frac{|\overline{ES}|}{|\overline{FS}|}$$
$$\Leftrightarrow \quad \frac{6\sqrt{2}\ \text{cm}}{|\overline{GH}|} = \frac{10\ \cancel{\text{cm}}}{4\ \cancel{\text{cm}}}$$
$$|\overline{GH}| = 6\sqrt{2} \cdot \frac{2}{5}\ \text{cm}$$
$$\Leftrightarrow \quad |\overline{GH}| = 3{,}39\ \text{cm}$$
$$|\overline{GS}|^2 = |\overline{SF}|^2 + |\overline{FG}|^2$$
$$\Rightarrow \quad |\overline{GS}| = \sqrt{|\overline{SF}|^2 + |\overline{FG}|^2}$$
$$\Leftrightarrow \quad |\overline{GS}| = \sqrt{4^2 + 1{,}70^2}\ \text{cm}$$
$$\Leftrightarrow \quad |\overline{GS}| = \sqrt{18{,}89}\ \text{cm}$$
$$\Leftrightarrow \quad |\overline{GS}| = 4{,}35\ \text{cm}$$

Hinweise und Tipps

Bestimme die Länge von $\overline{MS}$ mithilfe des Satzes des Pythagoras im in E rechtwinkligen Dreieck EMS.

2. Strahlensatz mit Zentrum S anwenden ($|\overline{BD}| = |\overline{AC}|$)

---

92 a)
$$|\vec{a}| = \sqrt{(-2)^2 + 3^2}$$
$$|\vec{a}| = \sqrt{4+9}$$
$$|\vec{a}| = \sqrt{13}$$

b)
$$|\vec{b}| = \sqrt{12^2 + (-5)^2}$$
$$|\vec{b}| = \sqrt{144+25}$$
$$|\vec{b}| = \sqrt{169}$$
$$|\vec{b}| = 13$$

---

93 a)
$$\overrightarrow{EF} = \begin{pmatrix} 10-(-4) \\ 5-3 \end{pmatrix} = \begin{pmatrix} 14 \\ 2 \end{pmatrix}$$
$$\Rightarrow \quad |\overrightarrow{EF}| = \sqrt{14^2 + 2^2}\ \text{LE}$$
$$\Rightarrow \quad |\overrightarrow{EF}| = 14{,}14\ \text{LE}$$

b)
$$\overrightarrow{EF} = \begin{pmatrix} -9\frac{1}{4} - 1\frac{1}{2} \\ 2\frac{1}{8} - \left(-6\frac{3}{4}\right) \end{pmatrix} = \begin{pmatrix} -10\frac{3}{4} \\ 8\frac{7}{8} \end{pmatrix}$$
$$\Rightarrow \quad |\overrightarrow{EF}| = \sqrt{\left(-10\frac{3}{4}\right)^2 + \left(8\frac{7}{8}\right)^2}\ \text{LE}$$
$$\Rightarrow \quad |\overrightarrow{EF}| = 13{,}94\ \text{LE}$$

94 $\overrightarrow{MP} = \begin{pmatrix} 5-1 \\ 5-2 \end{pmatrix} = \begin{pmatrix} 4 \\ 3 \end{pmatrix}$

$|\overrightarrow{MP}| = \sqrt{4^2 + 3^2}$ LE

$|\overrightarrow{MP}| = 5$ LE

$\overrightarrow{MQ} = \begin{pmatrix} -4-1 \\ 2-2 \end{pmatrix} = \begin{pmatrix} -5 \\ 0 \end{pmatrix}$

$|\overrightarrow{MQ}| = \sqrt{(-5)^2}$ LE

$|\overrightarrow{MQ}| = 5$ LE

Der Punkt Q liegt auf dem Kreis k.

Hinweise und Tipps

Berechne die Länge der Strecke $\overline{MP}$, um den Radius des Kreises zu erhalten.

Die Länge der Strecke $\overline{MQ}$ beträgt 5 LE, also ist der Punkt Q auch 5 LE von M entfernt und befindet sich genau auf der Kreislinie.

---

95 $\overrightarrow{AB} = \begin{pmatrix} 5-(-3) \\ 0-(-2) \end{pmatrix} = \begin{pmatrix} 8 \\ 2 \end{pmatrix}$

$\Rightarrow \quad |\overrightarrow{AB}| = \sqrt{8^2 + 2^2}$

$\Leftrightarrow \quad |\overrightarrow{AB}| = \sqrt{68}$

$\Rightarrow \quad |\overrightarrow{AB}| = \sqrt{68}$ LE

$\overrightarrow{BC} = \begin{pmatrix} 4-5 \\ 6-0 \end{pmatrix} = \begin{pmatrix} -1 \\ 6 \end{pmatrix}$

$\Rightarrow \quad |\overrightarrow{BC}| = \sqrt{(-1)^2 + 6^2}$

$\Leftrightarrow \quad |\overrightarrow{BC}| = \sqrt{37}$

$\Rightarrow \quad |\overrightarrow{BC}| = \sqrt{37}$ LE

$\overrightarrow{CA} = \begin{pmatrix} -3-4 \\ -2-6 \end{pmatrix} = \begin{pmatrix} -7 \\ -8 \end{pmatrix}$

$\Rightarrow \quad |\overrightarrow{CA}| = \sqrt{(-7)^2 + (-8)^2}$

$\Leftrightarrow \quad |\overrightarrow{CA}| = \sqrt{113}$

$\Rightarrow \quad |\overrightarrow{CA}| = \sqrt{113}$ LE

$u_{\Delta ABC} = |\overline{AB}| + |\overline{BC}| + |\overline{CA}|$

$u_{\Delta ABC} = \sqrt{68}\text{ LE} + \sqrt{37}\text{ LE} + \sqrt{113}\text{ LE}$

$u_{\Delta ABC} = 24{,}96$ LE

---

96 Berechnung von $|\overline{BD}|$ im Dreieck ABD:

$|\overline{BD}|^2 = |\overline{AB}|^2 + |\overline{DA}|^2 \qquad |\sqrt{}$

$|\overline{BD}| = \sqrt{(6\text{ cm})^2 + (4\text{ cm})^2}$

$|\overline{BD}| = 7{,}21$ cm

Berechnung von β im Dreieck ABD:

$\tan\beta = \dfrac{|\overline{DA}|}{|\overline{AB}|}$

$\tan\beta = \dfrac{4\text{ cm}}{6\text{ cm}}$

$\tan\beta = 0{,}6666\ldots$

$\beta = 33{,}69°$

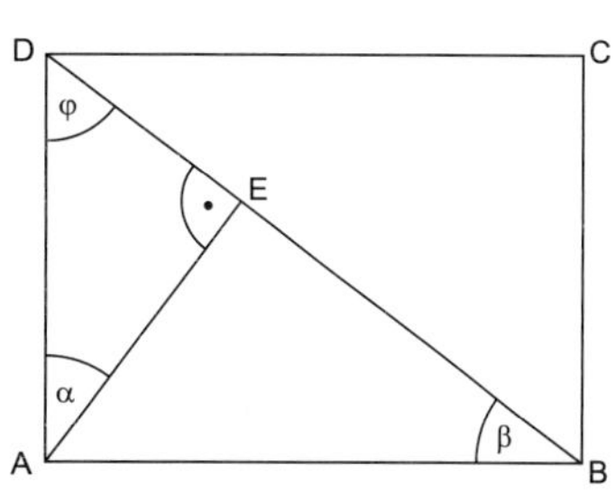

Hinweise und Tipps

$\varphi = 180° - 90° - 33{,}69° = 56{,}31°$ — Winkelsumme im Dreieck ABD

$\alpha = 180° - 90° - 56{,}31° = 33{,}69°$ — Winkelsumme im Dreieck AED

Berechnung von $|\overline{ED}|$ im Dreieck AED:

$$\sin\alpha = \frac{|\overline{ED}|}{|\overline{DA}|} \qquad |\cdot|\overline{DA}|$$

Berechnung mit cos φ wäre auch möglich.

$$|\overline{ED}| = |\overline{DA}| \cdot \sin\alpha$$
$$|\overline{ED}| = 4\text{ cm} \cdot \sin 33{,}69°$$
$$|\overline{ED}| = 2{,}22\text{ cm}$$

Berechnung von $|\overline{AE}|$ im Dreieck AED:

$$\sin\varphi = \frac{|\overline{AE}|}{|\overline{DA}|} \qquad |\cdot|\overline{DA}|$$

Berechnung mit cos α, tan α, tan φ oder cos φ im Dreieck AED oder sin β im Dreieck ABE wäre auch möglich. Natürlich auch mit dem Satz des Pythagoras im Dreieck AED.

$$|\overline{AE}| = |\overline{DA}| \cdot \sin\varphi$$
$$|\overline{AE}| = 4\text{ cm} \cdot \sin 56{,}31°$$
$$|\overline{AE}| = 3{,}33\text{ cm}$$

---

97 Planfigur:

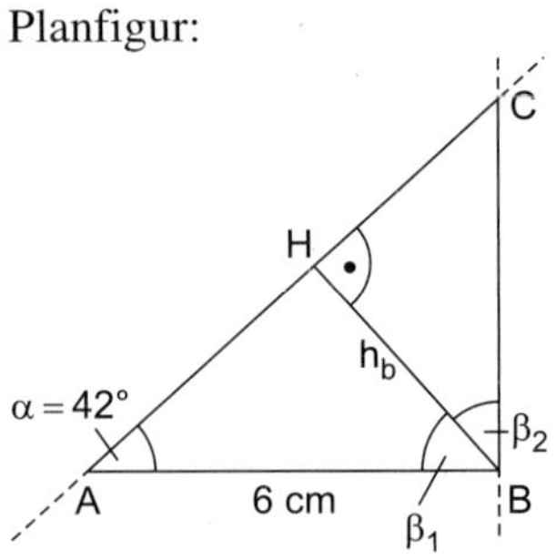

- Zeichne $\overline{AB}$.
- Zeichne den Winkel BAC mit 42°.
- Zeichne die Senkrechte zu $\overline{AB}$ im Punkt B.
- C ist der Schnittpunkt des Schenkels [AC mit der Senkrechten.
- Zeichne h_b.

Berechnung von $|\overline{BC}|$:

$$\tan\alpha = \frac{|\overline{BC}|}{|\overline{AB}|}$$
$$\tan 42° = \frac{|\overline{BC}|}{6\text{ cm}} \qquad |\cdot 6\text{ cm}$$
$$|\overline{BC}| = 6\text{ cm} \cdot \tan 42°$$
$$|\overline{BC}| = 5{,}40\text{ cm}$$

Berechnung von $|\overline{CA}|$ mit dem Satz des Pythagoras:

$$|\overline{CA}|^2 = |\overline{AB}|^2 + |\overline{BC}|^2 \qquad |\sqrt{\ }$$
$$|\overline{CA}| = \sqrt{(6\text{ cm})^2 + (5{,}40\text{ cm})^2}$$
$$|\overline{CA}| = 8{,}07\text{ cm}$$

Berechnung mit sin α oder cos α wäre auch möglich.

Berechnung von h_b im Dreieck ABH:

$$\sin\alpha = \frac{h_b}{|\overline{AB}|}$$
$$\sin 42° = \frac{h_b}{6\text{ cm}} \qquad |\cdot 6\text{ cm}$$
$$h_b = 6\text{ cm} \cdot \sin 42°$$
$$h_b = 4{,}01\text{ cm}$$

$\beta_1 = 180° - 90° - 42° = 48°$
$\beta_2 = 90° - \beta_1 = 42°$

Hinweise und Tipps

Winkelsumme im Dreieck ABH; Berechnung mit $\cos \beta_1$ wäre auch möglich.

98 a) Berechnung der Basiswinkel im Dreieck ADC:

$$\cos \alpha = \frac{|\overline{AD}|}{|\overline{CA}|}$$

$$\cos \alpha = \frac{3\text{ cm}}{10\text{ cm}}$$

$$\cos \alpha = 0{,}3$$

$$\alpha = 72{,}54° = \beta$$

Basiswinkel sind maßgleich.

Berechnung der Höhe h im Dreieck ADC:

$$|\overline{CA}|^2 = |\overline{AD}|^2 + h^2 \quad \big| -|\overline{AD}|^2$$

$$h^2 = |\overline{CA}|^2 - |\overline{AD}|^2 \quad \big| \sqrt{\ }$$

$$h = \sqrt{(10\text{ cm})^2 - (3\text{ cm})^2}$$

$$h = 9{,}54\text{ cm}$$

b) Berechnung des Inkreisradius r:

Planfigur:

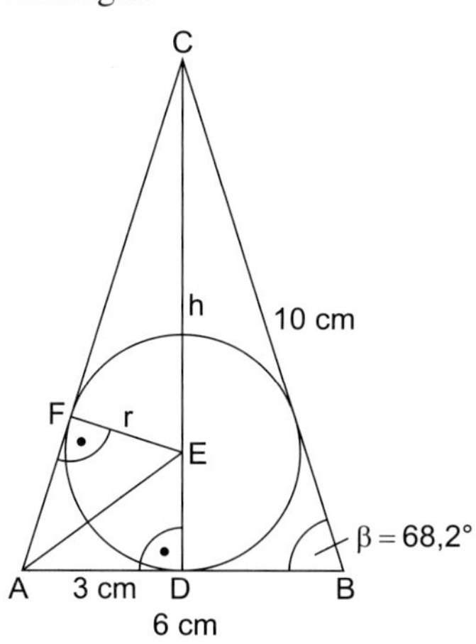

- Konstruiere den Mittelpunkt E mithilfe der Winkelhalbierenden von α.
- r ist die Lotstrecke von E auf $\overline{CA}$ oder $\overline{AB}$.

Im Dreieck ADE gilt:

$$\tan \frac{\alpha}{2} = \frac{|\overline{DE}|}{|\overline{AD}|} \quad \big| \cdot |\overline{AD}|$$

$$|\overline{DE}| = |\overline{AD}| \cdot \tan \frac{\alpha}{2}$$

$$|\overline{DE}| = 3\text{ cm} \cdot \tan 36{,}27°$$

$$|\overline{DE}| = 2{,}20\text{ cm} = r$$

Hinweise und Tipps

99 Berechnung von $|\overline{AE}|$ im Dreieck AED:

$$\sin\frac{\delta}{2} = \frac{|\overline{AE}|}{|\overline{DA}|}$$

$$\sin 37{,}5° = \frac{|\overline{AE}|}{6\text{ cm}} \qquad |\cdot 6\text{ cm}$$

$$|\overline{AE}| = \sin 37{,}5° \cdot 6\text{ cm}$$

$$|\overline{AE}| = 3{,}65\text{ cm}$$

$$\Rightarrow \quad |\overline{AC}| = 2\cdot|\overline{AE}| = 7{,}30\text{ cm}$$

Die Diagonale $\overline{DB}$ halbiert den 75°-Winkel und steht senkrecht auf $\overline{AC}$.

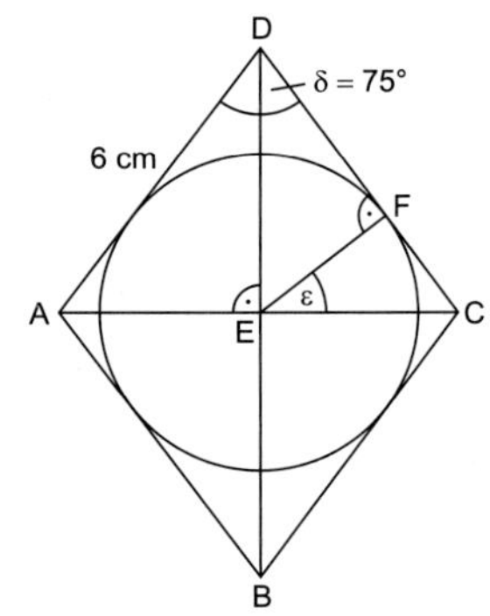

Die Diagonalen halbieren sich in einer Raute gegenseitig.

Berechnung von $|\overline{ED}|$ im Dreieck AED:

$$|\overline{ED}|^2 = |\overline{DA}|^2 - |\overline{AE}|^2 \qquad |\sqrt{}$$

$$|\overline{ED}| = \sqrt{(6\text{ cm})^2 - (3{,}65\text{ cm})^2}$$

$$|\overline{ED}| = 4{,}76\text{ cm}$$

Satz des Pythagoras

$$|\overline{BD}| = 2\cdot|\overline{ED}|$$

$$|\overline{BD}| = 9{,}52\text{ cm}$$

Berechnung des Innenwinkels über die Winkelsumme im Viereck ABCD:

$$\alpha = \sphericalangle BAD = \sphericalangle DCB$$

$$\alpha = (360° - 2\cdot 75°) : 2 = 105°$$

Gegenüberliegende Winkel sind maßgleich.
Die Winkelsumme im Viereck beträgt 360°. Außerdem gilt: $\sphericalangle CBA = \sphericalangle ADC = 75°$

Berechnung des Inkreisradius $r = |\overline{EF}|$:
Im Dreieck EFD (rechtwinklig) gilt:

$\sphericalangle DFE = 90°$! (Berührradius an die Tangente $\overline{CD}$)

$$\sin\frac{\delta}{2} = \frac{r}{|\overline{DE}|}$$

$$\sin 37{,}5° = \frac{r}{4{,}76\text{ cm}} \qquad |\cdot 4{,}76\text{ cm}$$

$$r = 4{,}76\text{ cm}\cdot\sin 37{,}5°$$

$$r = 2{,}90\text{ cm}$$

Berechnung von ε im Dreieck ECF (rechtwinklig!):

$$\cos\varepsilon = \frac{|\overline{FE}|}{|\overline{EC}|}$$

$$\cos\varepsilon = \frac{2{,}90\text{ cm}}{3{,}65\text{ cm}}$$

$$\cos\varepsilon = 0{,}7945\ldots$$

$$\varepsilon = 37{,}39°$$

Hinweise und Tipps

2.7 Berechnungen am Kreis

100

$A = r^2 \cdot \pi$ — Flächeninhalt in Flächenformel einsetzen

$20\ cm^2 = r^2 \cdot \pi \quad |:\pi$ — Auflösen nach r

$r^2 = \frac{20\ cm^2}{\pi}$ — Verwende den Taschenrechnerwert für π!

$r = \sqrt{6,37}\ cm \quad |\sqrt{\ }$ — Gerundet auf zwei Stellen

$r = 2,52\ cm$

$d = 2 \cdot r = 5,04\ cm$

$u = d \cdot \pi = 15,83\ cm$

101

$u = 2 \cdot r \cdot \pi$ — Gesucht ist der Umfang am Äquator.

$u = 2 \cdot 6\,370\ km \cdot \pi$

$u = 40\,023,89\ km$

102

$\left| \begin{array}{l} u = 10\ m \\ \wedge\ u = 2 \cdot r \cdot \pi \end{array} \right.$

$\Rightarrow\ 10\ m = 2 \cdot r \cdot \pi \quad (I = II)\ |:2\pi$

$\Leftrightarrow\ r = 1,59\ m$

Beim Eingeben in den Taschenrechner entweder Klammern um 2 · π machen oder in zwei Schritten : 2 anschließend : π.

103

$b = \frac{\varphi}{180°} \cdot r \cdot \pi$

$100\ cm = \frac{180°}{180°} \cdot r \cdot \pi$ — Der Mittelpunktswinkel eines Halbkreises misst 180°.

$100\ cm = r \cdot \pi \quad |:\pi$

$r = 31,83\ cm$

Berechnung des Flächeninhalts:

$A = \frac{1}{2} \cdot r^2 \cdot \pi$ — Halbkreis, deshalb Vorfaktor $\frac{1}{2}$

$A = \frac{1}{2} \cdot (31,83\ cm)^2 \cdot \pi$

$A = 1\,591,45\ cm^2$

Berechnung des Umfangs:

$u = b + d$

$u = 100\ cm + 2 \cdot 31,83\ cm$

$u = 163,66\ cm$

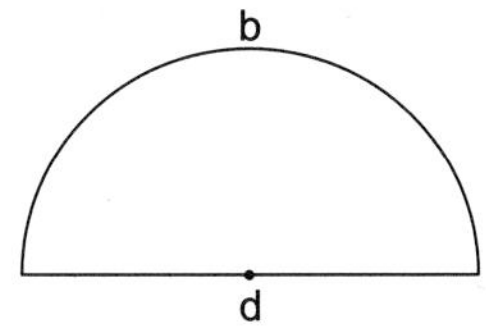

Beachte: Der Umfang einer Figur ist die Summe aller Begrenzungslinien. Beim Halbkreis also Bogenlänge und Durchmesser.

---

104 Berechnung des Radius mithilfe des Zusammenhangs zwischen Sektorfläche und Bogenlänge:

$A = \frac{1}{2} \cdot b \cdot r$ — Setze $A = 50\ cm^2$ und $b = 10\ cm$ ein und löse nach r auf.

$50\ cm^2 = \frac{1}{2} \cdot 10\ cm \cdot r \quad |:5\ cm$

$r = 10\ cm$

Hinweise und Tipps

Berechnung des Mittelpunktswinkels:

$$A = \frac{\varphi}{360°} \cdot r^2 \cdot \pi \quad \Big| \cdot \frac{360°}{r^2 \cdot \pi}$$

$$\varphi = \frac{A \cdot 360°}{r^2 \cdot \pi}$$

$$\varphi = \frac{50\text{ cm}^2 \cdot 360°}{100\text{ cm}^2 \cdot \pi}$$

$$\varphi = 57{,}30°$$

Da A und r jetzt bekannt sind, löse nach φ auf.

Beim Eingeben in den Taschenrechner muss eine Klammer um den Nenner gemacht werden.

Berechnung des Umfangs:

$$u = b + 2 \cdot r$$

$$u = 10\text{ cm} + 2 \cdot 10\text{ cm}$$

$$u = 30\text{ cm}$$

Der Umfang ist die Summe aller Begrenzungslinien. Beim Sektor also die Bogenlänge b und 2-mal der Radius r.

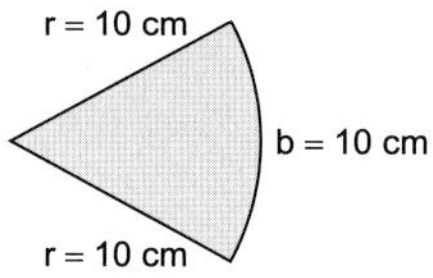

---

105 Formel zur Berechnung des Flächeninhalts:

$$A_{Pilz} = A_{Viertelkreis} - 2 \cdot A_{Sektor\ HBE} - A_{\Delta AEF}$$

Der Sektor BAD ist ein Viertelkreis mit Mittelpunktswinkel $\varphi = 90°$.

Berechnung der Teilflächen:

$$A_{Viertelkreis} = \frac{1}{4} \cdot r^2 \cdot \pi$$

$$A_{Viertelkreis} = \frac{1}{4} \cdot (4\text{ cm})^2 \cdot \pi$$

$$A_{Viertelkreis} = 4\pi\text{ cm}^2$$

$$A_{Viertelkreis} = 12{,}57\text{ cm}^2$$

$$A_{Sektor\ HBE} = \frac{\varphi}{360°} \cdot r^2 \cdot \pi$$

$$A_{Sektor\ HBE} = \frac{45°}{360°} \cdot (2\text{ cm})^2 \cdot \pi$$

$$A_{Sektor\ HBE} = \frac{1}{2}\pi\text{ cm}^2$$

$$A_{Sektor\ HBE} = 1{,}57\text{ cm}^2$$

$r = |\overline{EB}| = \frac{1}{2}|\overline{AB}| = 2\text{ cm}$ und $\varphi = \sphericalangle HBE = 45°$, da die Diagonale $\overline{BD}$ den 90°-Winkel halbiert.

$$A_{\Delta AEF} = \frac{1}{2} \cdot g \cdot h$$

$$A_{\Delta AEF} = \frac{1}{2} \cdot 2\text{ cm} \cdot 2\text{ cm}$$

$$A_{\Delta AEF} = 2\text{ cm}^2$$

Berechnung des Flächeninhalts:

$$A_{Pilz} = A_{Viertelkreis} - 2 \cdot A_{Sektor\ HBE} - A_{\Delta AEF}$$

$$A_{Pilz} = 4\pi\text{ cm}^2 - 2 \cdot \frac{1}{2}\pi\text{ cm}^2 - 2\text{ cm}^2$$

$$A_{Pilz} = (3\pi - 2)\text{ cm}^2$$

$$A_{Pilz} = 7{,}42\text{ cm}^2$$

Formel zur Berechnung des Umfangs:

$$u = |\overline{FE}| + \overset{\frown}{HE} + |\overline{HB}| + \overset{\frown}{BD} + |\overline{DG}| + \overset{\frown}{FG}$$

Summe aller Begrenzungslinien

Hinweise und Tipps

Berechnung der Teilstücke:

$|\overline{FE}|^2 = (2\text{ cm})^2 + (2\text{ cm})^2 \quad |\sqrt{\ }$

$\Rightarrow |\overline{FE}| = \sqrt{8}\text{ cm}$

$\Leftrightarrow |\overline{FE}| = 2{,}83\text{ cm}$

Satz des Pythagoras im Dreieck AEF

$\overset{\frown}{HE} = \frac{\varphi}{180^\circ} \cdot r \cdot \pi$

$\overset{\frown}{HE} = \frac{45^\circ}{180^\circ} \cdot 2\text{ cm} \cdot \pi$

$\overset{\frown}{HE} = \frac{1}{2}\pi\text{ cm}$

$\overset{\frown}{HE} = 1{,}57\text{ cm} = \overset{\frown}{FG}$

$|\overline{HB}| = 2\text{ cm} = |\overline{DG}|$

Radius des Sektors HBE = 2 cm

$\overset{\frown}{BD} = \frac{90^\circ}{180^\circ} \cdot 4\text{ cm} \cdot \pi$

Bogenlänge mit r = 4 cm und φ = 90°

$\overset{\frown}{BD} = 2\pi\text{ cm}$

$\overset{\frown}{BD} = 6{,}28\text{ cm}$

Berechnung des Umfangs:

$u = |\overline{FE}| + 2 \cdot \overset{\frown}{HE} + 2 \cdot |\overline{HB}| + \overset{\frown}{BD}$

$u = \sqrt{8}\text{ cm} + 2 \cdot \frac{1}{2}\pi\text{ cm} + 2 \cdot 2\text{ cm} + 2\pi\text{ cm}$

$u = \sqrt{8}\text{ cm} + 3\pi\text{ cm} + 4\text{ cm}$

$u = 16{,}25\text{ cm}$

2.8 Grundbegriffe der Statistik

106 a) Maximum: Max = 16

Der Merkmalswert 16 kg ist der **größte**.

Minimum: Min = 9

Der Merkmalswert 9 kg ist der **kleinste**.

Modalwert: m = 13

Der Merkmalswert 13 kg kommt **am häufigsten** vor.

Zentralwert: z = 12

Werden die Daten der Größe nach **geordnet**, steht der Wert 12 kg **in der Mitte**:
9 10 11 **12** 13 13 16

Spannweite: R = 7

Die **Differenz** aus **Maximal-** (16 kg) und **Minimalwert** (9 kg) beträgt 7 kg.

Arithmetisches Mittel:

$\overline{x} = \frac{13+16+9+13+12+11+10}{7} = \frac{84}{7} = 12$

b) Die Ergebnisse lassen sich nicht verallgemeinern, da die Stichprobe von 7 Kindern nicht repräsentativ ist.

Hinweise und Tipps

107 a) 1 2 3 4 5 6 7 8 9 10
oder:
5,5 5,5 5,5 5,5 5,5 5,5 5,5 5,5 5,5 5,5

$\overline{x} = \frac{1+2+3+4+5+6+7+8+9+10}{10} = \frac{55}{10} = 5{,}5$

$\overline{x} = \frac{10 \cdot 5{,}5}{10} = 5{,}5$

b) 1 2 3 4 5 5 6 7 8 9
oder:
5 5 5 5 5 5 5 5 5 5

c) 1 2 4 8 16 32 64

d) 21 22 23 24 25 26 27 28 29

---

108 Tabelle A: Arithmetisches Mittel $\overline{x}$:

$$\frac{82{,}2+81{,}9+81{,}4+81{,}4+81{,}3+81{,}3+81{,}2+81{,}1+81}{9} = 81{,}4$$

(gerundet)

Tabelle B: Arithmetisches Mittel $\overline{x}$:

$$\frac{59{,}1+58{,}5+58{,}4+58+57{,}7+56{,}6+55{,}7+53{,}8+52{,}8}{9} = 56{,}7$$

(gerundet)

Spannweite R: $82{,}2-52{,}8=29{,}4$

109

$$\frac{10{,}35+10{,}16+9{,}84+x}{4} = 10$$

$$\frac{30{,}35+x}{4} = 10 \quad |\cdot 4$$

$$30{,}35+x = 40 \quad |-30{,}35$$

$$x = 9{,}65$$

Er müsste also 9,65 s schaffen.

Er müsste annähernd Weltrekord laufen (Weltrekord: 9,58 s; Stand 2021).

---

110 Tresor 1: $100 \cdot 100 \cdot 100 = 1\,000\,000$ Möglichkeiten
Tresor 2: $50 \cdot 50 \cdot 50 \cdot 50 = 6\,250\,000$ Möglichkeiten

Tresor 2 ist also schwerer zu knacken.

---

111 Es gibt $4 \cdot 3 \cdot 5 = 60$ Möglichkeiten.

Die Lösung ist vergleichbar mit dem Rechenweg bei einem Zahlenschloss mit drei Rädern, aber mit unterschiedlich vielen Möglichkeiten pro Rad.
Es gibt vier verschiedene Semmeln, drei verschiedene Belegungen und fünf verschiedene Beilagen.

---

112 $4 \cdot 10 \cdot 8 = 320$

Es reicht nicht ganz, da ein Jahr 365 Tage hat.

Hinweise und Tipps

113 Sie haben insgesamt $11! = 11 \cdot 10 \cdot 9 \cdot \ldots \cdot 2 \cdot 1 = 39\,916\,800$ Möglichkeiten.

Der erste Spieler hat 11 Positionen zur Auswahl, der zweite nur noch 10, der dritte nur noch 9, der vierte nur noch 8, der fünfte nur noch 7, …, der zehnte nur noch 2 und der elfte nur noch 1 Position.

---

114 a) Es gibt $5! = 5 \cdot 4 \cdot 3 \cdot 2 \cdot 1 = 120$ Möglichkeiten.

b) Es gibt dann bei jedem Zug 5 Möglichkeiten, also $5 \cdot 5 \cdot 5 \cdot 5 \cdot 5 = 3\,125$ Möglichkeiten.

---

115 $8! = 8 \cdot 7 \cdot 6 \cdot 5 \cdot 4 \cdot 3 \cdot 2 \cdot 1 = 40\,320$

---

116 Insgesamt sind es $2+6+6+7+3+1 = 25$ Noten.
Relative Häufigkeiten:

Note 1: $\frac{2}{25} = \frac{8}{100} = 0{,}08 = 8\,\%$

Note 2: $\frac{6}{25} = \frac{24}{100} = 0{,}24 = 24\,\%$

Note 3: $\frac{6}{25} = \frac{24}{100} = 0{,}24 = 24\,\%$

Note 4: $\frac{7}{25} = \frac{28}{100} = 0{,}28 = 28\,\%$

Note 5: $\frac{3}{25} = \frac{12}{100} = 0{,}12 = 12\,\%$

Note 6: $\frac{1}{25} = \frac{4}{100} = 0{,}04 = 4\,\%$

Zuerst bestimmt man, wie viele Noten insgesamt vergeben wurden.

Die Note 1 wurde mit der absoluten Häufigkeit 2 erzielt (2 Mal).

Die Note 2 wurde mit der absoluten Häufigkeit 6 erzielt (6 Mal).

Usw.

2.9 Zufallsexperimente

117 Gesamtanzahl: $3+5+1+0+2+1+1+3+3+1 = 20$
Relative Häufigkeiten:

Kugel Nr. 2: $\frac{5}{20} = \frac{25}{100} = 25\,\%$

Kugel Nr. 4: $\frac{0}{20} = 0\,\%$

Kugel Nr. 6: $\frac{1}{20} = \frac{5}{100} = 5\,\%$

Zuerst bestimmt man aus der zweiten Zeile, wie oft insgesamt gezogen wurde.

Die Kugel Nr. 2 wurde mit der absoluten Häufigkeit 5 gezogen (5 Mal).

Usw.

---

118 $\Omega = \{2; 3; 4; 5; 6; 7; 8; 9; 10; 11; 12\}$

Die kleinste Summe entsteht, wenn zweimal die 1 gewürfelt wird. Die größte Summe entsteht, wenn zweimal die 6 gewürfelt wird. Alles dazwischen kann auch durch eine geeignete Augenzahl-Kombination erzielt werden.

Hinweise und Tipps

119

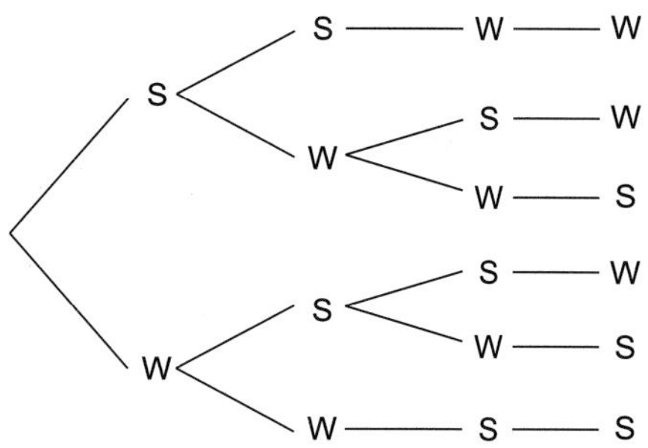

$\Omega = \{SSWW; SWSW; SWWS; WSSW; WSWS; WWSS\}$

W = Weiß, S = Schwarz
Entnimm die Ergebnisse der Züge entlang der Pfade und übertrage sie in den Ergebnisraum. Es gibt 6 Baum-Enden, also sind 6 Ergebnisse möglich.

---

120 „Man zieht einen Turm."

---

121 $\Omega = \{N\text{-}N; N\text{-}G; G\text{-}N; G\text{-}G\}$

	Ereignis E	Gegenereignis $\overline{E}$
a)	E = {N-G; G-N}	$\overline{E}$ = {N-N; G-G}
b)	E = {N-N}	$\overline{E}$ = {N-G; G-N; G-G}
c)	E = {N-N; N-G; G-N}	$\overline{E}$ = {G-G}
d)	E = {G-G}	$\overline{E}$ = {N-N; N-G; G-N}

---

122 a)

	Wirkt	Wirkt nicht	Gesamt
Impfstoff A	31 %	**9 %**	40 %
Impfstoff B	**41 %**	**19 %**	**60 %**
Gesamt	**72 %**	28 %	100 %

b) Relative Häufigkeit, dass Impfstoff A wirkt:

$$\frac{6\,200}{8\,000} = 0{,}775 = 77{,}5\ \%$$

Impfstoff A war bei 6 200 von 8 000 Personen wirksam.

Relative Häufigkeit, dass Impfstoff B wirkt:

$$\frac{8\,200}{12\,000} = 0{,}683 = 68{,}3\ \%$$

Impfstoff B war bei 8 200 von 12 000 Personen wirksam.

Impfstoff A ist also wirksamer als Impfstoff B.

Die Stichproben sind ausreichend groß, um eine Aussage über die Wirksamkeit treffen zu können.

123

	Stracciatella	Kein Stracciatella	Gesamt
Schoko	**12**	38	**50**
Kein Schoko	10	28	38
Gesamt	**22**	66	**88**

Zuerst werden die **gegebenen Werte** eingetragen (25 % von 88 sind 22). Die restlichen Werte lassen sich dann aus der Tafel ermitteln.

a) Gesuchte relative Häufigkeit: $\frac{10}{38} = 26{,}3\ \%$

26,3 % von denen, die kein Schoko-Eis mögen, mögen Stracciatella-Eis.

Hinweise und Tipps

b) Gesuchte relative Häufigkeit: $\frac{12}{50} = 24\ \%$

24 % von denen, die Schoko-Eis mögen, mögen auch Stracciatella-Eis.

---

124 a) Vierfeldertafel mit den absoluten Häufigkeiten:

Wurf 1 \ Wurf 2	Zahl	Wappen	Gesamt
Zahl	29	27	56
Wappen	20	24	44
Gesamt	49	51	100

Betrachte jeweils die absoluten Häufigkeiten an den Baum-Enden. Es gab also 29 Mal das Ergebnis (Zahl | Zahl), 27 Mal (Zahl | Wappen), 20 Mal (Wappen | Zahl) und 24 Mal (Wappen | Wappen).

b) Vierfeldertafel mit den relativen Häufigkeiten:

Wurf 1 \ Wurf 2	Zahl	Wappen	Gesamt
Zahl	29 %	27 %	56 %
Wappen	20 %	24 %	44 %
Gesamt	49 %	51 %	100 %

125

	Spielen Fußball	Spielen nicht Fußball	Gesamt
Jungen	12	**6**	**18**
Keine Jungen	3	9	12
Gesamt	**15**	15	**30**

9 sind keine Jungen und spielen nicht Fußball.

Zuerst werden die **gegebenen Werte** eingetragen (60 % von 30 sind 18). Die restlichen Werte lassen sich dann aus der Tafel ermitteln.

126

	Smartphone	Kein Smartphone	Gesamt
Computer	340	60	400
Kein Computer	260	90	350
Gesamt	600	150	750

340 haben ein Smartphone und einen Computer.

---

127 Es sind $10+24+16+12+10+8=80$ Schokolinsen in der Tüte.

P(„Gelb“) $= \frac{16}{80} = 0{,}20 = 20\ \%$

Davon sind 16 gelb.

---

128 P(„Rot“) $= \frac{2}{5} = 0{,}40 = 40\ \%$

Es sind 5 Sektoren, 2 davon sind rot.

Hinweise und Tipps

129 Es ergeben sich folgende Mittelpunktswinkel für die Sektoren:

Sektor Rot: $36°$

Sektor Schwarz: $3 \cdot 36° = 108°$

(oder 3 schwarze Sektoren mit je 36°)

Sektor Weiß: $6 \cdot 36° = 216°$

(Alternativ: $360° - 108° - 36° = 216°$)

(oder 6 weiße Sektoren mit je 36°)

Zeichnung:

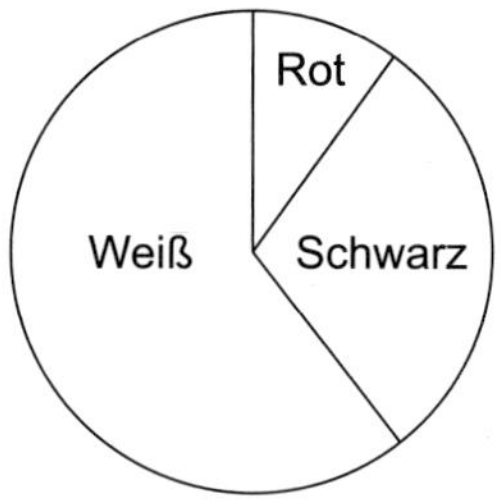

Ein Vollwinkel hat 360°. Ein Sektor mit dem Mittelpunktswinkel 36°deckt also 10 % der Fläche ab.

---

130 a) P(„Eichel“) $= \frac{8}{32} = \frac{1}{4} = 25\,\%$

Unter den 32 Karten gibt es 8 Eichel-Karten.

b) P(„Ober“) $= \frac{4}{32} = \frac{1}{8} = 12{,}5\,\%$

Es gibt 4 Ober im Spiel.

c) P(„Eichel-Ober“) $= \frac{1}{32} = 3{,}125\,\%$

Es gibt nur genau einen Eichel-Ober.

---

131 a) P(„Eichel“) $= \frac{6}{24} = 25\,\%$

b) P(„Ober“) $= \frac{4}{24} = \frac{1}{6}$

c) P(„Eichel-Ober“) $= \frac{1}{24}$

---

132 a) P(„20“) $= \frac{1}{37}$

Es gibt insgesamt 37 mögliche Zahlen von 0 bis 36.

b) P(„Schwarz“) $= \frac{18}{37}$

Es gibt 18 schwarze Zahlen. Die Null ist weder rot noch schwarz.

c) P(„1 bis 12“) $= \frac{12}{37}$

d) Es gibt 37 Zahlen. Selbst wenn man auf jede Zahl 1 Euro setzt, bekommt man maximal nur 36 Euro zurück und 1 Euro bleibt bei der Bank.
Damit es fair wäre, müsste der Gewinn das 37-Fache des Einsatzes sein. Am Ende gewinnt also immer die Bank.

Hinweise und Tipps

133 E: „Keine 6"; Gegenereignis $\overline{E}$: „Eine 6"

$P(\overline{E}) = \frac{1}{6}$, also $P(E) = 1 - \frac{1}{6} = \frac{5}{6}$.

Die Wahrscheinlichkeit, keine 6 zu würfeln, beträgt $\frac{5}{6}$.

---

134 P(„Nicht farbenblind") = 1 – P(„Farbenblind")
= 1 – 0,08 = 0,92, also 92 %

---

135 a) Es gibt $6 \cdot 6 = 36$ verschiedene Ergebnisse.

Ergebnisraum:
$\Omega = \{11; 12; 13; 14; 15; 16; 21; 22; 23; 24; 25; 26; \ldots; 61; \ldots; 66\}$

b) P(„6er-Pasch") = $\frac{1}{36}$

„66" ist das einzig mögliche Ergebnis von insgesamt 36 Ergebnissen.

c) P(„Pasch") = $\frac{6}{36} = \frac{1}{6}$

6 von 36 Ergebnissen liefern einen Pasch: „11"; „22"; …; „66"

d) P(„Kein Pasch") = $1 - \frac{1}{6} = \frac{5}{6}$

Das ist die Wahrscheinlichkeit des Gegenereignisses zu Aufgabe c.

e) P(„Kleiner als 60") = $\frac{30}{36} = \frac{5}{6}$

30 Zahlen im Ergebnisraum sind kleiner als 60.

f) E: „Keine 6"; $\overline{E}$: „Mindestens eine 6"

Gegenereignis zu „Keine 6"

$\overline{E} = \{16; 26; 36; 46; 56; 66; 61; 62; 63; 64; 65\}$

Es gibt 11 Ergebnisse zum Ereignis $\overline{E}$.

$P(\overline{E}) = \frac{11}{36}$; also: $P(E) = 1 - \frac{11}{36} = \frac{25}{36}$

---

136 a) Mit K für Kopf und Z für Zahl ergibt sich das Baumdiagramm:

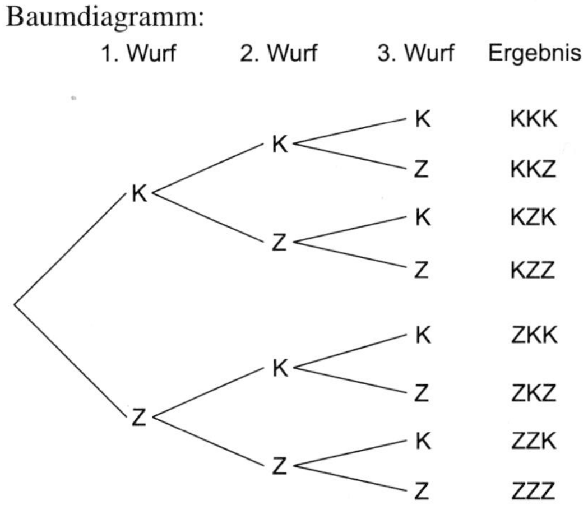

Ergebnisraum:
$\Omega = \{KKK; KKZ; KZK; KZZ; ZKK; ZKZ; ZZK; ZZZ\}$

Wahrscheinlichkeit, zu gewinnen:

$P(ZZZ) = \frac{1}{8} = 12{,}5\ \%$

Die Kombination ZZZ ist eine von 8 Möglichkeiten.

Hinweise und Tipps

b) P(„Genau zweimal Zahl“) $= \frac{3}{8} = 37{,}5\ \%$

Es gibt genau 3 Pfade, die zu Ergebnissen führen, die genau zweimal Zahl enthalten (KZZ, ZKZ und ZZK).

137

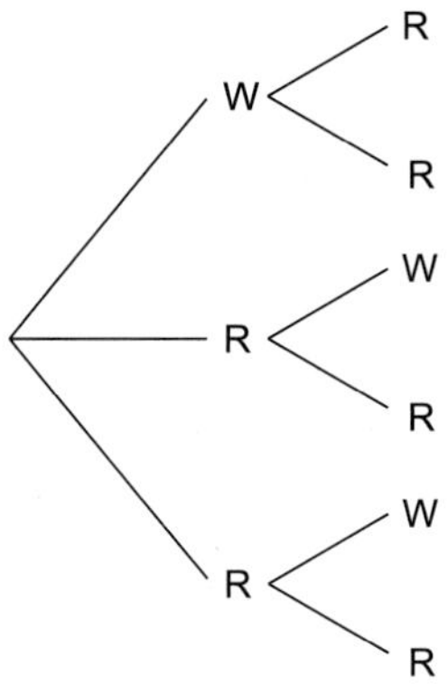

Die Wahrscheinlichkeit für RR ist:

$P(RR) = \frac{2}{6}$

Im Baumdiagramm sieht man, dass es 2 Pfade gibt, die zum Ergebnis RR führen.

Insgesamt gibt es 6 mögliche Pfade.

138

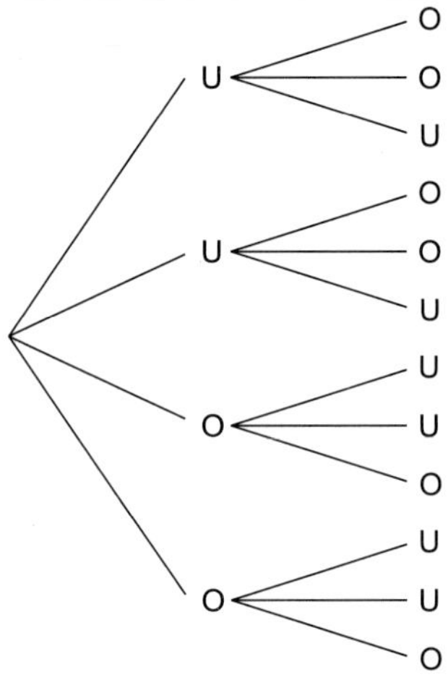

Zeichne dazu das Baumdiagramm.

Nach dem ersten Zug gibt es jeweils nur noch 3 Möglichkeiten.

Insgesamt ergeben sich 12 mögliche Ergebnisse.

Zum Ergebnis „Zwei Ober“ (OO) führen 2 Pfade.

a) Die Wahrscheinlichkeit, 2 Ober hintereinander zu ziehen, beträgt:

$P(OO) = \frac{2}{12} = \frac{1}{6}$

b) Die gesuchte Wahrscheinlichkeit beträgt:

P(„Ein Unter und ein Ober“) $= \frac{8}{12} = \frac{2}{3}$

Zum Ergebnis „Ein Unter und ein Ober“ (OU oder UO) führen 8 Pfade.

3 Grundwissen 10. Klasse

3.1 Quadratische Funktionen

Hinweise und Tipps

139 a) $P(0{,}5\,|\,1) \in f: 1 = a \cdot 0{,}5^2$

$$\Leftrightarrow \quad 1 = a \cdot \frac{1}{4} \quad \Big|\cdot 4$$
$$\Leftrightarrow \quad a = 4$$
$$\Rightarrow \quad f: y = 4x^2$$

Koordinaten des Punktes P in die Funktionsgleichung $y = ax^2$ einsetzen

Auflösen der Gleichung nach a

b) $P(-3\,|\,6) \in f: 6 = a \cdot (-3)^2$

$$\Leftrightarrow \quad 6 = a \cdot 9 \quad \Big|\cdot \frac{1}{9}$$
$$\Leftrightarrow \quad a = \frac{2}{3}$$
$$\Rightarrow \quad f: y = \frac{2}{3}x^2$$

Koordinaten des Punktes P in die Funktionsgleichung $y = ax^2$ einsetzen

Auflösen der Gleichung nach a

---

140 a) $p_1: y = 3{,}5x^2$

- Die Parabel ist nach oben geöffnet, da $a > 0$.
- Es handelt sich um eine gestreckte Parabel, da $|a| > 1$.
- Der Scheitelpunkt hat die Koordinaten $S(0\,|\,0)$.
- Die y-Achse ist Symmetrieachse mit der Gleichung s: $x = 0$.
- $D = \mathbb{R}$; $W = \mathbb{R}_0^+$

b) $p_2: y = -0{,}6x^2$

- Die Parabel ist nach unten geöffnet, da $a < 0$.
- Es handelt sich um eine gestauchte Parabel, da $|a| < 1$.
- Der Scheitelpunkt hat die Koordinaten $S(0\,|\,0)$.
- Die y-Achse ist Symmetrieachse mit der Gleichung s: $x = 0$.
- $D = \mathbb{R}$; $W = \mathbb{R}_0^-$

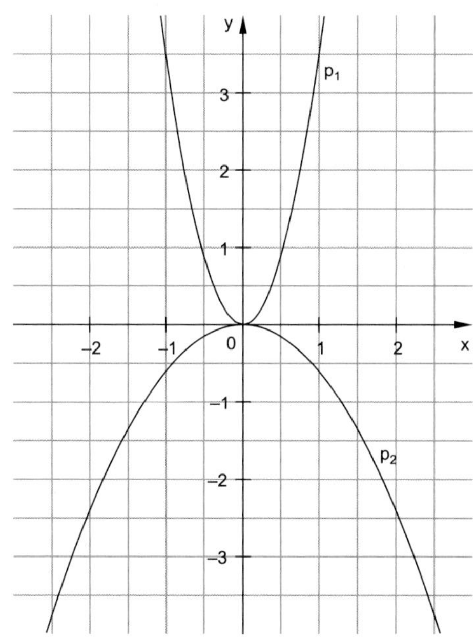

Hinweise und Tipps

Sonne: $y = 0{,}5 \cdot 274 \cdot t^2$
Erde: $y = 0{,}5 \cdot 9{,}81 \cdot t^2$
Mond: $y = 0{,}5 \cdot 1{,}62 \cdot t^2$

141 a)

t	0,0	1,0	2,0	3,0	4,0	5,0	6,0
y_{Sonne}	0	137,0	548	1 233	2 192	3 425	4 932
y_{Erde}	0	4,91	19,62	44,15	78,48	122,63	176,58
y_{Mond}	0	0,81	3,24	7,29	12,96	20,25	29,16

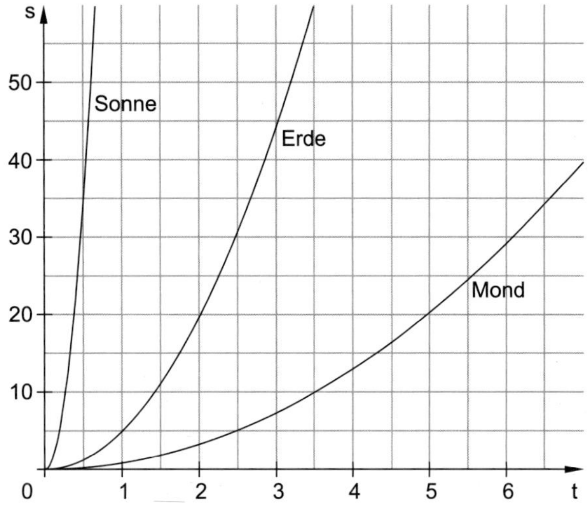

b) Fallzeit auf der Erde:

Einsetzen der Konstante g in die Gleichung
Einsetzen des gegebenen Wertes s = 100 m

$$s = \frac{1}{2} \cdot g_{Erde} \cdot t^2$$

$$\Leftrightarrow \quad 100\text{ m} = \frac{1}{2} \cdot 9{,}81\,\frac{\text{m}}{\text{s}^2} \cdot t^2 \quad \Big| \cdot \frac{2}{1} \quad \Big| \cdot \frac{1}{9{,}81\,\frac{\text{m}}{\text{s}^2}}$$

$$\Leftrightarrow \quad t^2 = 20{,}39\text{ s}^2 \quad \big| \sqrt{}$$

$$\Rightarrow \quad t = 4{,}52\text{ s}$$

Fallzeit auf dem Mond:

$$s = \frac{1}{2} \cdot g_{Mond} \cdot t^2$$

$$\Leftrightarrow \quad 100\text{ m} = \frac{1}{2} \cdot 1{,}62\,\frac{\text{m}}{\text{s}^2} \cdot t^2 \quad \Big| \cdot \frac{2}{1} \quad \Big| \cdot \frac{1}{1{,}62\,\frac{\text{m}}{\text{s}^2}}$$

$$\Leftrightarrow \quad t^2 = 123{,}46\text{ s}^2 \quad \big| \sqrt{}$$

$$\Rightarrow \quad t = 11{,}11\text{ s}$$

Fallzeit auf der Sonne:

$$s = \frac{1}{2} \cdot g_{Sonne} \cdot t^2$$

$$\Leftrightarrow \quad 100\text{ m} = \frac{1}{2} \cdot 274\,\frac{\text{m}}{\text{s}^2} \cdot t^2 \quad \Big| \cdot \frac{2}{1} \quad \Big| \cdot \frac{1}{274\,\frac{\text{m}}{\text{s}^2}}$$

$$\Leftrightarrow \quad t^2 = 0{,}73\text{ s}^2 \quad \big| \sqrt{}$$

$$\Rightarrow \quad t = 0{,}85\text{ s}$$

---

142 a) $p\colon y = -\frac{1}{4}x^2 \xmapsto{\vec{v} = \binom{-3}{4}} p'\colon y = -\frac{1}{4}(x - (\mathbf{-3}))^2 + \mathbf{4}$

$$y = -\frac{1}{4}(x+3)^2 + 4$$

✎ Hinweise und Tipps

- Die Parabel ist nach unten geöffnet, da $a < 0$.
- Die Parabel ist gestaucht, da $|a| < 1$.
- Der Scheitelpunkt hat die Koordinaten $S(-3\,|\,4)$.
- Die Symmetrieachse hat die Gleichung: s: $x = -3$
- $D = \mathbb{R}$; $W = \{y\,|\,y \leq 4\}$

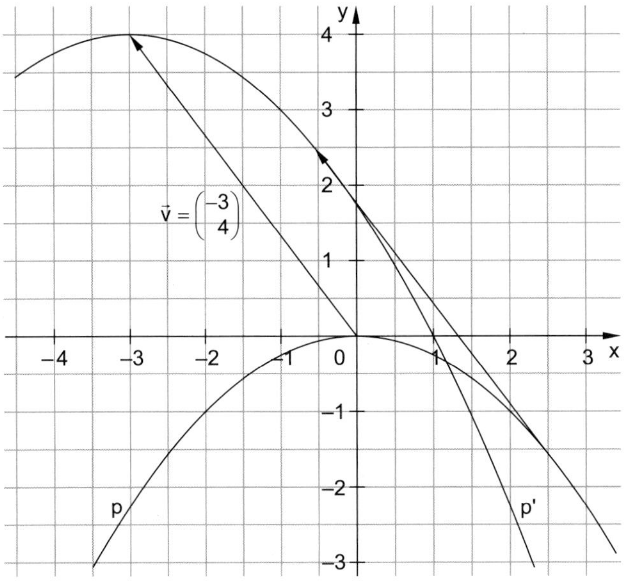

b) p: $y = 3{,}5x^2 \xrightarrow{\vec{v} = \binom{2}{-5}}$ p': $y = 3{,}5(x - \mathbf{2})^2 \mathbf{- 5}$

- Die Parabel ist nach oben geöffnet, da $a > 0$.
- Die Parabel ist gestreckt, da $|a| > 1$.
- Der Scheitelpunkt hat die Koordinaten $S(2\,|\,-5)$.
- Die Symmetrieachse hat die Gleichung: s: $x = 2$
- $D = \mathbb{R}$; $W = \{y\,|\,y \geq -5\}$

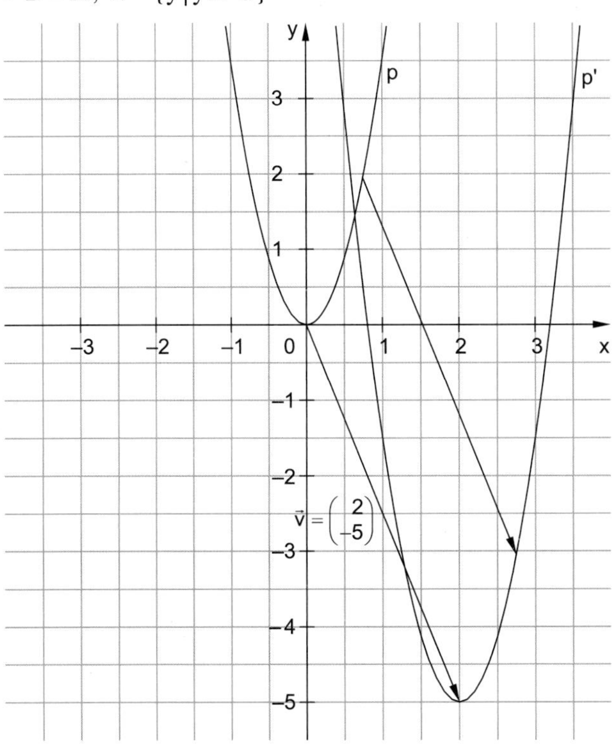

143 a) $W = \{y \mid y \leq 5\}$; $s: x = 2$

$$p:\ y = -\frac{1}{8}(x-2)^2 + 5$$
$$y = -\frac{1}{8}(x^2 - 4x + 4) + 5$$
$$y = -\frac{1}{8}x^2 + \frac{1}{2}x - \frac{1}{2} + 5$$
$$y = -\frac{1}{8}x^2 + \frac{1}{2}x + 4\frac{1}{2}$$

b) $W = \left\{y \mid y \geq -\frac{2}{3}\right\}$; $s: x = -\frac{1}{2}$

$$p:\ y = \frac{1}{3}\left(x + \frac{1}{2}\right)^2 - \frac{2}{3}$$
$$y = \frac{1}{3}\left(x^2 + x + \frac{1}{4}\right) - \frac{2}{3}$$
$$y = \frac{1}{3}x^2 + \frac{1}{3}x + \frac{1}{12} - \frac{2}{3}$$
$$y = \frac{1}{3}x^2 + \frac{1}{3}x - \frac{7}{12}$$

Hinweise und Tipps

Die Parabel ist nach unten geöffnet und $y_S = 5$.

Potenz vor Punkt vor Strich beachten
2. binomische Formel anwenden

Multipliziere mit dem Faktor $-\frac{1}{8}$.
Beachte dabei das Vorzeichen.

Die Parabel ist nach oben geöffnet und $y_S = -\frac{2}{3}$.

Potenz vor Punkt vor Strich beachten
1. binomische Formel anwenden

Ausmultiplizieren

---

144 a)

x	0	1	2	3
y	2,5	–7,5	–7,5	2,5

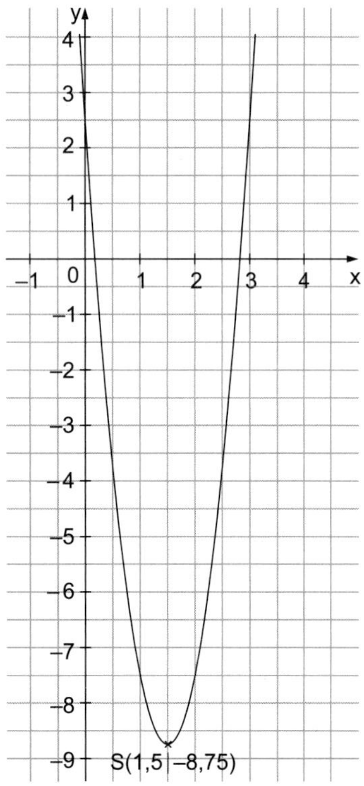

$$p:\ y = 5x^2 - 15x + 2{,}5$$
$$y = 5[x^2 - 3x + 0{,}5]$$
$$y = 5[x^2 - 3x + 1{,}5^2 - 1{,}5^2 + 0{,}5]$$
$$y = 5[(x - 1{,}5)^2 - 1{,}75]$$

Koeffizient 5 ausklammern
Quadratisch ergänzen
2. binomische Formel anwenden
Vereinfachen des Terms

Hinweise und Tipps

$y = 5(x-1{,}5)^2 - 8{,}75$ — Scheitelform angeben

also: S(1,5 | −8,75)

b)

x	−3	−2	−1	0	1	2	3
y	−2,5	−1,75	−1,5	−1,75	−2,5	−3,75	−5,5

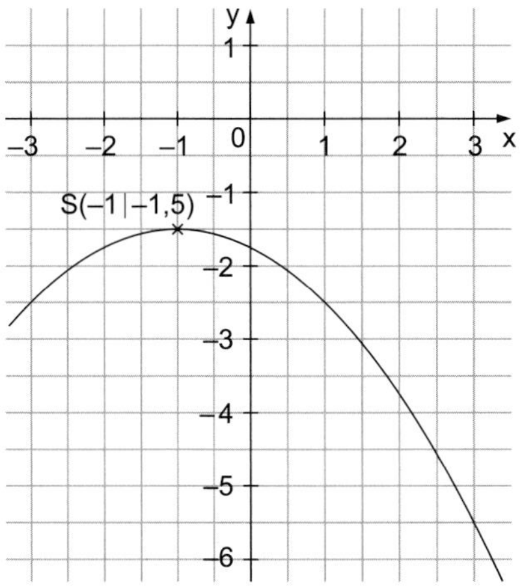

p: $y = -\frac{1}{4}x^2 - \frac{1}{2}x - 1\frac{3}{4}$ — Faktor $-\frac{1}{4}$ ausklammern

$y = -\frac{1}{4}[x^2 + 2x + 7]$ — Quadratisch ergänzen

$y = -\frac{1}{4}[x^2 + 2x + 1^2 - 1^2 + 7]$ — Binom erzeugen

$y = -\frac{1}{4}[(x+1)^2 + 6]$ — Vereinfachen des Terms

$y = -\frac{1}{4}(x+1)^2 - 1\frac{1}{2}$ — Scheitelform angeben

also: S(−1 | −1,5)

145 a) Ansatz über die Scheitelform:

$S(-4 \mid 6) \in p$: $y = a(x+4)^2 + 6$ — Koordinaten von S einsetzen

$P(-6 \mid -2) \in p$: $-2 = a(-6+4)^2 + 6$ — Koordinaten von P einsetzen

$\Leftrightarrow -2 = 4a + 6 \quad | -6$ — Wert von a berechnen

$\Leftrightarrow 4a = -8 \quad | :4$

$\Leftrightarrow a = -2$

somit:

p: $y = -2(x+4)^2 + 6$ — Gleichung von p in Scheitelform

$\Leftrightarrow y = -2(x^2 + 8x + 16) + 6$

$\Leftrightarrow y = -2x^2 - 16x - 32 + 6$

$\Leftrightarrow y = -2x^2 - 16x - 26$ — Gleichung von p in allgemeiner Form

b) Ansatz über die allgemeine Form:

a = 0,5: p: $y = 0{,}5 \cdot x^2 + bx + c$ — Setze a = 0,5 in die allgemeine Form $y = ax^2 + bx + c$ ein.

$P(-1 \mid 0) \in p$: $0 = 0{,}5(-1)^2 + b \cdot (-1) + c$ — Koordinaten von P einsetzen

$\Leftrightarrow 0 = 0{,}5 - b + c$

$\Leftrightarrow \mathbf{-0{,}5 = -b + c}$

Hinweise und Tipps

$\wedge$

$Q(3\,|\,0) \in p: 0 = 0{,}5 \cdot 3^2 + b \cdot 3 + c$ — Koordinaten von Q einsetzen

$\Leftrightarrow \quad 0 = 4{,}5 + 3b + c$

$\Leftrightarrow \quad \mathbf{-4{,}5 = 3b + c}$

$\Leftrightarrow \left| \begin{array}{l} -0{,}5 = -b + c \\ \wedge\ -4{,}5 = 3b + c \end{array} \right.$ — Gleichungssystem lösen (z. B. Gleichsetzungsverfahren): Löse beide Gleichungen nach c auf.

$\Leftrightarrow \left| \begin{array}{l} c = -0{,}5 + b \\ \wedge\ c = -4{,}5 - 3b \end{array} \right.$ — Gleichsetzen

$\Leftrightarrow \left| \begin{array}{l} -0{,}5 + b = -4{,}5 - 3b \quad (I = II) \\ \wedge\ c = -0{,}5 + b \end{array} \right.$ — Die Gleichung nach b auflösen

$\Leftrightarrow \left| \begin{array}{l} 4b = -4 \\ \wedge\ c = -0{,}5 + b \end{array} \right.$

$\Leftrightarrow \left| \begin{array}{l} b = -1 \\ \wedge\ c = -1{,}5 \end{array} \right.$ — $b = -1$ eingesetzt in $c = -0{,}5 + b$

$p: y = 0{,}5x^2 - 1x - 1{,}5$ — a, b und c in die allgemeine Form einsetzen und gesuchte Gleichung angeben

c) Ansatz über die allgemeine Form: — Setze $a = -1$ und $b = 6$ in die allgemeine Form $y = ax^2 + bx + c$ ein.

$a = -1;\ b = 6:\quad p:\quad y = -1x^2 + 6x + c$

$A(5{,}5\,|\,1{,}75) \in p: 1{,}75 = -(5{,}5)^2 + 6 \cdot 5{,}5 + c$ — Koordinaten von A einsetzen und die Gleichung nach c auflösen

$\Leftrightarrow \quad 1{,}75 = 5{,}5 \cdot (-5{,}5 + 6) + c$ — Vereinfachen

$\Leftrightarrow \quad 1{,}75 = 5{,}5 \cdot 0{,}5 + c$

$\Leftrightarrow \quad 1{,}75 = 2{,}75 + c \qquad |-2{,}75$

$\Leftrightarrow \quad c = -1$

also: $p:\ y = -x^2 + 6x - 1$ — Gesuchte Gleichung angebens

d) Ansatz über die allgemeine Form: — Setze $b = 0{,}5$ in die allgemeine Form $y = ax^2 + bx + c$ ein.

$b = 0{,}5:\qquad p: y = ax^2 + 0{,}5x + c$

$P(-1\,|\,-4) \in p: -4 = a \cdot (-1)^2 + 0{,}5 \cdot (-1) + c$ — Koordinaten von P einsetzen

$\Leftrightarrow \quad -4 = a - 0{,}5 + c$ — Vereinfachen

$\Leftrightarrow \quad \mathbf{-3{,}5 = a + c}$

$\wedge$

$Q(5\,|\,-7) \in p: -7 = a \cdot 5^2 + 0{,}5 \cdot 5 + c$ — Koordinaten von Q einsetzen

$\Leftrightarrow \quad -7 = 25a + 2{,}5 + c$ — Vereinfachen

$\Leftrightarrow \quad \mathbf{-9{,}5 = 25a + c}$

$\Leftrightarrow \left| \begin{array}{l} -3{,}5 = a + c \\ \wedge\ -9{,}5 = 25a + c \end{array} \right.$ — Gleichungssystem lösen: Löse beide Gleichungen nach c auf.

$\Leftrightarrow \left| \begin{array}{l} c = -3{,}5 - a \\ \wedge\ c = -9{,}5 - 25a \end{array} \right.$

$\Leftrightarrow \left| \begin{array}{l} -3{,}5 - a = -9{,}5 - 25a \quad (I = II) \\ \wedge\ c = -3{,}5 - a \end{array} \right.$ — Gleichsetzen

$\Leftrightarrow \left| \begin{array}{l} 6 = -24a \\ \wedge\ c = -3{,}5 - a \end{array} \right.$ — Die Gleichung nach a auflösen

$\Leftrightarrow \left| \begin{array}{l} a = -0{,}25 \\ \wedge\ c = -3{,}25 \end{array} \right.$ — $a = -0{,}25$ eingesetzt in $c = -3{,}5 - a$

$p: y = -0{,}25x^2 + 0{,}5x - 3{,}25$ — Gesuchte Gleichung angeben

Hinweise und Tipps

e) Ansatz über die Scheitelform:

$S(-1\,|\,5) \in p: \quad y = a(x+1)^2 + 5$ — Koordinaten von S einsetzen

$A(-7\,|\,-4) \in p: -4 = a(-7+1)^2 + 5$ — Einsetzen der x- und der y-Koordinate des zweiten Punktes A in die Scheitelgleichung

$\Leftrightarrow \quad -4 = 36a + 5$

$\Leftrightarrow \quad 36a = -9$ — Berechnung von a

$\Leftrightarrow \quad a = -\frac{1}{4}$

somit:

p: $y = -\frac{1}{4}(x+1)^2 + 5$ — Gleichung von p in Scheitelform. Auflösen der 1. binomischen Formel

$\Leftrightarrow \quad y = -\frac{1}{4}(x^2 + 2x + 1) + 5$ — Ausmultiplizieren

$\Leftrightarrow \quad y = -\frac{1}{4}x^2 - \frac{1}{2}x - \frac{1}{4} + 5$ — Zusammenfassen

$\Leftrightarrow \quad y = -\frac{1}{4}x^2 - \frac{1}{2}x + 4\frac{3}{4}$ — Gleichung von p in allgemeiner Form

f) $c = 5: \quad y = ax^2 + bx + 5$ — Setze $c = 5$ in die allgemeine Form $y = ax^2 + bx + c$ ein.

$P(2\,|\,-1) \in p: -1 = a \cdot 2^2 + b \cdot 2 + 5$ — x- und y-Koordinaten der Punkte E und P einsetzen und vereinfachen

$\Leftrightarrow \quad -1 = 4a + 2b + 5$

$\Leftrightarrow \quad \mathbf{-6 = 4a + 2b}$

$\wedge$

$E(-4\,|\,5) \in p: \quad 5 = a \cdot (-4)^2 + b \cdot (-4) + 5$

$\Leftrightarrow \quad 5 = 16a - 4b + 5$

$\Leftrightarrow \quad \mathbf{0 = 16a - 4b}$

$\Leftrightarrow \quad \begin{vmatrix} -6 = 4a + 2b \\ \wedge \quad 0 = 16a - 4b \end{vmatrix} \; | \cdot 2$ — Gleichungssystem lösen: Hier empfiehlt sich das Additionsverfahren.

$\Leftrightarrow \quad \begin{vmatrix} -12 = 8a + 4b \\ \wedge \quad 0 = 16a - 4b \end{vmatrix}$ — Durch Addition entsteht eine Gleichung, die nur noch a enthält.

$\Leftrightarrow \quad \begin{vmatrix} -12 = 24a \quad (\text{I} + \text{II}) \\ \wedge \quad 4b = 16a \end{vmatrix}$ — Gleichung I nach a auflösen

$\Leftrightarrow \quad \begin{vmatrix} a = -\frac{1}{2} \\ \wedge \quad 4b = 16 \cdot \left(-\frac{1}{2}\right) \end{vmatrix}$ — $a = -\frac{1}{2}$ einsetzen in $4b = 16a$

$\Leftrightarrow \quad \begin{vmatrix} a = -\frac{1}{2} \\ \wedge \quad 4b = -8 \end{vmatrix}$

$\Leftrightarrow \quad \begin{vmatrix} a = -\frac{1}{2} \\ \wedge \quad b = -2 \end{vmatrix}$

p: $y = -\frac{1}{2}x^2 - 2x + 5$ — Gesuchte Gleichung angeben

---

146 a) p: $y = x^2 - 8x + 20$ — Quadratisch ergänzen

$y = x^2 - 8x + 4^2 - 4^2 + 20$ — Binom erzeugen

$y = (x-4)^2 + 4$ — Scheitelpunktskoordinaten ablesen

also: $S(4\,|\,4)$

Koordinaten von A in die allgemeine Form *oder* in die Scheitelform einsetzen (Hier wird in die allgemeine Form eingesetzt.)

Hinweise und Tipps

b) $A(-1\,|\,5) \overset{?}{\in} p: 5 = (-1)^2 - 8(-1) + 20$

$\Leftrightarrow \quad 5 = 1 + 8 + 20$

$\Leftrightarrow \quad 5 = 29 \qquad (f)$

also: $A \notin p$

$B(2\,|\,8) \overset{?}{\in} p: 8 = (2-4)^2 + 4$

Koordinaten des Punktes B einsetzen (Hier wird in die Scheitelform eingesetzt.)

$\Leftrightarrow \quad 8 = (-2)^2 + 4$

$\Leftrightarrow \quad 8 = 4 + 4$

$\Leftrightarrow \quad 8 = 8 \qquad (w)$

also: $B \in p$

---

147 $a = -0{,}5$: $p: y = -0{,}5x^2 + bx + c$

Setze a = –0,5 in die allgemeine Form $y = ax^2 + bx + c$ ein.

$P(-3\,|\,5) \in p: 5 = -0{,}5(-3)^2 + b \cdot (-3) + c$

x- und y-Koordinaten des Punktes P einsetzen

$\Leftrightarrow \quad 5 = -4{,}5 - 3b + c$

Vereinfachen

$\Leftrightarrow \quad \mathbf{9{,}5 = -3b + c}$

$\wedge$

$Q(3\,|\,1) \in p: 1 = -0{,}5 \cdot 3^2 + b \cdot 3 + c$

x- und y-Koordinaten des Punktes Q einsetzen

$\Leftrightarrow \quad 1 = -4{,}5 + 3b + c$

$\Leftrightarrow \quad \mathbf{5{,}5 = 3b + c}$

$$\Leftrightarrow \left|\begin{array}{l} 9{,}5 = -3b + c \\ \wedge\ 5{,}5 = 3b + c \end{array}\right.$$

Gleichungssystem lösen: Hier empfiehlt sich das Gleichsetzungsverfahren.

$$\Leftrightarrow \left|\begin{array}{l} c = 9{,}5 + 3b \\ \wedge\ c = 5{,}5 - 3b \end{array}\right.$$

$$\Leftrightarrow \left|\begin{array}{l} 9{,}5 + 3b = 5{,}5 - 3b \quad (\mathrm{I} = \mathrm{II}) \\ \wedge\ c = 5{,}5 - 3b \end{array}\right.$$

Gleichung I nach b auflösen

$$\Leftrightarrow \left|\begin{array}{l} 6b = -4 \\ \wedge\ c = 5{,}5 - 3b \end{array}\right.$$

$$\Leftrightarrow \left|\begin{array}{l} b = -\frac{2}{3} \\ \wedge\ c = 7{,}5 \end{array}\right.$$

$b = -\frac{2}{3}$ einsetzen in $c = 5{,}5 - 3b$

$p: y = -\frac{1}{2}x^2 - \frac{2}{3}x + 7\frac{1}{2}$

Parabelgleichung p

Berechnung von S:

$p: y = -\frac{1}{2}x^2 - \frac{2}{3}x + 7\frac{1}{2}$

Faktor $-\frac{1}{2}$ ausklammern

$$y = -\frac{1}{2}\left[x^2 + \frac{4}{3}x + \left(\frac{2}{3}\right)^2 - \left(\frac{2}{3}\right)^2 - 15\right]$$

Quadratisch ergänzen
Binom bilden

$$y = -\frac{1}{2}\left[\left(x + \frac{2}{3}\right)^2 - 15\frac{4}{9}\right]$$

Ausmultiplizieren

$$y = -\frac{1}{2}\left(x + \frac{2}{3}\right)^2 + 7\frac{13}{18}$$

Aus der Scheitelform die Scheitelpunktskoordinaten ablesen

also: $S\left(-\frac{2}{3}\,\middle|\,7\frac{13}{18}\right)$

148

$|\overline{A_nB_n}| = (y_{B_n} - y_{A_n})$ LE

$|\overline{A_nB_n}|(x) = \left[x^2 - 5x + 7 - \left(-\frac{1}{2}x^2 + 3x - 5\right)\right]$ LE

$= \left[x^2 - 5x + 7 + \frac{1}{2}x^2 - 3x + 5\right]$ LE

$= \left(1\frac{1}{2}x^2 - 8x + 12\right)$ LE

Berechnung von $|\overline{A_1B_1}|$:

$|\overline{A_nB_n}|(x) = \left(1\frac{1}{2}x^2 - 8x + 12\right)$ LE

$= \frac{3}{2}\left[x^2 - 5\frac{1}{3}x + 8\right]$ LE

$= \frac{3}{2}\left[x^2 - 5\frac{1}{3}x + \left(2\frac{2}{3}\right)^2 - \left(2\frac{2}{3}\right)^2 + 8\right]$ LE

$= \frac{3}{2}\left[\left(x - 2\frac{2}{3}\right)^2 - \frac{64}{9} + \frac{72}{9}\right]$ LE

$= \left[\frac{3}{2}\left(x - 2\frac{2}{3}\right)^2 + 1\frac{1}{3}\right]$ LE

$|\overline{A_1B_1}| = 1\frac{1}{3}$ LE für $x = 2\frac{2}{3}$

$A_1 \in p_1$: $A_1\left(2\frac{2}{3} \,\middle|\, -\frac{1}{2}\left(2\frac{2}{3}\right)^2 + 3 \cdot 2\frac{2}{3} - 5\right) = A_1\left(2\frac{2}{3} \,\middle|\, -\frac{5}{9}\right)$

$B_1 \in p_2$: $B_1\left(2\frac{2}{3} \,\middle|\, \left(2\frac{2}{3}\right)^2 - 5 \cdot 2\frac{2}{3} + 7\right) = B_1\left(2\frac{2}{3} \,\middle|\, \frac{7}{9}\right)$

✎ Hinweise und Tipps

$y_{oben} - y_{unten}$

Da A_n und B_n die gleiche Abszisse haben, gilt für $|\overline{A_nB_n}|(x)$: Die y-Koordinaten sind durch die Funktionsgleichungen der Parabeln festgelegt.

Vereinfachen

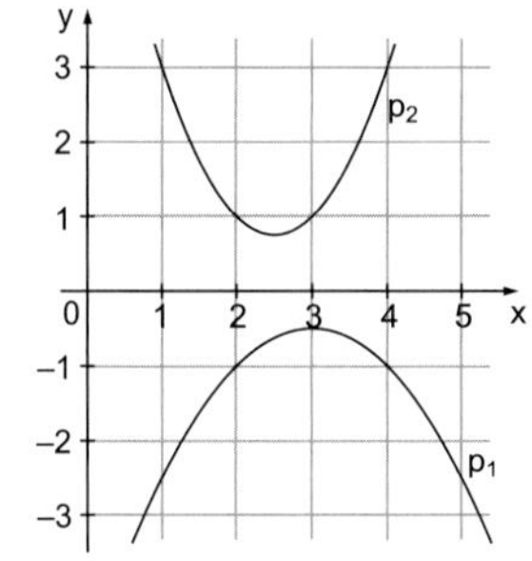

Faktor $\frac{3}{2}$ ausklammern

Quadratisch ergänzen

Binom bilden

Zusammenfassen und ausmultiplizieren

Minimale Streckenlänge und zugehörigen Wert von x angeben

Durch Einsetzen von $x = 2\frac{2}{3}$ in die Parabelgleichung p_1 für den Punkt A_1 bzw. in p_2 für B_1 erhält man die zugehörigen y-Koordinaten der Punkte A_1 und B_1.

149 a)

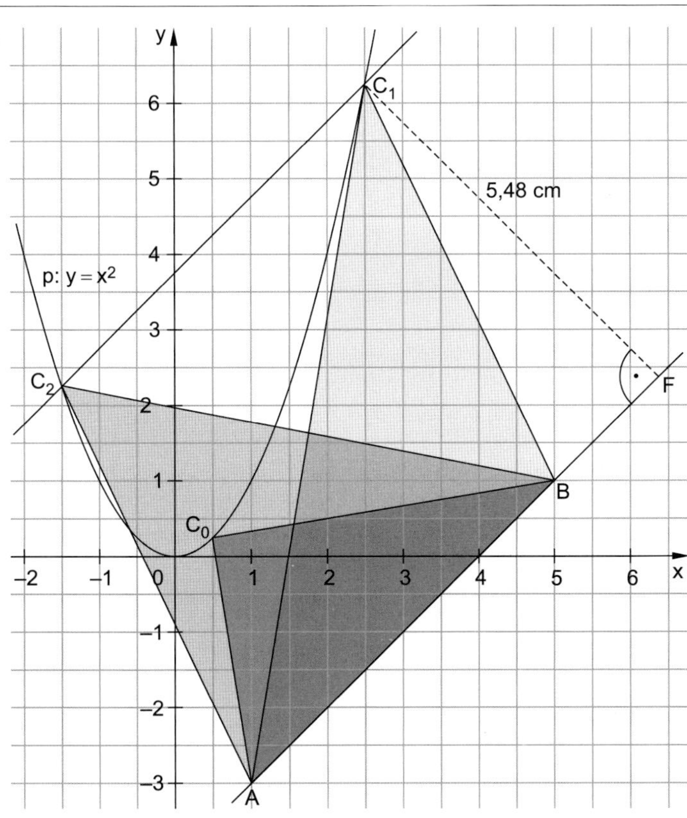

p: $y = x^2$

$C_1(2{,}5 \mid 2{,}5^2)$

$C_1(2{,}5 \mid 6{,}25)$

Hinweise und Tipps

b) $\overrightarrow{AB} = \begin{pmatrix} 5-1 \\ 1-(-3) \end{pmatrix} = \begin{pmatrix} 4 \\ 4 \end{pmatrix}$; $\overrightarrow{AC_n} = \begin{pmatrix} x-1 \\ x^2-(-3) \end{pmatrix} = \begin{pmatrix} x-1 \\ x^2+3 \end{pmatrix}$

Berechne zunächst die aufspannenden Vektoren zum Einsetzen in die Determinante.

Berechnung von $A_{\Delta ABC_n}(x)$:

$$A_{\Delta ABC_n}(x) = \frac{1}{2} \cdot \begin{vmatrix} 4 & x-1 \\ 4 & x^2+3 \end{vmatrix} \text{ FE}$$

$$A_{\Delta ABC_n}(x) = \frac{1}{2} \cdot [4 \cdot (x^2+3) - 4 \cdot (x-1)] \text{ FE}$$

$$A_{\Delta ABC_n}(x) = \frac{1}{2} \cdot [4x^2+12-4x+4] \text{ FE}$$

$$A_{\Delta ABC_n}(x) = \frac{1}{2} \cdot (4x^2-4x+16) \text{ FE}$$

$$A_{\Delta ABC_n}(x) = (2x^2-2x+8) \text{ FE}$$

Berechnung von $A_{\Delta ABC_1}$ für $x=2{,}5$:

$$A_{\Delta ABC_1} = (2 \cdot 2{,}5^2 - 2 \cdot 2{,}5 + 8) \text{ FE}$$

$$A_{\Delta ABC_1} = 15{,}5 \text{ FE}$$

c) Berechnung von A_{min}:

Bestimme den Extremwert durch quadratische Ergänzung.

$$A_{\Delta ABC_n}(x) = (2x^2-2x+8) \text{ FE}$$

$$A_{\Delta ABC_n}(x) = 2[x^2-x+4] \text{ FE}$$

$$A_{\Delta ABC_n}(x) = 2\left[x^2 - x + \left(\frac{1}{2}\right)^2 - \left(\frac{1}{2}\right)^2 + 4\right] \text{ FE}$$

$$A_{\Delta ABC_n}(x) = 2\left[\left(x-\frac{1}{2}\right)^2 - \frac{1}{4} + 4\right] \text{ FE}$$

$$A_{\Delta ABC_n}(x) = 2\left[\left(x-\frac{1}{2}\right)^2 + 3\frac{3}{4}\right] \text{ FE}$$

$$A_{\Delta ABC_n}(x) = \left[2\left(x-\frac{1}{2}\right)^2 + 7{,}5\right] \text{ FE}$$

$$A_{min} = 7{,}5 \text{ FE für } x = \frac{1}{2} \Rightarrow C_0\left(\frac{1}{2} \,\middle|\, \frac{1}{4}\right)$$

Einsetzen von $x = \frac{1}{2}$ in $y = x^2$

d) Der Abstand $|\overline{C_1F}|$ des Punktes C_1 zur Geraden AB entspricht der Höhe des Dreiecks ABC_1.

Berechnung von $|\overline{AB}|$:

$$\overrightarrow{AB} = \begin{pmatrix} 5-1 \\ 1-(-3) \end{pmatrix} = \begin{pmatrix} 4 \\ 4 \end{pmatrix}$$

$$|\overline{AB}| = \sqrt{4^2+4^2} \text{ LE} = \sqrt{32} \text{ LE} = 5{,}66 \text{ LE}$$

Berechnung von $|\overline{C_1F}|$ mithilfe der Flächenformel:

$$A_{\Delta ABC_1} = \frac{1}{2} \cdot g \cdot h$$

$$A_{\Delta ABC_1} = \frac{1}{2} \cdot |\overline{AB}| \cdot |\overline{C_1F}|$$

$$15{,}5 \text{ FE} = \frac{1}{2} \cdot 5{,}66 \text{ LE} \cdot |\overline{C_1F}| \quad |:2{,}83 \text{ LE}$$

$$|\overline{C_1F}| = 5{,}48 \text{ LE}$$

Der Abstand beträgt 5,48 LE.

✎ Hinweise und Tipps

e) Da $|\overline{AB}|$ konstant und der Flächeninhalt 15,5 FE vorgegeben ist, muss der Punkt C_2 auf einer Parallelen zu AB durch C_1 liegen, denn die Höhe des Dreiecks ABC_2 auf die Grundlinie $\overline{AB}$ muss ebenfalls 5,48 LE betragen! Der Schnittpunkt der Parallelen mit dem Parabelgraphen ist der gesuchte Punkt C_2.

---

150 a) Berechnung von p_1:

$a = \frac{1}{2}$: $\quad$ p: $y = \frac{1}{2}x^2 + bx + c$

$A(0|6) \in p_1$: $\quad 6 = \frac{1}{2} \cdot 0^2 + b \cdot 0 + c$

$\wedge$

$B(5|8{,}5) \in p_1$: $8{,}5 = \frac{1}{2} \cdot 5^2 + b \cdot 5 + c$

$\Leftrightarrow \quad c = 6 \quad \wedge \quad 8{,}5 = 12{,}5 + 5b + c$

$\Leftrightarrow \quad c = 6 \quad \wedge \quad 5b = -c - 4$

$\Leftrightarrow \quad c = 6 \quad \wedge \quad 5b = -10 \quad$ (I in II)

$\Leftrightarrow \quad c = 6 \quad \wedge \quad b = -2$

also: p_1: $y = \frac{1}{2}x^2 - 2x + 6$

Berechnung der Koordinaten von S_1:

p_1: $y = \frac{1}{2}x^2 - 2x + 6$

$y = \frac{1}{2}[x^2 - 4x + 12]$

$y = \frac{1}{2}[x^2 - 4x + 2^2 - 2^2 + 12]$

$y = \frac{1}{2}[(x-2)^2 + 8]$

$y = \frac{1}{2}(x-2)^2 + 4$

$S_1(2|4)$

b)

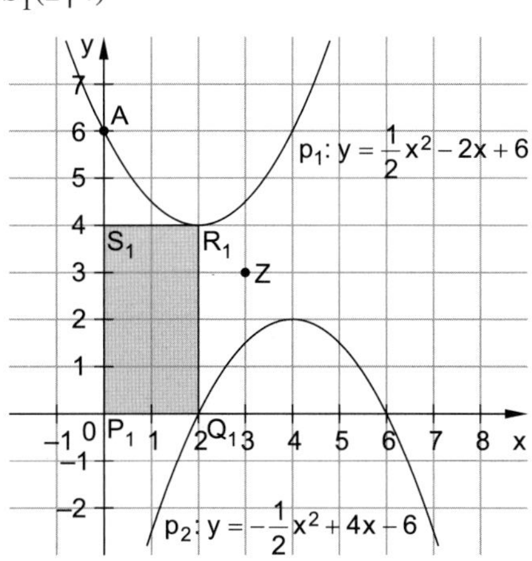

Hinweise und Tipps

c) Zeichnung siehe Teilaufgabe b

d) Berechnung von $|\overline{Q_nR_n}|(x)$:

$$|\overline{Q_nR_n}| = (y_{R_n} - y_{Q_n})\text{ LE}$$

$$|\overline{Q_nR_n}|(x) = \left[\frac{1}{2}x^2 - 2x + 6 - \left(-\frac{1}{2}x^2 + 4x - 6\right)\right]\text{ LE}$$

$$= \left[\frac{1}{2}x^2 - 2x + 6 + \frac{1}{2}x^2 - 4x + 6\right]\text{ LE}$$

$$= (x^2 - 6x + 12)\text{ LE}$$

Berechnung von u(x):

$$u(x) = 2\cdot(|\overline{P_nQ_n}|(x) + |\overline{Q_nR_n}|(x))\text{ LE}$$

$$u(x) = 2(x + x^2 - 6x + 12)\text{ LE}$$

$$u(x) = (2x^2 - 10x + 24)\text{ LE}$$

Die Länge von $\overline{P_nQ_n}$ entspricht der Abszisse von Q_n: $|\overline{P_nQ_n}|(x) = x$

e) $u(x) = (2x^2 - 10x + 24)\text{ LE}$

$$u(x) = 2[x^2 - 5x + 12]\text{ LE}$$

$$u(x) = 2\left[x^2 - 5x + 2{,}5^2 - 2{,}5^2 + 12\right]\text{ LE}$$

$$u(x) = 2\left[(x - 2{,}5)^2 - 6{,}25 + 12\right]\text{ LE}$$

$$u(x) = 2\left[(x - 2{,}5)^2 + 5{,}75\right]\text{ LE}$$

$$u(x) = \left[2(x - 2{,}5)^2 + 11{,}5\right]\text{ LE}$$

$u_{min} = 11{,}5$ LE für $x = 2{,}5$

3.2 Quadratische Gleichungen

151 a)

$$\sqrt{2}x^2 - \sqrt{72} = 0 \quad |+\sqrt{72}$$

Äquivalentes Umformen

$$\Leftrightarrow \quad \sqrt{2}x^2 = \sqrt{72} \quad \left|\cdot\frac{1}{\sqrt{2}}\right.$$

$$\Leftrightarrow \quad x^2 = \frac{\sqrt{72}}{\sqrt{2}}$$

Beachte: $\frac{\sqrt{a}}{\sqrt{b}} = \sqrt{\frac{a}{b}}$

$$\Leftrightarrow \quad x^2 = \sqrt{\frac{72}{2}}$$

$$\Leftrightarrow \quad x^2 = \sqrt{36}$$

$$\Leftrightarrow \quad x^2 = 6 \quad |\sqrt{\ }$$

Radizieren von Links- und Rechtsterm

$$\Leftrightarrow \quad |x| = \sqrt{6}$$

Es existieren zwei Zahlen mit dem Betrag $\sqrt{6}$. Darum ist $x = -\sqrt{6}$ *oder* (in Zeichen: $\vee$) $x = +\sqrt{6}$.

$$x_1 = -\sqrt{6} \quad \vee \quad x_2 = +\sqrt{6}$$

$$L = \{-\sqrt{6}; +\sqrt{6}\}$$

Lösungsmenge angeben

Hinweise und Tipps

b)
$$(x-3)(x+3)+(x-4)(x+4)=25$$ 3. binomische Formel

$$\Leftrightarrow x^2-9+x^2-16=25$$ Zusammenfassen

$$\Leftrightarrow 2x^2-25=25 \quad |+25$$ Äquivalent umformen

$$\Leftrightarrow 2x^2=50 \quad |\cdot\frac{1}{2}$$

$$\Leftrightarrow x^2=25 \quad |\sqrt{}$$ Radizieren von Links- und Rechtsterm

$$\Leftrightarrow |x|=\sqrt{25}$$

$$\Leftrightarrow |x|=5$$

$x_1=-5 \vee x_2=5$

$L=\{-5; 5\}$ Lösungsmenge angeben

c)
$$\frac{y-6}{y-5}=\frac{2y+8}{y+4}$$ „Überkreuz-Multiplikation"

$$\Leftrightarrow (y-6)\cdot(y+4)=(2y+8)\cdot(y-5)$$ Ausmultiplizieren

$$\Leftrightarrow y^2+4y-6y-24=2y^2-10y+8y-40$$ Zusammenfassen

$$\Leftrightarrow y^2-2y-24=2y^2-2y-40 \quad |-2y^2+2y$$ Äquivalent umformen

$$\Leftrightarrow -y^2-24=-40 \quad |+24$$

$$\Leftrightarrow -y^2=-16 \quad |\cdot(-1)$$

$$\Leftrightarrow y^2=16 \quad |\sqrt{}$$

$$\Leftrightarrow |y|=4$$

$(y_1=-4 \vee)\; y_2=4$ Für $y=-4$ ist der Bruchterm $\frac{2y+8}{y+4}$ nicht definiert.

$L=\{4\}$ (Die Division durch 0 ist nicht definiert.)

d)
$$\frac{5+3a}{a}=\frac{7a-7}{4a-9}$$ „Überkreuz-Multiplikation"

$$\Leftrightarrow (5+3a)(4a-9)=a(7a-7)$$ Ausmultiplizieren

$$\Leftrightarrow 20a-45+12a^2-27a=7a^2-7a$$ Zusammenfassen

$$\Leftrightarrow 12a^2-7a-45=7a^2-7a \quad |-7a^2+7a$$ Äquivalent umformen

$$\Leftrightarrow 5a^2-45=0 \quad |+45$$

$$\Leftrightarrow 5a^2=45 \quad |\cdot\frac{1}{5}$$

$$\Leftrightarrow a^2=9 \quad |\sqrt{}$$

$$\Leftrightarrow |a|=3$$

$a_1=-3 \vee a_2=3$

$L=\{-3; 3\}$

---

152 a)
$$\underbrace{1}_{a}x^2\underbrace{-\frac{1}{6}}_{b}x\underbrace{-\frac{7}{6}}_{c}=0$$ Wert der Diskriminante bestimmen

$$D=b^2-4ac$$

$$D=\left(-\frac{1}{6}\right)^2-4\cdot1\cdot\left(-\frac{7}{6}\right)$$

$$D=4\frac{25}{36}$$ Da $D>0$, existieren 2 Lösungselemente.

Hinweise und Tipps

$\Leftrightarrow \quad x_{1/2} = \dfrac{-b \pm \sqrt{D}}{2a}$ — Lösungsformel anwenden

$\Leftrightarrow \quad x_{1/2} = \dfrac{\frac{1}{6} \pm \sqrt{4\frac{25}{36}}}{2 \cdot 1}$

$\Leftrightarrow \quad x_{1/2} = \dfrac{\frac{1}{6} \pm \frac{13}{6}}{2 \cdot 1}$

$x_1 = 1\frac{1}{6} \quad \vee \quad x_2 = -1$

$L = \left\{-1; 1\frac{1}{6}\right\}$ — Lösungsmenge angeben

b) $3x - 65 = -2x^2 \quad | + 2x^2$ — Gleichung mittels Äquivalenzumformung auf die Form $ax^2 + bx + c = 0$ bringen

$\Leftrightarrow \quad \underbrace{2}_{a}x^2 + \underbrace{3}_{b}x \underbrace{- 65}_{c} = 0$

$D = b^2 - 4ac$ — Werte der Variablen a, b, c in die Diskriminante einsetzen

$D = 3^2 - 4 \cdot 2 \cdot (-65)$

$D = 529$

$\Leftrightarrow \quad x_{1/2} = \dfrac{-b \pm \sqrt{D}}{2a}$

$\Leftrightarrow \quad x_{1/2} = \dfrac{-3 \pm \sqrt{529}}{2 \cdot 2}$

$\Leftrightarrow \quad x_{1/2} = \dfrac{-3 \pm 23}{2 \cdot 2}$

$x_1 = 5 \quad \vee \quad x_2 = -6\frac{1}{2}$

$L = \left\{-6\frac{1}{2}; 5\right\}$ — Lösungsmenge angeben

c) $\frac{1}{2}y^2 + 7 = \frac{1}{4}(6 + y)^2 + 1$ — 1. binomische Formel

$\Leftrightarrow \quad \frac{1}{2}y^2 + 7 = \frac{1}{4}(36 + 12y + y^2) + 1$ — Ausmultiplizieren: Klammer auflösen

$\Leftrightarrow \quad \frac{1}{2}y^2 + 7 = 9 + 3y + \frac{1}{4}y^2 + 1$

$\Leftrightarrow \quad \frac{1}{2}y^2 + 7 = \frac{1}{4}y^2 + 3y + 10 \quad \left| -\frac{1}{4}y^2 - 3y - 10\right.$ — Gleichung mittels Äquivalenzumformung auf die Form $ax^2 + bx + c = 0$ bringen

$\Leftrightarrow \quad \underbrace{\frac{1}{4}}_{a}y^2 \underbrace{- 3}_{b}y \underbrace{- 3}_{c} = 0$

$D = b^2 - 4ac$

$D = (-3)^2 - 4 \cdot \frac{1}{4} \cdot (-3)$

$D = 9 + 3$

$D = 12$ — Da $D > 0$, gibt es (vorläufig) zwei Lösungen y_1 und y_2.

Hinweise und Tipps

$\Leftrightarrow \quad y_{1/2} = \frac{-b \pm \sqrt{D}}{2a}$

$\Leftrightarrow \quad y_{1/2} = \frac{3 \pm \sqrt{12}}{2 \cdot \frac{1}{4}}$

$\Leftrightarrow \quad y_{1/2} = \frac{3 \pm 2\sqrt{3}}{\frac{1}{2}}$

$(y_1 = 12{,}93 \quad \vee) \quad y_2 = -0{,}93$

$L = \{-0{,}93\}$

Bedingung (Grundmenge) $y < 10$ beachten! Die Lösungsmenge enthält nur das Lösungselement $-0{,}93$.

d) $\frac{1}{4}(x-7)^2 = \frac{1}{2}x - 3\frac{3}{4}$

2. binomische Formel anwenden

$\Leftrightarrow \quad \frac{1}{4}(x^2 - 14x + 49) = \frac{1}{2}x - 3\frac{3}{4}$

Klammer auflösen

$\Leftrightarrow \quad \frac{1}{4}x^2 - 3\frac{1}{2}x + 12\frac{1}{4} = \frac{1}{2}x - 3\frac{3}{4} \quad \left| -\frac{1}{2}x + 3\frac{3}{4}\right.$

Die Gleichung mittels Äquivalenzumformung auf die Form $ax^2 + bx + c = 0$ bringen

$\Leftrightarrow \quad \underbrace{\frac{1}{4}}_{a}x^2 \underbrace{-4}_{b}x + \underbrace{16}_{c} = 0$

$D = b^2 - 4ac$

$D = (-4)^2 - 4 \cdot \frac{1}{4} \cdot 16$

$D = 16 - 16$

$D = 0$

Da $D = 0$, besitzt die Gleichung nur eine Lösung.

$\Leftrightarrow \quad x = \frac{-b}{2a}$

$\Leftrightarrow \quad x = \frac{4}{2 \cdot \frac{1}{4}}$

$\Leftrightarrow \quad x = \frac{4}{\frac{1}{2}}$

$\Leftrightarrow \quad x = 8$

$L = \{8\}$

e) $-(4+x) = \frac{10}{2x} \quad | \cdot 2x$

Auf die Form $ax^2 + bx + c = 0$ bringen

$\Leftrightarrow \quad -2x(4+x) = 10$

$\Leftrightarrow \quad -8x - 2x^2 = 10 \quad | -10$

$\Leftrightarrow \quad -2x^2 - 8x - 10 = 0$

$D = b^2 - 4ac$

$D = (-8)^2 - 4 \cdot (-2) \cdot (-10)$

$D = 64 - 80$

$D = -16$

$L = \varnothing$

Da $D < 0$, gibt es keine Lösung.

Hinweise und Tipps

153 Länge der kürzeren Seite: x cm
Länge der längeren Seite: (x+5) cm

Flächeninhalt des Rechtecks in Abhängigkeit von x:
$A(x) = x \cdot (x+5)\ cm^2$

Flächeninhalt des Rechtecks gemäß Angabe:
$A = 104\ cm^2$

Gleichsetzen der Flächeninhalte:

$$x \cdot (x+5)\ cm^2 = 104\ cm^2 \quad \Big| \cdot \frac{1}{cm^2}$$

Beseitigen der Maßeinheiten

$$\Leftrightarrow \quad x^2 + 5x = 104 \quad | -104$$
$$\Leftrightarrow \quad x^2 + 5x - 104 = 0$$

$D = b^2 - 4ac$
$D = 5^2 - 4 \cdot 1 \cdot (-104)$
$D = 25 + 416$
$D = 441$

Da $D > 0$, gibt es (vorläufig) zwei Lösungen x_1 und x_2.

$$\Leftrightarrow \quad x_{1/2} = \frac{-b \pm \sqrt{D}}{2a}$$
$$\Leftrightarrow \quad x_{1/2} = \frac{-5 \pm \sqrt{441}}{2 \cdot 1}$$
$$\Leftrightarrow \quad x_{1/2} = \frac{-5 \pm 21}{2}$$

$x_1 = 8 \quad (\vee \quad x_2 = -13)$
$L = \{8\}$
Die Seiten sind 8 cm bzw. 13 cm lang.

Die Lösung $x = -13$ ist bei einer gesuchten Seitenlänge nicht sinnvoll.
Die Lösungsmenge enthält nur das Lösungselement $x_1 = 8$.

---

154 Längere Seite: 21 m
Kürzere Seite: 8 m

Verkürzen der längeren Seite um x m: (21 – x) m
Verlängern der kürzeren Seite um x m: (8 + x) m

Flächeninhalt des veränderten Rechtecks in Abhängigkeit von x:
$A(x) = (21 - x) \cdot (8 + x)\ m^2$
$A(x) = (168 + 21x - 8x - x^2)\ m^2$
$A(x) = (-x^2 + 13x + 168)\ m^2$

Flächeninhalt gemäß Angabe:
$A = 210\ m^2$

Gleichsetzen der Flächeninhalte:

$$(-x^2 + 13x + 168)\ m^2 = 210\ m^2 \quad \Big| \cdot \frac{1}{m^2}$$
$$\Leftrightarrow \quad -x^2 + 13x + 168 = 210 \quad | -210$$
$$\Leftrightarrow \quad -x^2 + 13x - 42 = 0$$

$D = b^2 - 4ac$
$D = 13^2 - 4 \cdot (-1) \cdot (-42)$
$D = 169 - 168$
$D = 1$

Hinweise und Tipps

$\Leftrightarrow \quad x_{1/2} = \frac{-b \pm \sqrt{D}}{2a}$

$\Leftrightarrow \quad x_{1/2} = \frac{-13 \pm \sqrt{1}}{2 \cdot (-1)}$

$\Leftrightarrow \quad x_{1/2} = \frac{-13 \pm 1}{-2}$

$x_1 = 6 \quad \vee \quad x_2 = 7$

$L = \{6; 7\}$

Berechnung der Seitenlängen:
$21\text{ m} - 6\text{ m} = 15\text{ m}; \quad 8\text{ m} + 6\text{ m} = 14\text{ m}$
und
$21\text{ m} - 7\text{ m} = 14\text{ m}; \quad 8\text{ m} + 7\text{ m} = 15\text{ m}$

Das Rechteck hat die Seitenlängen 14 m und 15 m.

---

155 a) $-\frac{1}{2}x^2 + 2x - 2 = 0$

Der y-Wert wird gleich null gesetzt.

$D = b^2 - 4ac$

$D = 2^2 - 4 \cdot \left(-\frac{1}{2}\right) \cdot (-2)$

$D = 4 - 4$

$D = 0$

Da $D = 0$ ist, hat die Gleichung nur eine Lösung, folglich hat die Parabel nur eine Nullstelle.

$\Leftrightarrow \quad x = \frac{-b \pm \sqrt{D}}{2a}$

$\Leftrightarrow \quad x = \frac{-2}{2 \cdot \left(-\frac{1}{2}\right)}$

$\Leftrightarrow \quad x = \frac{-2}{-1}$

$\Leftrightarrow \quad x = 2$

$L = \{2\} \quad N(2\,|\,0)$

Die Nullstelle hat den Wert $x = 2$.

b) $-\frac{1}{4}x^2 + \frac{1}{2}x - 3\frac{1}{4} = 0$

$D = b^2 - 4ac$

$D = \left(\frac{1}{2}\right)^2 - 4 \cdot \left(-\frac{1}{4}\right) \cdot \left(-3\frac{1}{4}\right)$

$D = \frac{1}{4} - 3\frac{1}{4}$

$D = -3$

$L = \varnothing$

Da $D < 0$ gilt, hat die Parabel keine Nullstelle.

✎ Hinweise und Tipps

c) $-\frac{1}{8}x^2+x=0$

$D=b^2-4ac$

$D=1^2-4\cdot\left(-\frac{1}{8}\right)\cdot 0$

$D=1$

$\Leftrightarrow\quad x_{1/2}=\frac{-b\pm\sqrt{D}}{2a}$

$\Leftrightarrow\quad x_{1/2}=\frac{-1\pm 1}{2\cdot\left(-\frac{1}{8}\right)}$

$x_1=0\ \vee\ x_2=8$

$L=\{0;8\}\quad N_1(0\,|\,0)\quad N_2(8\,|\,0)$

Da $D>0$ gilt, hat die Parabel zwei Nullstellen x_1 und x_2.

---

156 Schnittpunktbedingung:

$$\begin{array}{l|l} p: & y=\frac{1}{2}x^2-3x+2\frac{1}{2} \\ g: & \wedge\ y=\frac{1}{2}x-3\frac{5}{8} \end{array}$$

Gleichungssystem aufstellen

$\Rightarrow\quad \frac{1}{2}x^2-3x+2\frac{1}{2}=\frac{1}{2}x-3\frac{5}{8}\quad (\mathrm{I}=\mathrm{II})\quad \left|-\frac{1}{2}x+3\frac{5}{8}\right.$

Gleichsetzen der Funktionsterme

$\Leftrightarrow\quad \frac{1}{2}x^2-3\frac{1}{2}x+6\frac{1}{8}=0$

In die allgemeine Form bringen

$D=b^2-4ac$

Diskriminantenwert bestimmen

$D=\left(-3\frac{1}{2}\right)^2-4\cdot\frac{1}{2}\cdot 6\frac{1}{8}$

$D=\frac{49}{4}-12\frac{1}{4}$

$D=0$

Da $D=0$, hat die Gleichung nur eine Lösung, folglich ist g Tangente an p.

Berechne die Koordinaten des Berührpunktes B.

$\Leftrightarrow\quad x=\frac{-b}{2a}$

$\Leftrightarrow\quad x=\frac{3\frac{1}{2}}{2\cdot\frac{1}{2}}$

$\Leftrightarrow\quad x=3\frac{1}{2}$

$L=\left\{3\frac{1}{2}\right\}$

Wegen $D=0$ haben die Gerade g und die Parabel p genau den Berührpunkt

$B\left(\mathbf{3\frac{1}{2}}\,\middle|\,\frac{1}{2}\cdot\mathbf{3\frac{1}{2}}-3\frac{5}{8}\right)=B\left(3\frac{1}{2}\,\middle|\,-1\frac{7}{8}\right)$

gemeinsam.

Berechnung der y-Koordinate von B:
Setze den x-Wert $3\frac{1}{2}$ in die einfacher zu berechnende Funktionsgleichung ein (gewöhnlich ist dies die Geradengleichung).

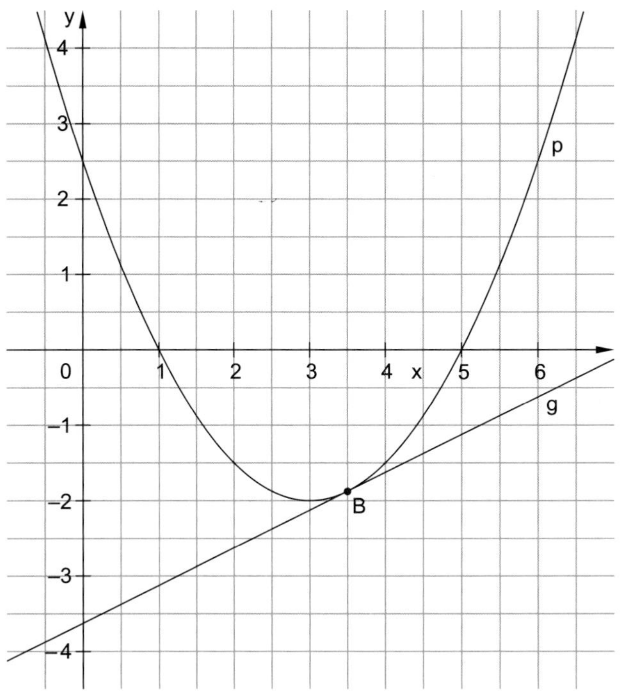

Hinweise und Tipps

Die Parabel p und die Gerade g haben einen Berührpunkt, also ist g eine Tangente an die Parabel p.

157 Schnittpunktbedingung:

$$\begin{array}{ll} p: & y = -\frac{1}{4}x^2 + \frac{1}{2}x + 5 \\ g: & \wedge\ y = \frac{1}{2}x + 4 \end{array}$$

Gleichungssystem aufstellen

$$\Rightarrow \quad -\frac{1}{4}x^2 + \frac{1}{2}x + 5 = \frac{1}{2}x + 4 \quad (I = II) \quad \left| -\frac{1}{2}x - 4 \right.$$

Gleichsetzen der Funktionsterme

$$\Leftrightarrow \quad -\frac{1}{4}x^2 + 1 = 0 \quad | -1$$

Es liegt hier eine reinquadratische Gleichung vor, die auch ohne Lösungsformel gelöst werden kann.

$$\Leftrightarrow \quad -\frac{1}{4}x^2 = -1 \quad \left| \cdot\left(-\frac{4}{1}\right) \right.$$

$$\Leftrightarrow \quad x^2 = 4 \quad | \sqrt{\ }$$

$$\Leftrightarrow \quad |x| = 2$$

$x_1 = -2 \quad \vee \quad x_2 = 2$

$L = \{-2; 2\}$

$$S_1\left(\mathbf{-2} \,\middle|\, \frac{1}{2}\cdot(\mathbf{-2}) + 4\right) = S_1(-2\,|\,3)$$

$$S_2\left(\mathbf{2} \,\middle|\, \frac{1}{2}\cdot \mathbf{2} + 4\right) = S_2(2\,|\,5)$$

Berechnung der y-Koordinaten:
Setze die x-Werte in die einfacher zu berechnende Funktionsgleichung ein (gewöhnlich ist dies die Geradengleichung).

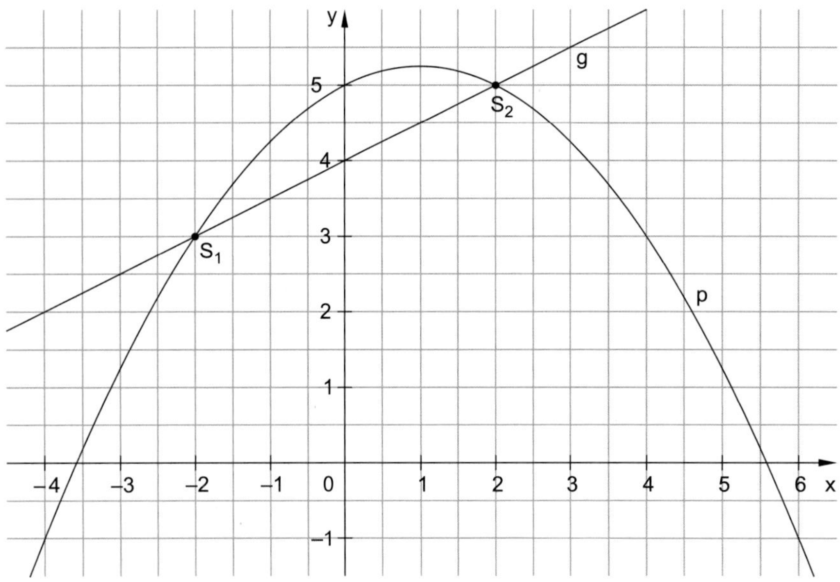

Hinweise und Tipps

Die Parabel p und die Gerade g haben zwei Schnittpunkte, also ist g eine Sekante bzgl. der Parabel p.

---

158 Schnittpunktbedingung:

$$\begin{array}{l|l} p: & y = -(x+6)^2 + 3 \\ g: & \wedge\ y = \frac{1}{3}x + 6 \end{array}$$

Gleichungssystem aufstellen

$$\Rightarrow \quad -(x+6)^2 + 3 = \frac{1}{3}x + 6 \quad (\mathrm{I} = \mathrm{II})$$

Gleichsetzen der Funktionsterme
Anwendung der 2. binomischen Formel

$$\Leftrightarrow \quad -(x^2 + 12x + 36) + 3 = \frac{1}{3}x + 6$$

Beachte: Steht ein Minuszeichen vor der Klammer, so …

$$\Leftrightarrow \quad -x^2 - 12x - 36 + 3 = \frac{1}{3}x + 6 \quad \left| -\frac{1}{3}x - 6\right.$$

In die allgemeine Form bringen

$$\Leftrightarrow \quad -x^2 - 12\frac{1}{3}x - 39 = 0$$

$D = b^2 - 4ac$

Diskriminantenwert berechnen

$$D = \left(-12\frac{1}{3}\right)^2 - 4 \cdot (-1) \cdot (-39)$$

$$D = \frac{1\,369}{9} - 156$$

$$D = 152\frac{1}{9} - 156$$

$$D = -3\frac{8}{9}$$

Da $D < 0$, haben die Gerade g und die Parabel p keinen Schnitt- bzw. Berührpunkt gemeinsam; g ist also eine Passante bzgl. p.

$L = \varnothing$

Wegen $D < 0$ haben die Gerade g und die Parabel p keinen Punkt gemeinsam.

Hinweise und Tipps

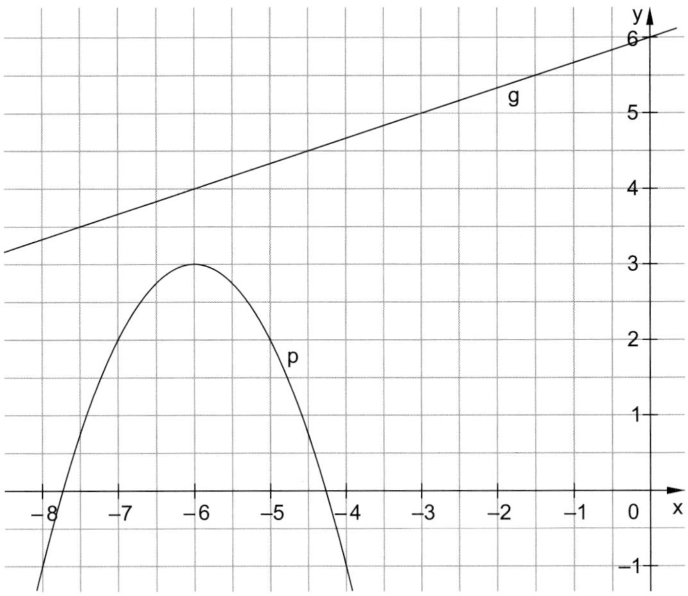

159 Schnittpunktbedingung:

$$\begin{array}{l|l} p_1: & y = -\frac{1}{4}x^2 - \frac{1}{2}x - 1 \\ p_2: & \wedge\ y = -x^2 + 2x - 5 \end{array}$$

$\Rightarrow \quad -\frac{1}{4}x^2 - \frac{1}{2}x - 1 = -x^2 + 2x - 5 \quad (\mathrm{I} = \mathrm{II}) \quad | + x^2 - 2x + 5$

$\Leftrightarrow \quad \frac{3}{4}x^2 - \frac{5}{2}x + 4 = 0$

$D = b^2 - 4ac$

$D = \left(-\frac{5}{2}\right)^2 - 4 \cdot \frac{3}{4} \cdot 4$

$D = -5\frac{3}{4}$

$L = \varnothing$

Wegen $D < 0$ schneiden (und berühren) sich die Parabeln nicht.

160 Schnittpunktbedingung:

$$\begin{array}{l|l} p_1: & y = \frac{1}{2}x^2 - \frac{1}{2}x - 2 \\ p_2: & \wedge\ y = -x^2 + 4x + 4 \end{array}$$

$\Rightarrow \quad \frac{1}{2}x^2 - \frac{1}{2}x - 2 = -x^2 + 4x + 4 \quad (\mathrm{I} = \mathrm{II}) \quad | + x^2 - 4x - 4$

$\Leftrightarrow \quad \frac{3}{2}x^2 - \frac{9}{2}x - 6 = 0$

$D = b^2 - 4ac$

$D = \left(-\frac{9}{2}\right)^2 - 4 \cdot \frac{3}{2} \cdot (-6)$

$D = 20,25 + 36$

$D = 56,25$

Hinweise und Tipps

$\Leftrightarrow \quad x_{1/2} = \dfrac{-b \pm \sqrt{D}}{2a}$

$\Leftrightarrow \quad x_{1/2} = \dfrac{\frac{9}{2} \pm \sqrt{56,25}}{2 \cdot \frac{3}{2}}$

$\Leftrightarrow \quad x_{1/2} = \dfrac{\frac{9}{2} \pm 7,5}{3}$

$x_1 = 4 \quad \vee \quad x_2 = -1$

$L = \{-1; 4\}$

$S_1(\mathbf{4} \mid -\mathbf{4}^2 + 4 \cdot \mathbf{4} + 4) = S_1(4 \mid 4)$

$S_2(\mathbf{-1} \mid -(\mathbf{-1})^2 + 4 \cdot (\mathbf{-1}) + 4) = S_2(-1 \mid -1)$

---

161 Schnittpunktbedingung:

$p_1: \quad y = -\frac{3}{2}x^2 + 9x - 8\frac{1}{2}$

$p_2: \quad \wedge \; y = \frac{2}{3}x^2 - 4x + 11$

$\Rightarrow \quad -\frac{3}{2}x^2 + 9x - 8\frac{1}{2} = \frac{2}{3}x^2 - 4x + 11 \quad (\mathrm{I} = \mathrm{II}) \quad \Big| -\frac{2}{3}x^2 + 4x - 11$

$\Leftrightarrow \quad -\frac{13}{6}x^2 + 13x - 19,5 = 0$

$D = b^2 - 4ac$

$D = 13^2 - 4 \cdot \left(-\frac{13}{6}\right) \cdot (-19,5)$ — Kürze.

$D = 13^2 - 169$

$D = 0$

$\Leftrightarrow \quad x = \dfrac{-b}{2a}$

$\Leftrightarrow \quad x = \dfrac{-13}{2 \cdot \left(-\frac{13}{6}\right)}$

$\Leftrightarrow \quad x = 3$

$L = \{3\}$

$B\left(\mathbf{3} \;\middle|\; \frac{2}{3} \cdot \mathbf{3}^2 - 4 \cdot \mathbf{3} + 11\right) = B(3 \mid 5)$

---

162 a) Berechnung von S_2:

$p_2: \; y = \frac{1}{4}x^2 - x + 5$ — Bringe in die Scheitelform.

$y = \frac{1}{4}[x^2 - 4x + 20]$

$y = \frac{1}{4}[x^2 - 4x + 2^2 - 2^2 + 20]$

$y = \frac{1}{4}[(x-2)^2 + 16]$

$y = \frac{1}{4}(x-2)^2 + 4$

$S_2(2 \mid 4)$

Hinweise und Tipps

Ablesen von S_1:
$S_1(4|2)$

p_1 ist bereits in der Scheitelform gegeben.

$p_1\colon\ y = -(x-4)^2 + 2$
$y = -(x^2 - 8x + 16) + 2$
$y = -x^2 + 8x - 16 + 2$
$y = -x^2 + 8x - 14$

b)

x	2	3	4	5	6
p_1: $y = -(x-4)^2 + 2$	−2	1	2	1	−2

x	−1	0	1	2	3	4	5
p_2: $y = \frac{1}{4}x^2 - x + 5$	6,25	5	4,25	4	4,25	5	6,25

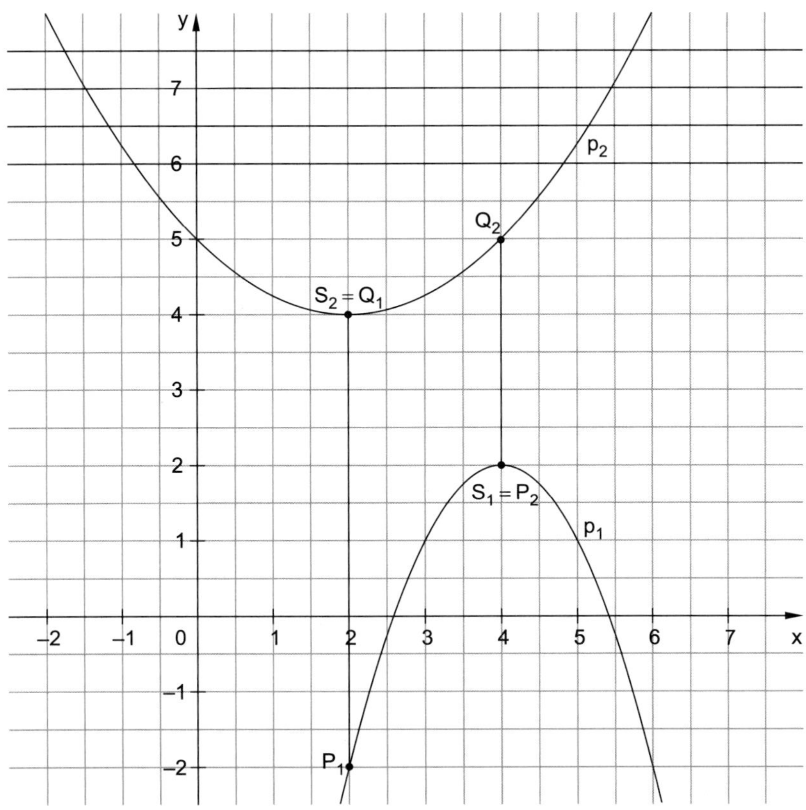

c) Siehe Zeichnung in Teilaufgabe b

d) $|\overline{P_nQ_n}|(x) = (y_{Q_n} - y_{P_n})$ LE

$= \left[\frac{1}{4}x^2 - x + 5 - (-x^2 + 8x - 14)\right]$ LE

Benutze die allgemeine Form von p_1.

$= \left[\frac{1}{4}x^2 - x + 5 + x^2 - 8x + 14\right]$ LE

$= \left(\frac{5}{4}x^2 - 9x + 19\right)$ LE

$= \left(1\frac{1}{4}x^2 - 9x + 19\right)$ LE

Hinweise und Tipps

e) $|\overline{P_nQ_n}|(x) = (1{,}25x^2 - 9x + 19)$ LE

$= 1{,}25[x^2 - 7{,}2x + 15{,}2]$ LE

$= 1{,}25[x^2 - 7{,}2x + (3{,}6)^2 - (3{,}6)^2 + 15{,}2]$ LE

$= 1{,}25[(x - 3{,}6)^2 - 12{,}96 + 15{,}2]$ LE

$= 1{,}25[x - 3{,}6)^2 + 2{,}24]$ LE

$= [1{,}25x - 3{,}6)^2 + 2{,}8]$ LE

$|\overline{P_0Q_0}| = 2{,}8$ LE für $x = 3{,}6$

$P_0(\mathbf{3{,}6} \,|\, -\mathbf{3{,}6}^2 + 8 \cdot \mathbf{3{,}6} - 14) = P_0(3{,}6 \,|\, 1{,}84)$

$Q_0\left(\mathbf{3{,}6} \,\middle|\, \frac{1}{4} \cdot \mathbf{3{,}6}^2 - \mathbf{3{,}6} + 5\right) = Q_0(3{,}6 \,|\, 4{,}64)$

3.3 Exponentialfunktionen und Logarithmen

163 a)

x	−3	−2	−1	0	1	2	3
$y = 2^x$	0,13	0,25	0,50	1	2	4	8

x	−3	−2	−1	0	1	2	3
$y = \left(\frac{1}{2}\right)^x$	8	4	2	1	0,50	0,25	0,13

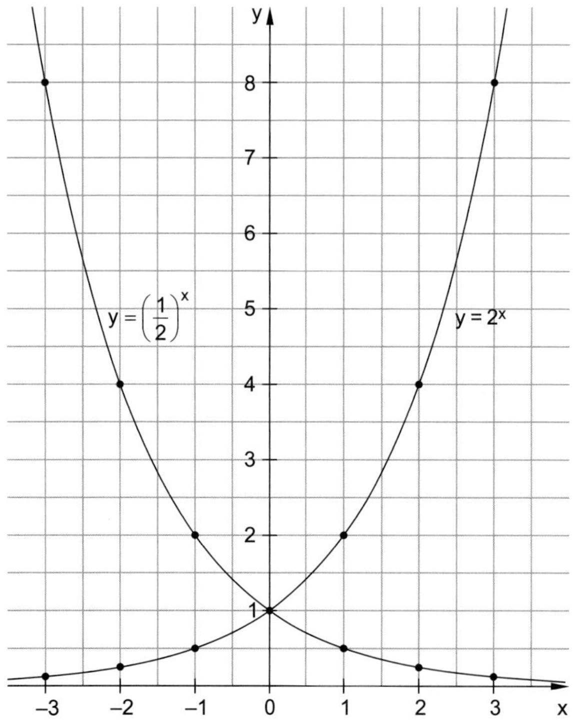

Die beiden Graphen können durch Achsenspiegelung an der y-Achse aufeinander abgebildet werden.

b)

x	−2,0	−1,5	−1,0	−0,5	0,0	0,5	1,0	1,5
$y = 1{,}2 \cdot 3^x$	0,13	0,23	0,40	0,69	1,20	2,08	3,60	6,24

x	−2,0	−1,5	−1,0	−0,5	0,0	0,5	1,0	1,5
$y = -2 \cdot 0{,}5^x$	−8	−5,66	−4	−2,83	−2	−1,41	−1	−0,71

Hinweise und Tipps

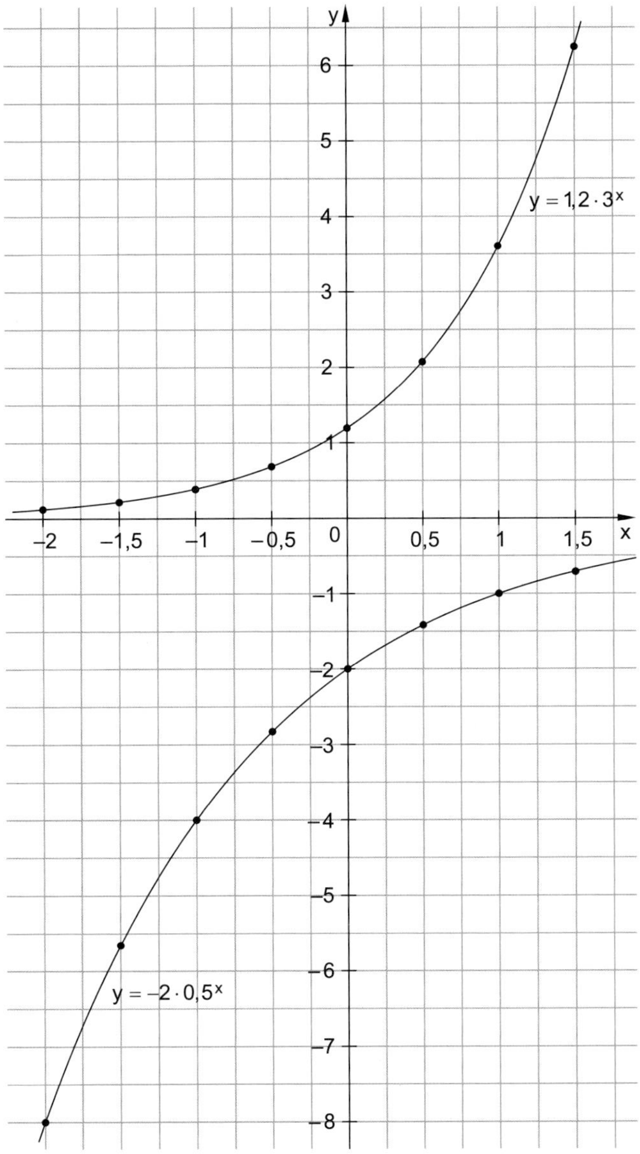

164 a) $A(0\,|\,0{,}125) \in f$: $\quad y = k \cdot a^x$

$\Leftrightarrow \quad 0{,}125 = k \cdot a^0$

$\Leftrightarrow \quad 0{,}125 = k \cdot 1$

$\Leftrightarrow \quad k = 0{,}125$

Setze die Koordinaten des Schnittpunktes A mit der y-Achse in die allgemeine Funktionsgleichung $y = k \cdot a^x$ ein und ermittle den Wert von k. Beachte: $a^0 = 1$

$B(2\,|\,18) \in f$: $\quad y = 0{,}125 \cdot a^x$

$\Leftrightarrow \quad 18 = 0{,}125 \cdot a^2 \quad | \cdot 8$

$\Leftrightarrow \quad a^2 = 144 \quad | \sqrt{\ }$

$\Rightarrow \quad a = 12$

Setze die Koordinaten des Punktes B in die Funktionsgleichung mit dem jetzt bekannten Wert für k ein.

Radiziere.

also: f: $y = 0{,}125 \cdot 12^x$

Funktionsgleichung angeben

b) $B(0\,|\,2{,}5) \in f:\quad y = k \cdot a^x$

$\Leftrightarrow\quad 2{,}5 = k \cdot a^0$

$\Leftrightarrow\quad 2{,}5 = k \cdot 1$

$\Leftrightarrow\quad k = 2{,}5$

$A(-2\,|\,10) \in f:\quad y = 2{,}5 \cdot a^x$

$\Leftrightarrow\quad 10 = \frac{5}{2} \cdot a^{-2} \qquad \left|\cdot \frac{2}{5}\right.$

$\Leftrightarrow\quad a^{-2} = 4$

$\Leftrightarrow\quad \frac{1}{a^2} = 4 \qquad |\cdot a^2$

$\Leftrightarrow\quad 4a^2 = 1 \qquad \left|\cdot \frac{1}{4}\right.$

$\Leftrightarrow\quad a^2 = \frac{1}{4} \qquad |\sqrt{\ }$

$\Rightarrow\quad a = \frac{1}{2}$

also: f: $y = 2{,}5 \cdot 0{,}5^x$

Hinweise und Tipps

Setze zuerst die Koordinaten des Schnittpunktes B mit der y-Achse in die allgemeine Funktionsgleichung $y = k \cdot a^x$ ein und ermittle den Wert von k.
Beachte: $a^0 = 1$

Setze die Koordinaten des Punktes A in die Funktionsgleichung mit dem jetzt bekannten Wert für k ein.

Löse nach a auf ($a^{-2} = \frac{1}{a^2}$).

Radiziere.

Funktionsgleichung angeben

---

165 a)

x	–1	0	1	2	3	4	5
$y = 175 \cdot 1{,}4^x$	125	175	245	343	480,2	672,28	941,19

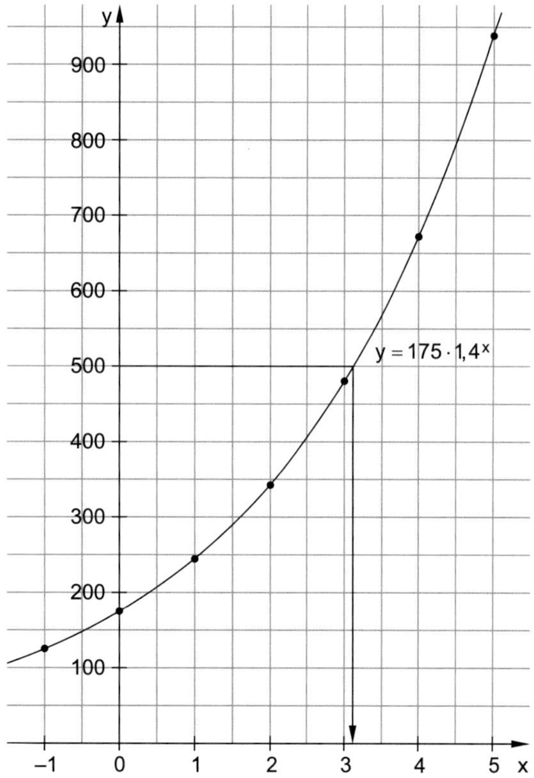

b) Aus der Zeichnung liest man für $y = 500$ den ungefähren Wert $x = 3{,}1$ ab.

Hinweise und Tipps

c) f: $y = 175 \cdot 1{,}4^x$
$y = 175 \cdot 1{,}4^{2,5}$
$y = 405{,}84$

Einsetzen des Wertes von x
Beachte (auch bei der Taschenrechnereingabe): Potenz vor Punkt

---

166 $\log_5 12$ ist die Zahl, mit der 5 potenziert werden muss, um 12 zu erhalten: $5^{\log_5 12} = 12$

167
a) $\log_2 16 = 4$ da $2^4 = 16$
b) $\log_4 256 = 4$ da $4^4 = 256$
c) $\log_8 \frac{1}{64} = -2$ da $8^{-2} = \frac{1}{64}$
d) $\log_2 \frac{1}{8} = -3$ da $2^{-3} = \frac{1}{8}$
e) $\log_2 0$ nicht definiert! — Für alle $x \in \mathbb{R}$ gilt: $2^x > 0$
f) $\log_5 1 = 0$ da $5^0 = 1$

168
a) $\log_{10} 10\,000 = 4$ da $10^4 = 10\,000$
$L = \{10\,000\}$
b) $\log_2 32 = 5$ da $2^5 = 32$
$L = \{32\}$
c) $\log_6 216 = 3$ da $6^3 = 216$
$L = \{216\}$
d) $\log_8 1 = 0$ da $8^0 = 1$
$L = \{1\}$
e) $\log_{0,5} 0{,}25 = 2$ da $0{,}5^2 = 0{,}25$
$L = \{0{,}25\}$
f) $\log_{\frac{3}{2}} \frac{4}{9} = -2$ da $\left(\frac{3}{2}\right)^{-2} = \frac{4}{9}$
$L = \left\{\frac{4}{9}\right\}$

169
a) $\log_5 125 = 3$ da $5^3 = 125$
b) $\log_{\frac{2}{3}} \frac{4}{9} = 2$ da $\left(\frac{2}{3}\right)^2 = \frac{4}{9}$
c) $\log_{\sqrt{2}} 2 = 2$ da $\sqrt{2}^2 = 2$
d) $\log_{\sqrt{3}} 9 = 4$ da $\sqrt{3}^4 = 9$
e) $\log_5 \frac{1}{5} = -1$ da $5^{-1} = \frac{1}{5}$

Hinweise und Tipps

f) $\log_2 \frac{1}{32} = -5$ da $2^{-5} = \frac{1}{32}$

---

170 a) $\lg 5 = 0{,}699$ Probe: $10^{0{,}699} = 5{,}000$

b) $\lg 12 = 1{,}079$ Probe: $10^{1{,}079} = 11{,}995$

c) $\lg \frac{4}{5} = -0{,}097$ Probe: $10^{-0{,}097} = 0{,}800$

d) $\lg 23{,}45 = 1{,}370$ Probe: $10^{1{,}370} = 23{,}442$

e) $\lg 10 = 1$ Probe: $10^1 = 10$ Klar!

---

171 a)
$\lg x = 0{,}125$
$\Leftrightarrow \quad x = 10^{0{,}125}$
$\Leftrightarrow \quad x = 1{,}334$
$L = \{1{,}334\}$
Probe: $\lg 1{,}334 = 0{,}125$

b)
$\lg x = -2{,}5$
$\Leftrightarrow \quad x = 10^{-2{,}5}$
$\Leftrightarrow \quad x = 0{,}003$
$L = \{0{,}003\}$
Probe: $\lg 0{,}003 = -2{,}523$

c)
$\lg x = \frac{3}{4}$
$\Leftrightarrow \quad x = 10^{\frac{3}{4}}$
$\Leftrightarrow \quad x = 5{,}623$
$L = \{5{,}623\}$
Probe: $\lg 5{,}623 = 0{,}750 = \frac{3}{4}$

---

172 a) $\log_2 3 = \frac{\lg 3}{\lg 2} = 1{,}58$ ETR: [LOG] [3] [÷] [LOG] [2] [=]

b) $\log_3 \sqrt{8} = \frac{\lg \sqrt{8}}{\lg 3} = 0{,}95$ ETR: [LOG] [SHIFT] [√] [8] [÷] [LOG] [3] [=]

c) $\log_{12} 3{,}5 = \frac{\lg 3{,}5}{\lg 12} = 0{,}50$

d) $\log_{1{,}4} 246 = \frac{\lg 246}{\lg 1{,}4} = 16{,}36$

Hinweise und Tipps

173 a) $\log_2 10 = \frac{\log_5 10}{\log_5 2}$

b) $\log_{0,5} \frac{1}{64} = \frac{\log_9 \frac{1}{64}}{\log_9 0,5}$

c) $\lg 4,5 = \frac{\log_3 4,5}{\log_3 10}$

d) $\log_3 6 = \frac{\log_{\sqrt{2}} 6}{\log_{\sqrt{2}} 3}$

---

174 a)

$5^x = 1,2$ — Logarithmiere.

$\Leftrightarrow x = \log_5 1,2$

$\Leftrightarrow x = \frac{\lg 1,2}{\lg 5}$

$\Leftrightarrow x = 0,11$

$L = \{0,11\}$

b)

$\frac{1}{2} \cdot 7^x = 6 \quad |\cdot 2$ — Löse nach 7^x auf.

$\Leftrightarrow 7^x = 12$ — Logarithmiere.

$\Leftrightarrow x = \log_7 12$

$\Leftrightarrow x = \frac{\lg 12}{\lg 7}$

$\Leftrightarrow x = 1,28$

$L = \{1,28\}$

c)

$8^x + 123 = 321 \quad |-123$ — Löse nach 8^x auf.

$\Leftrightarrow 8^x = 198$ — Logarithmiere.

$\Leftrightarrow x = \log_8 198$

$\Leftrightarrow x = \frac{\lg 198}{\lg 8}$

$\Leftrightarrow x = 2,54$

$L = \{2,54\}$

d)

$5 \cdot 2^x - 19 = 3 \quad |+19$ — Löse nach 2^x auf.

$\Leftrightarrow 5 \cdot 2^x = 22 \quad \left|\cdot \frac{1}{5}\right.$

$\Leftrightarrow 2^x = \frac{22}{5}$ — Logarithmiere.

Hinweise und Tipps

$\Leftrightarrow \quad x = \log_2 \frac{22}{5}$

$\Leftrightarrow \quad x = \frac{\lg \frac{22}{5}}{\lg 2}$

$\Leftrightarrow \quad x = 2{,}14$

$L = \{2{,}14\}$

---

175 a)

x	0	1	2	3	4	5
$y = 2\,500 \cdot 1{,}05^x$	2 500	2 625	2 756,25	2 894,06	3 038,77	3 190,70

x	6	7	8	9	10
$y = 2\,500 \cdot 1{,}05^x$	3 350,24	3 517,75	3 693,64	3 878,32	4 072,24

Startkapital in €: 2 500

b) Laura verfügt seit dem Jahr 2019 über 3 500 €.

c) $y = 2\,500 \cdot 1{,}05^x = 2\,500 \cdot 1{,}05^{50} = 28\,668{,}50$

A: Laura würde nach 50 Jahren über 28 668,50 € verfügen.

Zeit in Jahren x = 50 einsetzen

---

176 a) $y = 2{,}5 \cdot 1{,}018^x = 2{,}5 \cdot 1{,}018^{62} = 7{,}56$

Es hätten 2012 ca. 7,56 Mrd. Menschen auf der Erde gelebt.

Wachstumsfaktor: $1 + \frac{1{,}8}{100} = 1{,}018$
Startwert: 2,5 Milliarden
Zeit in Jahren: x = 62

b) $y = 2{,}5 \cdot 1{,}018^x$

$\Leftrightarrow \quad 7{,}0 = 2{,}5 \cdot 1{,}018^x \quad |:2{,}5$

$\Leftrightarrow \quad 2{,}8 = 1{,}018^x$

$\Leftrightarrow \quad x = \log_{1{,}018} 2{,}8$

$\Leftrightarrow \quad x = 57{,}71$

$L = \{57{,}71\}$

A: Dieser Wert wäre etwa für das Jahr (1950 + 58) 2008 erwartet worden.

---

177 a)

x	0	5	10	15	20	25
$y = 52\,000 \cdot 1{,}035^x$	52 000	61 760	73 351	87 118	103 469	122 889

x	30	35	40	45	50
$y = 52\,000 \cdot 1{,}035^x$	145 953	173 347	205 882	244 523	290 416

✎ Hinweise und Tipps

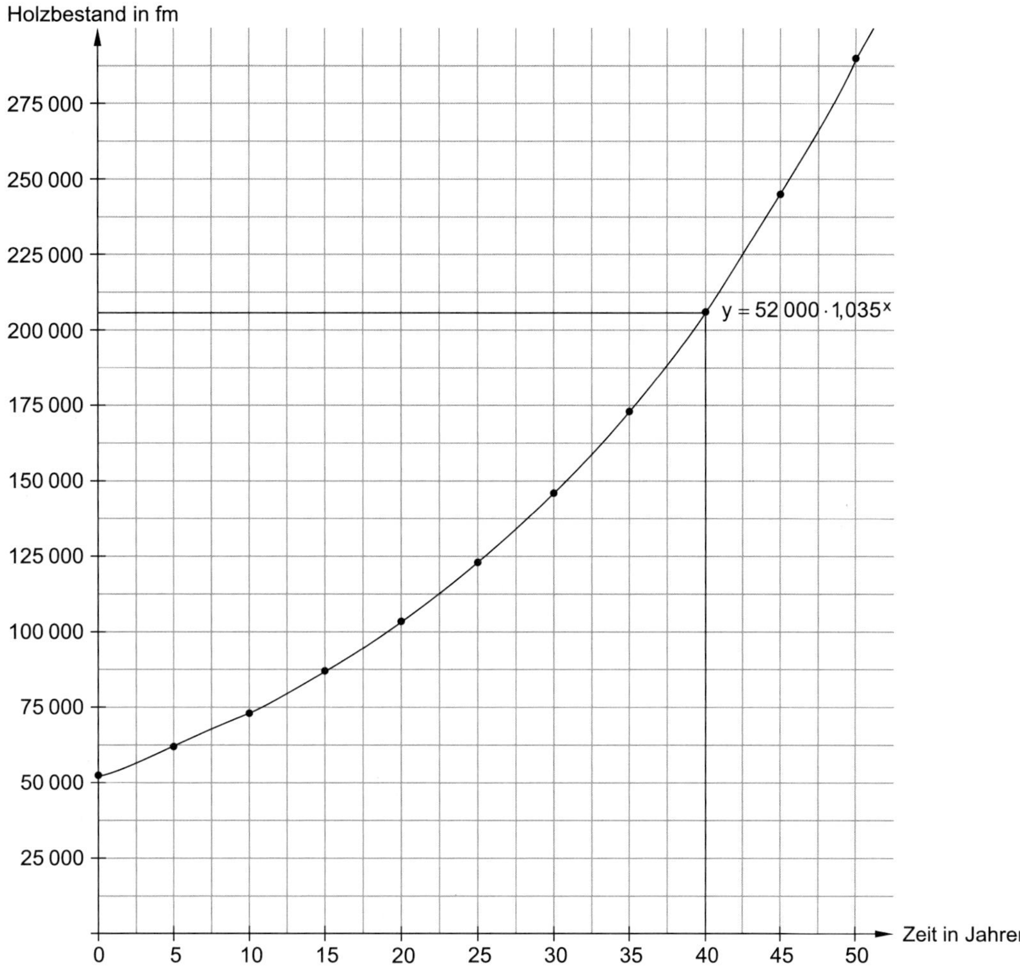

b) Vervierfachung:
$52\,000\text{ fm} \cdot 4 = 208\,000\text{ fm}$
Nach ca. 40 Jahren hat sich der Waldbestand vervierfacht.

Probe:

$$\left.\begin{array}{l} 1{,}035^{40} \approx 3{,}96 \\ 1{,}035^{41} \approx 4{,}1 \end{array}\right\} \text{Faktor 4}$$

$V(40) = 52\,000 \cdot 1{,}035^{40} = 205\,882\text{ fm}$

$V(41) = 52\,000 \cdot 1{,}035^{41} = 213\,087\text{ fm}$

c) Setze $52\,000 \cdot 1{,}25 = 65\,000$ für $V(x)$ ein.

$$\begin{aligned} & V(x) = 52\,000 \cdot 1{,}035^x \\ \Leftrightarrow\ & 65\,000 = 52\,000 \cdot 1{,}035^x \quad |: 52\,000 \\ \Leftrightarrow\ & 1{,}25 = 1{,}035^x \\ \Leftrightarrow\ & x = \log_{1{,}035} 1{,}25 \\ \Leftrightarrow\ & x = 6{,}49 \end{aligned}$$

$L = \{6{,}49\}$

A: Der Holzbestand hat sich nach ca. 6,49 Jahren um 25 % vergrößert.

✎ Hinweise und Tipps

178 a) Dieser Vorgang kann durch die Gleichung $m(x) = 120 \cdot 0{,}985^x$ dargestellt werden.

Wachstumsfaktor: $1 - \frac{1{,}5}{100} = 0{,}985$

b) $m(x) = 120 \cdot 0{,}985^x$ kg
$m(15) = 120 \cdot 0{,}985^{15}$ kg
$m(15) = 95{,}7$ kg
Nach 15 Wochen würde er nur noch etwa 95,7 kg wiegen.

Zeit $x = 15$ einsetzen

c)

x	0	5	10	15	20	25	30	35
$y = 120 \cdot 0{,}985^x$	120	111,3	103,2	95,7	88,7	82,2	76,3	70,7

x-Achse: 1 cm ≙ 5 Wochen
y-Achse: 1 cm ≙ 10 kg

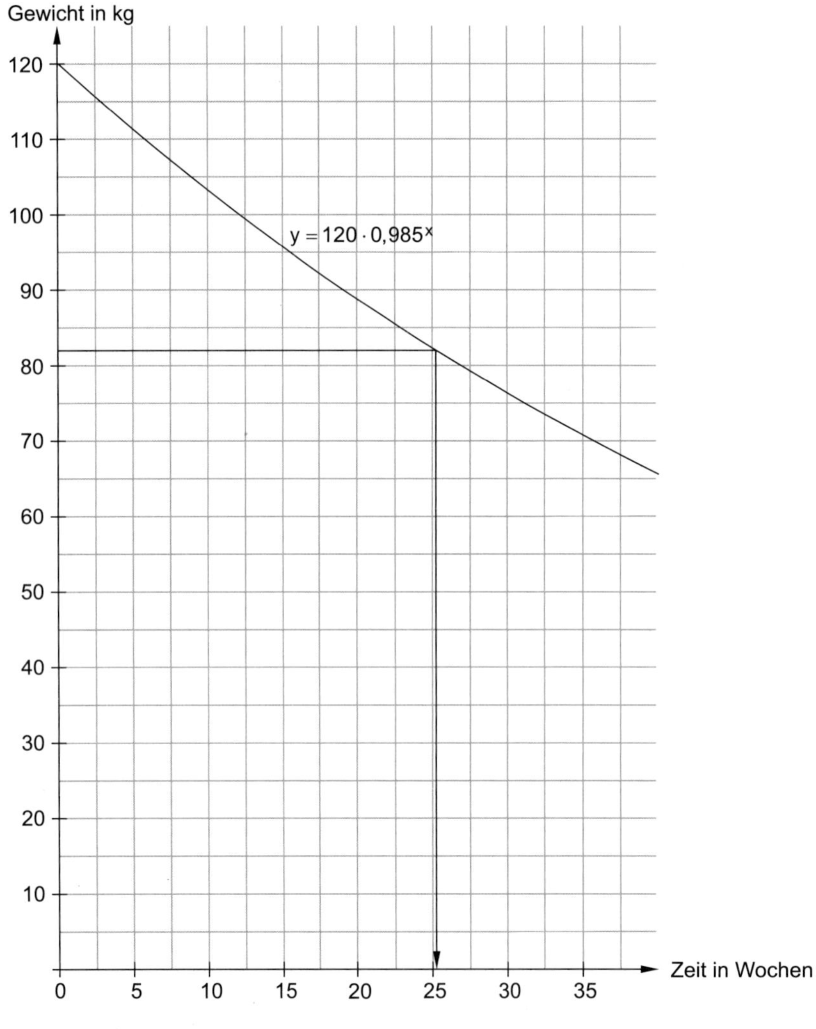

d) Er hätte sein Wunschgewicht nach etwa 25 Wochen, also ca. einem halben Jahr erreicht.

Hinweise und Tipps

3.4 Trigonometrie

179 a) $\sin 35° = \sin(180° - 145°) = \sin \mathbf{145°}$
oder:
$\sin 35° = \sin(180° - 35°) = \sin \mathbf{145°}$

Anwendung der Supplementbeziehung: $\sin(180° - \alpha) = \sin\alpha$

b) $\sin 106° = \sin(180° - 74°) = \sin \mathbf{74°}$
oder:
$\sin 106° = \sin(180° - 106°) = \sin \mathbf{74°}$

Anwendung der Supplementbeziehung: $\sin(180° - \alpha) = \sin\alpha$

c) $\sin 237° = \sin(180° + 57°) = -\sin \mathbf{57°} = -\sin(180° - 57°) = -\sin \mathbf{123°}$
oder:
$\sin 237° = -\sin(360° - 237°) = -\sin \mathbf{123°} = -\sin(180° - 123°) = -\sin \mathbf{57°}$

Anwendung der Beziehung: $\sin(180° + \alpha) = -\sin\alpha$

d) $\sin 348° = \sin(360° - 12°) = -\sin \mathbf{12°}$

Anwendung der Beziehung: $\sin(360° - \alpha) = -\sin\alpha$

e) $\cos 41° = \cos(180° - 139°) = -\cos \mathbf{139°}$

Anwendung der Supplementbeziehung: $\cos(180° - \alpha) = -\cos\alpha$

f) $\cos 112° = \cos(180° - 68°) = -\cos \mathbf{68°}$

Anwendung der Supplementbeziehung: $\cos(180° - \alpha) = -\cos\alpha$

g) $\cos 243° = \cos(180° + 63°) = -\cos \mathbf{63°}$

Anwendung der Beziehung: $\cos(180° + \alpha) = -\cos\alpha$

h) $\cos 314° = \cos(360° - 46°) = \cos \mathbf{46°}$

Anwendung der Beziehung: $\cos(360° - \alpha) = \cos\alpha$

---

180 Die Schnittwinkel mit der Parallelen zur x-Achse sind die Steigungswinkel.

Steigungswinkel der Geraden g:

$m = 1$
$\Rightarrow \tan\beta = 1$
$\Rightarrow \beta = 45°$

Steigungswinkel der Geraden h:

$m = 0{,}5$
$\Rightarrow \tan\alpha = 0{,}5$
$\Rightarrow \alpha = 26{,}57°$

Schnittwinkel $\gamma_1 = \beta - \alpha = 45° - 26{,}57° = 18{,}43°$
Schnittwinkel $\gamma_2 = 180° - \gamma_1 = 180° - 18{,}43° = 161{,}57°$

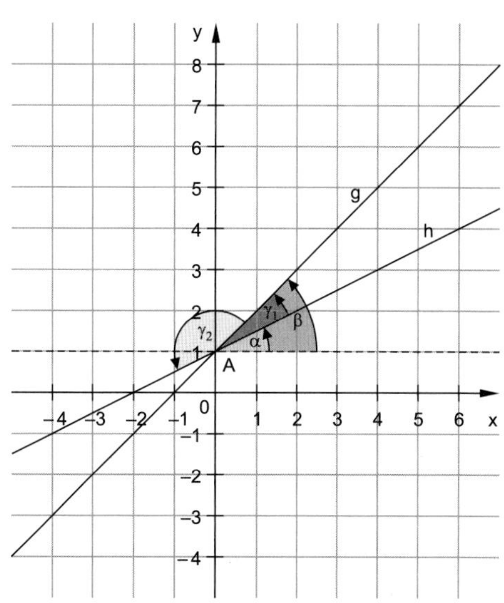

Zwei Geraden besitzen immer zwei Schnittwinkel, die sich zu 180° ergänzen.

Hinweise und Tipps

181 Steigungswinkel $\alpha = 30°$

Berechnung der Steigung m:

$\tan 30° = m$

$m = 0{,}58$

Einsetzen von $P(2\,|\,0)$ in die Normalform der Geradengleichung:

$y = mx + t$

$0 = 0{,}58 \cdot 2 + t$

$t = -1{,}16$

Somit ergibt sich die Geradengleichung g: $y = 0{,}58x - 1{,}16$

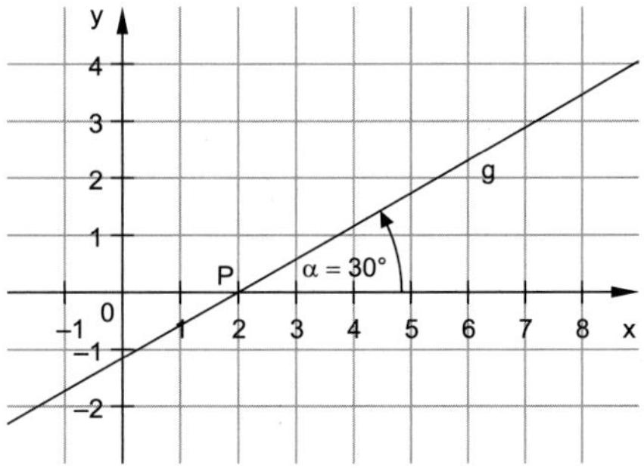

---

182 Berechnung des Flächeninhalts:

$A_{\Delta ABC} = \frac{1}{2} \cdot |\overline{BC}| \cdot |\overline{CA}| \cdot \sin 80°$

$A_{\Delta ABC} = \frac{1}{2} \cdot 5\text{ cm} \cdot 6\text{ cm} \cdot \sin 80°$

$A_{\Delta ABC} = 14{,}77\text{ cm}^2$

Berechnung der Abstände:

$A_{\Delta ABC} = \frac{1}{2} \cdot g \cdot h$

$A_{\Delta ABC} = \frac{1}{2} \cdot |\overline{CA}| \cdot |\overline{BD}| \quad \Big| \cdot \frac{2}{|\overline{CA}|}$

$|\overline{BD}| = \frac{2 \cdot A_{\Delta ABC}}{|\overline{CA}|}$

$|\overline{BD}| = \frac{2 \cdot 14{,}77\text{ cm}^2}{6\text{ cm}}$

$|\overline{BD}| = 4{,}92\text{ cm}$

Ebenso lässt sich $|\overline{EA}|$ berechnen:

$|\overline{EA}| = \frac{2 \cdot A_{\Delta ABC}}{|\overline{BC}|}$

$|\overline{EA}| = \frac{2 \cdot 14{,}77}{5\text{ cm}}$

$|\overline{EA}| = 5{,}91\text{ cm}$

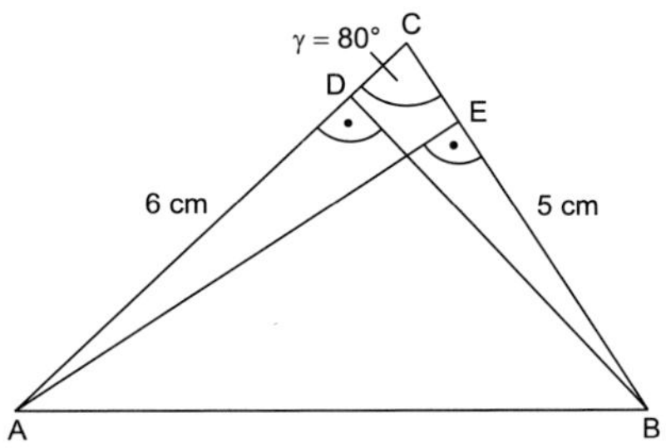

Die Abstände sind die Lote auf die gegenüberliegenden Seiten, also die Höhen.

Einsetzen des Flächeninhalts und der Grundlinie

---

183 Die Fläche des gleichschenkligen Dreiecks ABC beträgt 5 dm².

$A_{\Delta ABC} = \frac{1}{2} \cdot |\overline{AB}| \cdot |\overline{BC}| \cdot \sin\beta \quad \text{mit } |\overline{BC}| = |\overline{AB}|$

$A_{\Delta ABC} = \frac{1}{2} \cdot |\overline{AB}|^2 \cdot \sin 50° \quad \Big| \cdot \frac{2}{\sin 50°}$

$|\overline{AB}|^2 = \frac{2 \cdot A_{\Delta ABC}}{\sin 50°} \quad \Big| \sqrt{\ }$

$|\overline{AB}| = \sqrt{\frac{10}{\sin 50°}}\text{ dm}$

$|\overline{AB}| = 3{,}61\text{ dm}$

Die Innenwinkel einer Raute sind bereits durch die Angabe eines Innenwinkels festgelegt (gegenüberliegende Winkel sind gleich groß; Winkelsumme 360°).

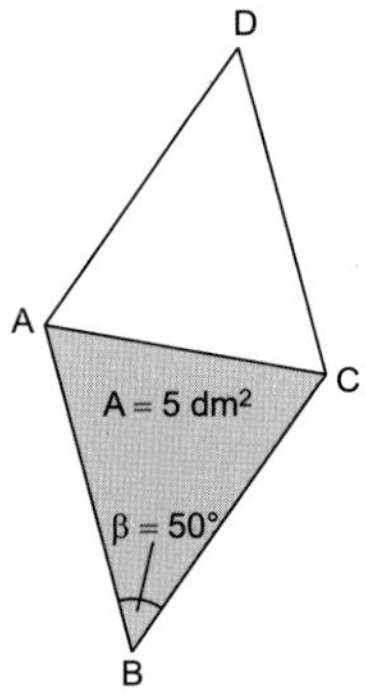

184 Zeichnung:

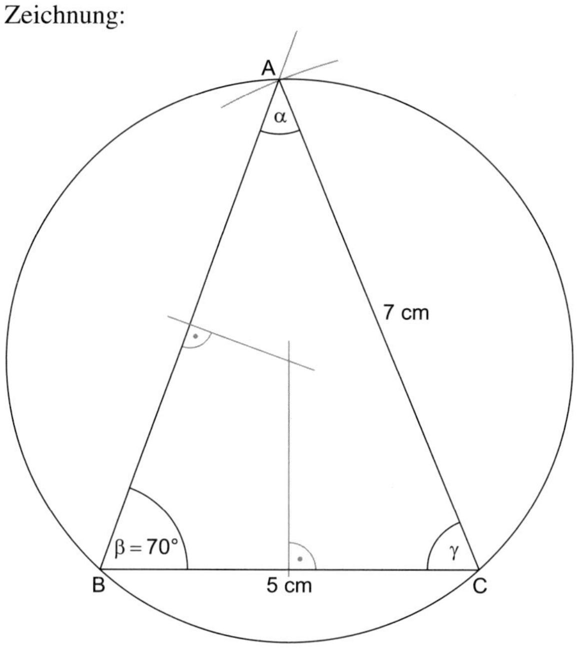

Hinweise und Tipps

- Zeichne $\overline{BC}$ mit 5 cm Länge.
- Zeichne den Winkel β mit 70°.
- Zeichne einen Kreis um C mit Radius r = 7 cm.
- A ist der Schnittpunkt des Schenkels mit dem Kreis.

Berechnung von α mit dem Sinussatz:

$$\frac{\sin\alpha}{|\overline{BC}|} = \frac{\sin\beta}{|\overline{CA}|} \qquad |\cdot|\overline{BC}|$$

Beginne mit der gesuchten Größe im Zähler, das erleichtert das Umstellen der Gleichung.

$$\sin\alpha = \frac{\sin\beta}{|\overline{CA}|}\cdot|\overline{BC}|$$

$$\sin\alpha = \frac{\sin 70^\circ}{7\text{ cm}}\cdot 5\text{ cm}$$

Berechne den Winkel α mithilfe der SIN⁻¹-Taste des Taschenrechners.

$$\sin\alpha = 0{,}6712\ldots$$

$$\alpha_1 = 42{,}16^\circ \quad (\vee\ \alpha_2 = 180^\circ - 42{,}16^\circ = 137{,}84^\circ)$$

α_2 ist keine Lösung $(\alpha_2 + \beta > 180^\circ)$.

$$\gamma = 180^\circ - 70^\circ - 42{,}16^\circ = 67{,}84^\circ$$

Winkelsumme im Dreieck

Berechnung von $|\overline{AB}|$ mit dem Sinussatz:

$$\frac{|\overline{AB}|}{\sin\gamma} = \frac{|\overline{CA}|}{\sin\beta} \qquad |\cdot\sin\gamma$$

$$|\overline{AB}| = \frac{|\overline{CA}|}{\sin\beta}\cdot\sin\gamma$$

$$|\overline{AB}| = \frac{7\text{ cm}}{\sin 70^\circ}\cdot\sin 67{,}84^\circ$$

$$|\overline{AB}| = 6{,}90\text{ cm}$$

Berechnung des Flächeninhalts:

$$A = \frac{1}{2}\cdot|\overline{AB}|\cdot|\overline{CA}|\cdot\sin\alpha$$

$$A = \frac{1}{2}\cdot 6{,}90\text{ cm}\cdot 7\text{ cm}\cdot\sin 42{,}16^\circ$$

$$A = 16{,}21\text{ cm}^2$$

185 Zeichnung:

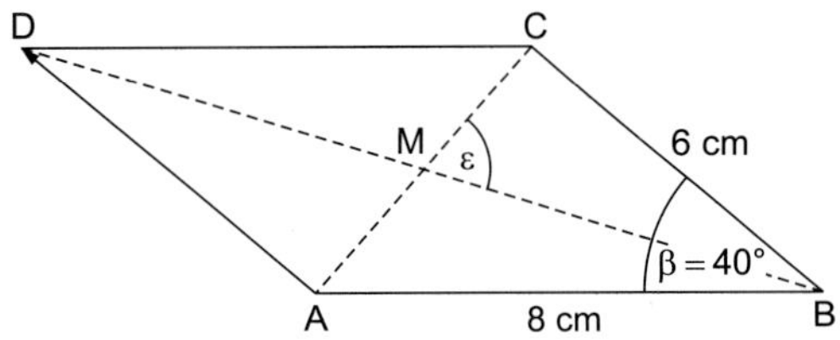

(Zeichnung im Maßstab 1 : 2)

Berechnung von $|\overline{CA}|$ im Dreieck ABC mithilfe des Kosinussatzes (SWS):

$|\overline{CA}|^2 = |\overline{AB}|^2 + |\overline{BC}|^2 - 2 \cdot |\overline{AB}| \cdot |\overline{BC}| \cdot \cos\beta$

$|\overline{CA}|^2 = (8\text{ cm})^2 + (6\text{ cm})^2 - 2 \cdot 8\text{ cm} \cdot 6\text{ cm} \cdot \cos 40°$

$|\overline{CA}| = \sqrt{64 + 36 - 96 \cdot \cos 40°}\text{ cm}$

$|\overline{CA}| = 5{,}14\text{ cm}$

Berechnung von $|\overline{BD}|$ im Dreieck ABD mithilfe des Kosinussatzes (SWS):

$|\overline{BD}|^2 = |\overline{AB}|^2 + |\overline{DA}|^2 - 2 \cdot |\overline{AB}| \cdot |\overline{DA}| \cdot \cos\sphericalangle BAD$

$|\overline{BD}|^2 = (8\text{ cm})^2 + (6\text{ cm})^2 - 2 \cdot 8\text{ cm} \cdot 6\text{ cm} \cdot \cos 140°$

$|\overline{BD}| = \sqrt{64 + 36 - 96 \cdot \cos 140°}\text{ cm}$

$|\overline{BD}| = 13{,}17\text{ cm}$

Berechnung von ε mithilfe des Kosinussatzes im Dreieck BCM (SSS):

$|\overline{BC}|^2 = |\overline{MB}|^2 + |\overline{CM}|^2 - 2 \cdot |\overline{MB}| \cdot |\overline{CM}| \cdot \cos\varepsilon$

$$\cos\varepsilon = \frac{|\overline{MB}|^2 + |\overline{CM}|^2 - |\overline{BC}|^2}{2 \cdot |\overline{MB}| \cdot |\overline{CM}|}$$

$$\cos\varepsilon = \frac{(6{,}59\text{ cm})^2 + (2{,}57\text{ cm})^2 - (6\text{ cm})^2}{2 \cdot (6{,}59\text{ cm}) \cdot (2{,}57\text{ cm})}$$

$$\cos\varepsilon = \frac{43{,}43\text{ cm}^2 + 6{,}60\text{ cm}^2 - 36\text{ cm}^2}{33{,}87\text{ cm}^2}$$

$$\cos\varepsilon = \frac{14{,}03}{33{,}87}$$

$\cos\varepsilon = 0{,}4142\ldots$

$\varepsilon = 65{,}53°$

✎ Hinweise und Tipps

- Zeichne $\overline{AB}$ mit 8 cm Länge.
- Trage den 40°-Winkel an und zeichne $\overline{BC}$ mit 6 cm Länge.
- Verschiebe A mit dem Vektor $\overrightarrow{BC}$ parallel auf D.

$\sphericalangle BAD = 140°$: Benachbarte Winkel ergeben im Parallelogramm zusammen 180°.

Beginne mit der Seite, die dem gesuchten Winkel gegenüberliegt!
Die Diagonalen halbieren sich gegenseitig! Es gilt also: $|\overline{MB}| = 0{,}5 \cdot |\overline{DB}| = 6{,}59\text{ cm}$
$|\overline{CM}| = 0{,}5 \cdot |\overline{CA}| = 2{,}57\text{ cm}$

Hinweise und Tipps

186 Planfigur:

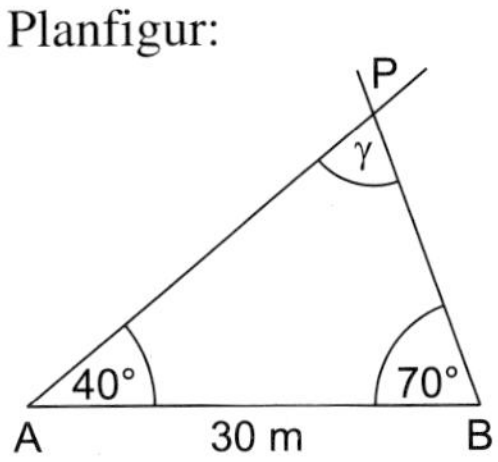

$\gamma = 180° - 40° - 70° = 70°$

Das Dreieck ABP ist also gleichschenklig mit Basis $\overline{BP}$.

$|\overline{AB}| = |\overline{PA}| = 30 \text{ m}$

Schenkel im gleichschenkligen Dreieck

Berechnung von $|\overline{BP}|$ mit dem Sinussatz:

$$\frac{|\overline{BP}|}{\sin 40°} = \frac{|\overline{AB}|}{\sin 70°} \qquad |\cdot \sin 40°$$

$$|\overline{BP}| = \frac{30 \text{ m}}{\sin 70°} \cdot \sin 40°$$

$$|\overline{BP}| = 20{,}52 \text{ m}$$

---

187 Planfigur:

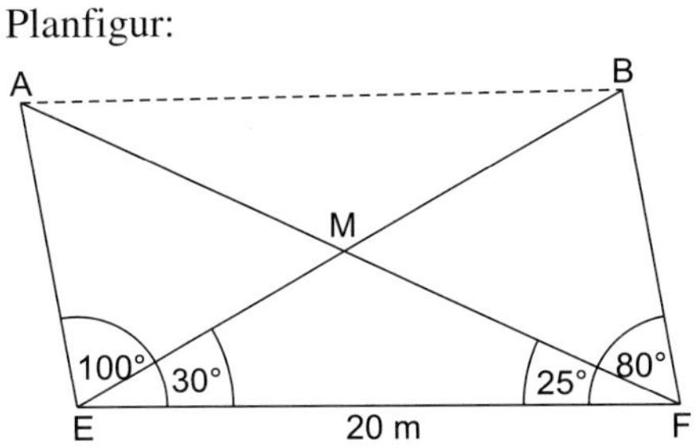

Erschließe weitere Winkel und trage sie ein:
$\sphericalangle BEA = 70°$
$\sphericalangle BFA = 55°$
$\sphericalangle EBF = 70°$ (Winkelsumme im Dreieck EFB)
$\sphericalangle EAF = 55°$ (Winkelsumme im Dreieck EFA)

Berechnung von $|\overline{BE}|$ im Dreieck EFB mit dem Sinussatz:

$$\frac{|\overline{BE}|}{\sin 80°} = \frac{|\overline{EF}|}{\sin 70°} \qquad |\cdot \sin 80°$$

$$|\overline{BE}| = \frac{20 \text{ m}}{\sin 70°} \cdot \sin 80°$$

$$|\overline{BE}| = 20{,}96 \text{ m}$$

Berechnung von $|\overline{AE}|$ im Dreieck EFA mit dem Sinussatz:

$$\frac{|\overline{AE}|}{\sin 25°} = \frac{|\overline{EF}|}{\sin 55°} \qquad |\cdot \sin 25°$$

$$|\overline{AE}| = \frac{20 \text{ m}}{\sin 55°} \cdot \sin 25°$$

$$|\overline{AE}| = 10{,}32 \text{ m}$$

Berechnung von $|\overline{BA}|$ im Dreieck EBA mit dem Kosinussatz:

$$|\overline{BA}|^2 = |\overline{EB}|^2 + |\overline{AE}|^2 - 2 \cdot |\overline{EB}| \cdot |\overline{AE}| \cdot \cos 70° \qquad |\sqrt{}$$

$$|\overline{BA}| = \sqrt{20{,}96^2 + 10{,}32^2 - 2 \cdot 20{,}96 \cdot 10{,}32 \cdot \cos 70°} \text{ cm}$$

$$|\overline{BA}| = 19{,}95 \text{ cm}$$

Hinweise und Tipps

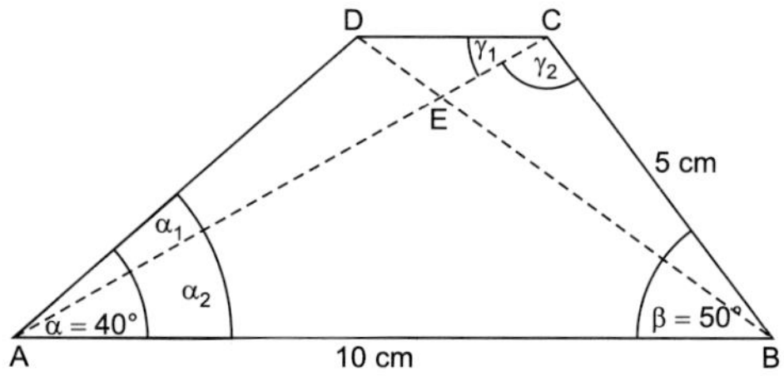

188 Berechnung von $|\overline{CA}|$ im Dreieck ABC mit dem Kosinussatz:

$|\overline{CA}|^2 = |\overline{AB}|^2 + |\overline{BC}|^2 - 2 \cdot |\overline{AB}| \cdot |\overline{BC}| \cdot \cos\beta \quad |\sqrt{\ }$

$|\overline{CA}| = \sqrt{10^2 + 5^2 - 2 \cdot 10 \cdot 5 \cdot \cos 50°}$ cm

$|\overline{CA}| = 7{,}79$ cm

Berechnung von $\gamma_2 = \sphericalangle ACB$ im Dreieck ABC mit dem Sinussatz:

$\frac{\sin\gamma_2}{|\overline{AB}|} = \frac{\sin\beta}{|\overline{CA}|} \quad | \cdot |\overline{AB}|$

$\sin\gamma_2 = \frac{\sin 50°}{7{,}79 \text{ cm}} \cdot 10 \text{ cm}$

$\sin\gamma_2 = 0{,}9833\ldots$

$\gamma_{2_1} = 79{,}54° \ \vee \ \gamma_{2_2} = 180° - 79{,}54° = 100{,}46°$

Beide Winkel sind möglich. Überprüfung:

Winkelsumme im Dreieck ABC:

$\sphericalangle BAC = 180° - 79{,}54° - 50° = 50{,}46°$

Wäre $\gamma_2 = 79{,}54°$, so müsste $\sphericalangle BAC = 50{,}46°$ sein. Laut Angabe ist aber $\sphericalangle BAC < \alpha = 40°$!

Die richtige Lösung ist also $\gamma_2 = 180° - 79{,}54° = 100{,}46°$.

Beachte: Zu jedem Sinuswert gibt es zwei mögliche Winkel γ_{2_1} und γ_{2_2} mit $\gamma_{2_2} = 180° - \gamma_{2_1}$.
Berechnet man einen Winkel mit dem Sinussatz, so müssen immer beide Lösungen überprüft werden.

Solche Fälle lassen sich vermeiden, wenn man, falls möglich, den Kosinussatz verwendet:

$|\overline{AB}|^2 = |\overline{CA}|^2 + |\overline{BC}|^2 - 2 \cdot |\overline{CA}| \cdot |\overline{BC}| \cdot \cos\gamma_2$

$\cos\gamma_2 = \frac{|\overline{CA}|^2 + |\overline{BC}|^2 - |\overline{AB}|^2}{2 \cdot |\overline{CA}| \cdot |\overline{BC}|}$

$\vdots$

$\gamma_2 = 100{,}46°$

Der Kosinussatz liefert immer die richtige Lösung.

Mit $\gamma = 130°$, $\gamma_1 = \sphericalangle DCA$ und $\gamma = \gamma_1 + \gamma_2 = 130°$ folgt:

$\beta + \gamma = 180°$ (Eigenschaft des Trapezes!) $\Rightarrow \gamma = 130°$

$\gamma_1 = 130° - \gamma_2$

$\gamma_1 = 130° - 100{,}46°$

$\gamma_1 = 29{,}54°$

$\sphericalangle CAD = \alpha_1 \qquad \sphericalangle BAC = \alpha_2$

$\alpha_2 = 180° - 50° - 100{,}46° = 29{,}54°$

Winkelsumme im Dreieck ABC oder Z-Winkel zu γ_1

$\alpha_1 = 40° - \alpha_2 = 10{,}46°$

$\sphericalangle ADC = \delta$

$\delta = 180° - 10{,}46° - 29{,}54° = 140°$

Winkelsumme im Dreieck ACD oder Nachbarwinkel zu $\alpha = 40° (\alpha + \delta = 180°)$

Berechnung von $|\overline{CD}|$ im Dreieck ACD mit dem Sinussatz:

$\frac{|\overline{CD}|}{\sin\alpha_1} = \frac{|\overline{AC}|}{\sin\delta} \quad | \cdot \sin\alpha_1$

$|\overline{CD}| = \frac{7{,}79 \text{ cm}}{\sin 140°} \cdot \sin 10{,}46°$

$|\overline{CD}| = 2{,}20$ cm

Berechnung von $|\overline{DB}|$ im Dreieck BCD mit dem Kosinussatz:

$|\overline{DB}|^2 = |\overline{CD}|^2 + |\overline{BC}|^2 - 2 \cdot |\overline{CD}| \cdot |\overline{BC}| \cdot \cos\gamma \quad |\sqrt{\ }$

$|\overline{DB}| = \sqrt{2{,}2^2 + 5^2 - 2 \cdot 2{,}2 \cdot 5 \cdot \cos 130°}$ cm

$|\overline{DB}| = 6{,}63$ cm

189 a) Zeichnung:

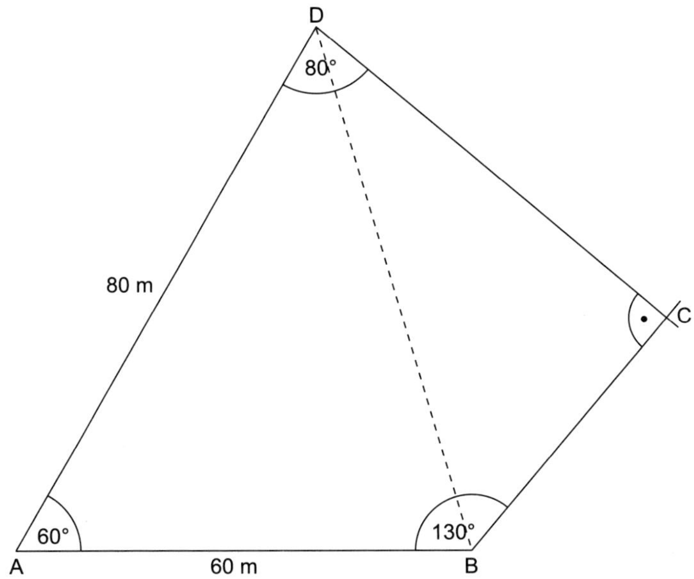

(Zeichnung im Maßstab 1 : 1 000)

b) Berechnung der Strecke $|\overline{BD}|$ im Dreieck ABD mit dem Kosinussatz:

$$|\overline{BD}|^2 = |\overline{AB}|^2 + |\overline{DA}|^2 - 2 \cdot |\overline{AB}| \cdot |\overline{DA}| \cdot \cos 60° \quad |\sqrt{}$$

$$|\overline{BD}| = \sqrt{60^2 + 80^2 - 2 \cdot 60 \cdot 80 \cdot \cos 60°}\ \text{m}$$

$$|\overline{BD}| = 72{,}11\ \text{m}$$

Berechnung des Winkels $\sphericalangle DBA = \beta_1$ im Dreieck ABD mit dem Sinussatz:

$$\frac{\sin \beta_1}{|\overline{DA}|} = \frac{\sin 60°}{|\overline{BD}|} \quad |\cdot |\overline{DA}|$$

$$\sin \beta_1 = \frac{\sin 60°}{72{,}11\ \text{m}} \cdot 80\ \text{m}$$

$$\sin \beta_1 = 0{,}9607\ldots$$

$$\Rightarrow \quad \beta_1 = 73{,}90° \quad \vee \quad \beta_1 = 180° - 73{,}90° = 106{,}10°$$

Wegen $60° + 73{,}90° = 133{,}90° < 180°$ und $60° + 106{,}10° = 166{,}10° < 180°$ sind beide Lösungen im Dreieck ABD möglich.

Hier muss mit dem Kosinussatz nachgeprüft werden:

$$|\overline{DA}|^2 = |\overline{AB}|^2 + |\overline{BD}|^2 - 2 \cdot |\overline{AB}| \cdot |\overline{BD}| \cdot \cos \beta_1$$

$$\cos \beta_1 = \frac{|\overline{AB}|^2 + |\overline{BD}|^2 - |\overline{DA}|^2}{2 \cdot |\overline{AB}| \cdot |\overline{BD}|}$$

$$\cos \beta_1 = \frac{60^2 + 72{,}11^2 - 80^2}{2 \cdot 60 \cdot 72{,}11}$$

$$\cos \beta_1 = 0{,}2773\ldots$$

$$\beta_1 = 73{,}90°$$

Hinweise und Tipps

Maßstab 1 : 1 000 bedeutet, 1 cm in der Zeichnung entspricht 1 000 cm = 10 m in der Wirklichkeit.

Umrechnung für die Zeichnung:
$60\ \text{m} \mathrel{\hat{=}} 6\ \text{cm}$
$80\ \text{m} \mathrel{\hat{=}} 8\ \text{cm}$

C ist der Schnittpunkt von [BC und [DC.

Winkelsumme im Viereck:
$\sphericalangle DCB = 360° - 80° - 60° - 130° = 90°$

Berechnet man einen Winkel mit dem Sinussatz, muss immer die zweite Lösung mit der Winkelsumme geprüft werden. Verwende deshalb, wenn möglich, zur Winkelberechnung den Kosinussatz!

Der richtige Winkel ist also $\beta_1 = 73{,}90°$.

$\sphericalangle CBD = \beta_2 = 130° - \beta_1 = 56{,}10°$

$\sphericalangle BDC = 180° - 90° - 56{,}10° = 33{,}90°$ — Winkelsumme im Dreieck BCD

Berechnung von $|\overline{BC}|$ im Dreieck BCD:

$$\sin 33{,}90° = \frac{|\overline{BC}|}{|\overline{DB}|} \quad |\cdot|\overline{DB}|$$

Rechtwinkliges Dreieck → $\sin\gamma = \frac{\text{Gegenkathete}}{\text{Hypotenuse}}$

$$|\overline{BC}| = \sin 33{,}90° \cdot 72{,}11\text{ m}$$

$$|\overline{BC}| = 40{,}22\text{ m}$$

Berechnung von $|\overline{CD}|$ im Dreieck BCD:

$$|\overline{CD}|^2 + |\overline{BC}|^2 = |\overline{DB}|^2 \quad |-|\overline{BC}|^2$$

$$|\overline{CD}|^2 = |\overline{DB}|^2 - |\overline{BC}|^2 \quad |\sqrt{\ }$$

$$|\overline{CD}| = \sqrt{72{,}11^2 - 40{,}22^2}\text{ m}$$

$$|\overline{CD}| = 59{,}85\text{ m}$$

Da das Dreieck rechtwinklig ist, kann der Satz des Pythagoras angewandt werden.

---

190 Vektoren:

$$\overrightarrow{AB} = \begin{pmatrix}4-1\\2-1\end{pmatrix} = \begin{pmatrix}3\\1\end{pmatrix}; \quad |\overline{AB}| = \sqrt{3^2+1^2}\text{ LE} = 3{,}16\text{ LE}$$

$$\overrightarrow{BC} = \begin{pmatrix}3-4\\5-2\end{pmatrix} = \begin{pmatrix}-1\\3\end{pmatrix}; \quad |\overline{BC}| = \sqrt{(-1)^2+3^2}\text{ LE} = 3{,}16\text{ LE}$$

$$\overrightarrow{AC} = \begin{pmatrix}3-1\\5-1\end{pmatrix} = \begin{pmatrix}2\\4\end{pmatrix}; \quad |\overline{AC}| = \sqrt{2^2+4^2}\text{ LE} = 4{,}47\text{ LE}$$

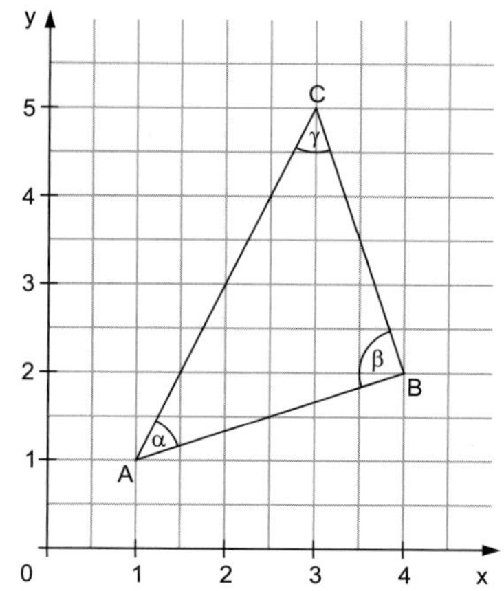

Berechnung von α mit dem Kosinussatz (SSS):

$$|\overline{BC}|^2 = |\overline{AB}|^2 + |\overline{CA}|^2 - 2\cdot|\overline{AB}|\cdot|\overline{CA}|\cdot\cos\alpha$$

$$\cos\alpha = \frac{|\overline{AB}|^2 + |\overline{CA}|^2 - |\overline{BC}|^2}{2\cdot|\overline{AB}|\cdot|\overline{CA}|}$$

$$\cos\alpha = \frac{3{,}16^2 + 4{,}47^2 - 3{,}16^{\,2}}{2\cdot 3{,}16\cdot 4{,}47}$$

$$\cos\alpha = 0{,}7072\ldots$$

$$\alpha = 44{,}99°$$

Da $|\overline{AB}| = |\overline{BC}|$, ist das Dreieck ABC gleichschenklig mit Basis $\overline{CA}$ und $\alpha = \gamma$.

Berechnung von β aus der Winkelsumme:

$\beta = 180° - 44{,}99° - 44{,}99° = 90{,}02°$

Hinweise und Tipps

191 a) Zeichnung:

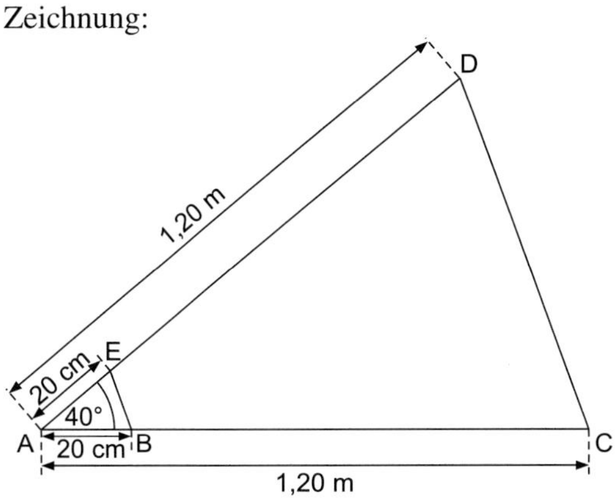

(Zeichnung im Maßstab 1 : 20)

b) $|\overline{BE}|$ im Dreieck ABE mit dem Kosinussatz (SWS):

$$|\overline{BE}|^2 = |\overline{AB}|^2 + |\overline{EA}|^2 - 2 \cdot |\overline{AB}| \cdot |\overline{EA}| \cdot \cos 40°$$

$$|\overline{BE}| = \sqrt{0{,}2^2 + 0{,}2^2 - 2 \cdot 0{,}2 \cdot 0{,}2 \cdot \cos 40°} \text{ m}$$

$$|\overline{BE}| = 0{,}137 \text{ m}$$

$|\overline{CD}|$ mit dem Strahlensatz (oder dem Kosinussatz):

$$\frac{|\overline{CD}|}{|\overline{BE}|} = \frac{|\overline{AC}|}{|\overline{AB}|} \quad | \cdot |\overline{BE}|$$

$$|\overline{CD}| = \frac{|\overline{AC}|}{|\overline{AB}|} \cdot |\overline{BE}|$$

$$|\overline{CD}| = \frac{1{,}2 \text{ m}}{0{,}2 \text{ m}} \cdot 0{,}137 \text{ m}$$

$$|\overline{CD}| = 0{,}822 \text{ m}$$

Berechnung des Flächeninhalts:

$$A_{\text{Stufe}} = A_{\Delta ACD} - A_{\Delta ABE}$$

$$A_{\text{Stufe}} = \frac{1}{2} \cdot |\overline{AC}| \cdot |\overline{DA}| \cdot \sin 40° - \frac{1}{2} \cdot |\overline{AB}| \cdot |\overline{EA}| \cdot \sin 40°$$

$$A_{\text{Stufe}} = \frac{1}{2} \cdot (1{,}2 \text{ m})^2 \cdot \sin 40° - \frac{1}{2} \cdot (0{,}2 \text{ m})^2 \cdot \sin 40°$$

$$A_{\text{Stufe}} = 0{,}45 \text{ m}^2$$

Hinweise und Tipps

Maßstab: 1 : 20

Umrechnung für die Zeichnung:
20 cm ≙ 1 cm
1,20 m ≙ 6 cm

3 Nachkommastellen, da auf mm genau zu rechnen ist.

$\overline{EB} \parallel \overline{DC}$

✎ Hinweise und Tipps

192 Zeichnung:

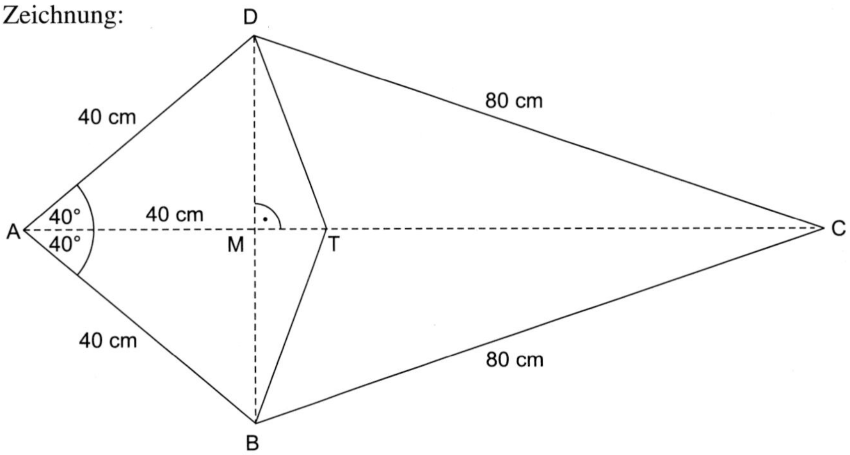

Maßstab 1 : 10

Umrechnung für die Zeichnung:
40 cm ≙ 4 cm
80 cm ≙ 8 cm

Zeichnung:

- Zeichne $\sphericalangle BAD = 80°$ und trage $\overline{AD}$ und $\overline{AB}$ mit 4 cm Länge ein.
- Zeichne die Winkelhalbierende [AC.
- Zeichne einen Kreis um D mit Radius 8 cm.
- Der Schnittpunkt des Kreises mit [AC ist C.

(Zeichnung im Maßstab 1 : 10)

Berechnung von $|\overline{TD}|$ im Dreieck ATD mit dem Kosinussatz (SWS):

$$|\overline{TD}|^2 = |\overline{AT}|^2 + |\overline{DA}|^2 - 2 \cdot |\overline{AT}| \cdot |\overline{DA}| \cdot \cos 40° \quad |\sqrt{}$$

$$|\overline{TD}| = \sqrt{40^2 + 40^2 - 2 \cdot 40 \cdot 40 \cdot \cos 40°}\ \text{cm}$$

$$|\overline{TD}| = 27{,}36\ \text{cm} = |\overline{TB}|$$

Die Dreiecke ABT und ATD sind kongruent (SWS).

Berechnung von $|\overline{MD}|$ im Dreieck AMD (rechtwinklig):

$$\sin 40° = \frac{|\overline{MD}|}{|\overline{DA}|} \quad | \cdot |\overline{DA}|$$

$$|\overline{MD}| = 40\ \text{cm} \cdot \sin 40°$$

$$|\overline{MD}| = 25{,}71\ \text{cm}$$

Berechnung von $\sphericalangle DCM = \gamma$ im Dreieck MCD:

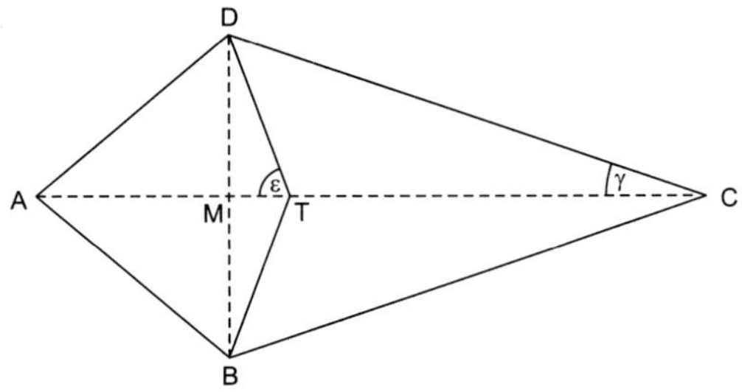

$$\sin\gamma = \frac{|\overline{DM}|}{|\overline{CD}|}$$

$$\sin\gamma = \frac{25{,}71\ \text{cm}}{80\ \text{cm}}$$

$$\sin\gamma = 0{,}3213\ldots$$

$$\gamma = 18{,}75°$$

$$\Rightarrow \quad \sphericalangle DCB = 2 \cdot \gamma = 37{,}5°$$

Berechnung von $\sphericalangle ADC = \delta$:

$$\delta = 180° - 40° - 18{,}75° = 121{,}25°$$

Winkelsumme im Dreieck ACD

Berechnung von $|\overline{AC}|$ im Dreieck ACD mit dem Kosinussatz:

$$|\overline{AC}|^2 = |\overline{CD}|^2 + |\overline{DA}|^2 - 2 \cdot |\overline{CD}| \cdot |\overline{DA}| \cdot \cos\delta \quad |\sqrt{}$$

$$|\overline{AC}| = \sqrt{80^2 + 40^2 - 2 \cdot 80 \cdot 40 \cdot \cos 121{,}25°}\ \text{cm}$$

$$|\overline{AC}| = 106{,}40\ \text{cm}$$

Berechnung von $\sphericalangle DTM = \varepsilon$ im Dreieck MTD (rechtwinklig):

$$\sin\varepsilon = \frac{|\overline{DM}|}{|\overline{TD}|}$$

$$\sin\varepsilon = \frac{25{,}71\ \text{cm}}{27{,}36\ \text{cm}}$$

$$\sin\varepsilon = 0{,}9396\ldots$$

$$\varepsilon = 70{,}00°$$

$$\Rightarrow \quad \sphericalangle DTB = 2 \cdot \varepsilon = 140°$$

Hinweise und Tipps

3.5 Raumgeometrie

193 Planfigur der Grundfläche:

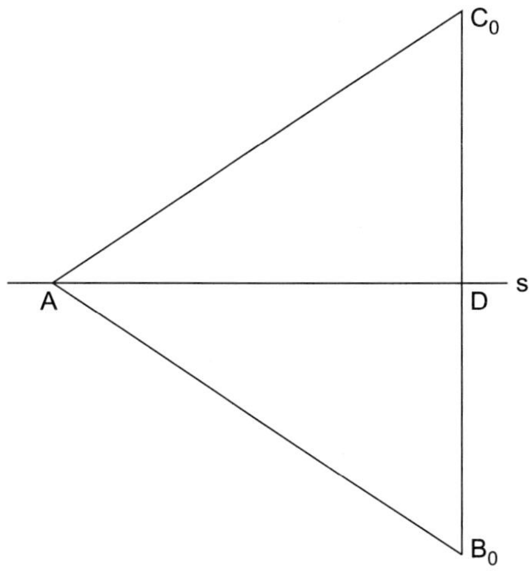

$\overline{B_0C_0}$ steht senkrecht auf s, wird also mit $q = \frac{1}{2}$ verkürzt und um $\omega = 60°$ verzerrt.

Zeichnung:

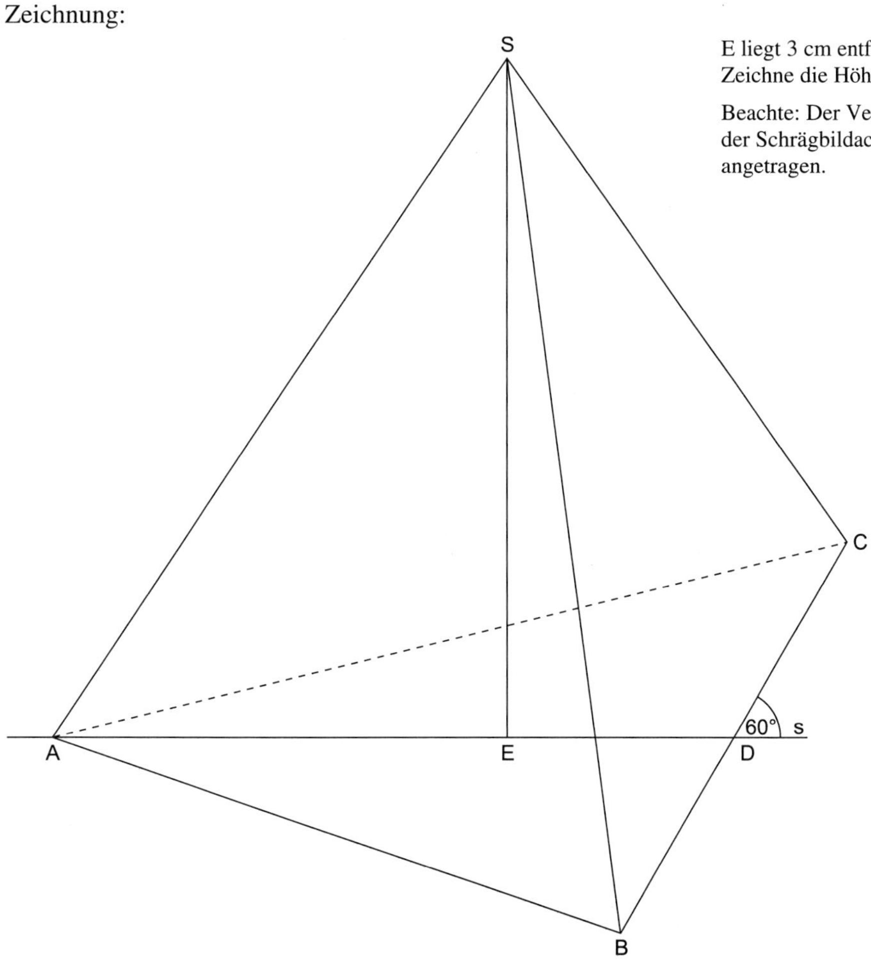

E liegt 3 cm entfernt von D auf $\overline{AD}$.
Zeichne die Höhe $\overline{ES}$ in Originallänge ein.

Beachte: Der Verzerrungswinkel ω wird immer von der Schrägbildachse aus gegen den Uhrzeigersinn angetragen.

194 Planfigur der Grundfläche:

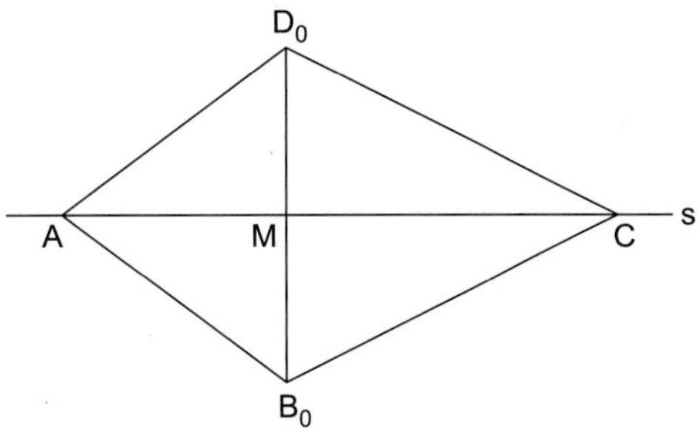

Zeichnung:

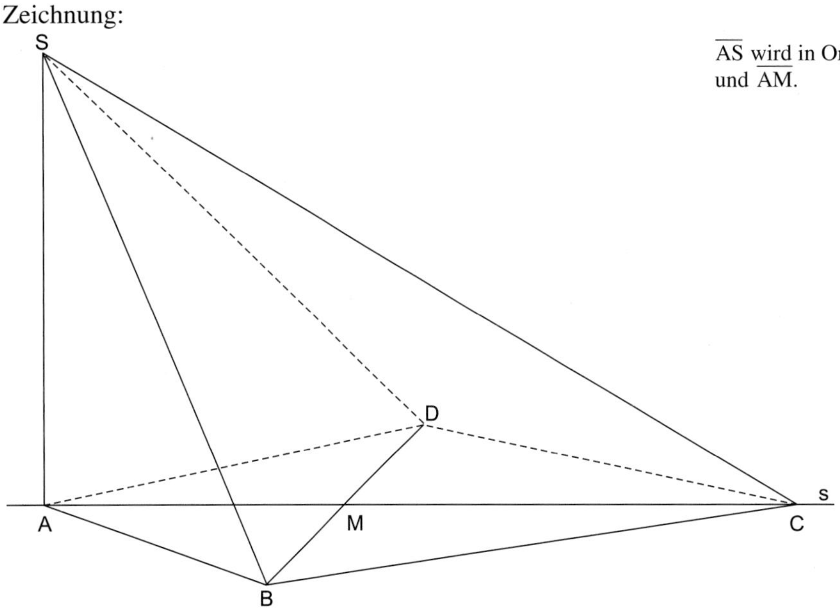

Hinweise und Tipps

$\overline{B_0D_0}$ ist senkrecht zu s und wird mit $q = \frac{1}{2}$ und $\omega = 45°$ verzerrt und verkürzt.

$\overline{AS}$ wird in Originallänge eingezeichnet, ebenso $\overline{AC}$ und $\overline{AM}$.

---

195 a)

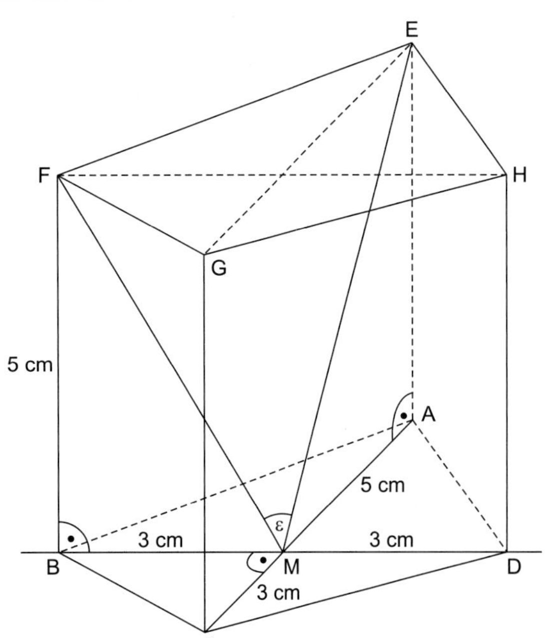

b) $V = A_G \cdot h$

$V = \frac{1}{2} \cdot 6\text{ cm} \cdot 8\text{ cm} \cdot 5\text{ cm}$

$V = 120\text{ cm}^3$

Die Symmetrieachse des Drachenvierecks ist $\overline{AC}$, da $|\overline{AM}| \neq |\overline{MC}|$.
M ist also der Mittelpunkt von $\overline{BD}$, da eine Diagonale von der Symmetrieachse halbiert wird.

- $\overline{CM}$ wird verzerrt und verkürzt.
- $\overline{MA}$ wird verzerrt und verkürzt.

G ist ein Drachenviereck, $A_{ABCD} = \frac{1}{2} \cdot |\overline{AC}| \cdot |\overline{BD}|$

Hinweise und Tipps

$M = 2 \cdot A_{BCGF} + 2 \cdot A_{BAEF}$

$M = 2 \cdot |\overline{BC}| \cdot h + 2 \cdot |\overline{BA}| \cdot h$

$A_{BCGF} = A_{CDHG};\ A_{BAEF} = A_{ADHE}$ da $|\overline{BC}| = |\overline{CD}|$ und $|\overline{BA}| = |\overline{AD}|$

$|\overline{BC}| = \sqrt{3^2 + 3^2}\ \text{cm} = 4{,}24\ \text{cm}$

Satz des Pythagoras im Dreieck BCM

$|\overline{AB}| = \sqrt{3^2 + 5^2}\ \text{cm} = 5{,}83\ \text{cm}$

Satz des Pythagoras im Dreieck BMA

$M = 2 \cdot 4{,}24\ \text{cm} \cdot 5\ \text{cm} + 2 \cdot 5{,}83\ \text{cm} \cdot 5\ \text{cm}$

$M = 42{,}4\ \text{cm}^2 + 58{,}3\ \text{cm}^2$

$M = 100{,}7\ \text{cm}^2$

c) $\sphericalangle$EMF lässt sich im Dreieck FME aus den drei Seiten berechnen (bereits bekannt: $|\overline{EF}| = |\overline{AB}| = 5{,}83\ \text{cm}$):

$|\overline{ME}| = \sqrt{|\overline{MA}|^2 + |\overline{AE}|^2}$

Dreieck MAE ist rechtwinklig!

$|\overline{ME}| = \sqrt{5^2 + 5^2}\ \text{cm}$

$|\overline{ME}| = 7{,}07\ \text{cm}$

$|\overline{MF}| = \sqrt{|\overline{BM}|^2 + |\overline{FB}|^2}$

Dreieck BMF ist rechtwinklig!

$|\overline{MF}| = \sqrt{3^2 + 5^2}\ \text{cm}$

$|\overline{MF}| = 5{,}83\ \text{cm}$

Berechnung von ε mit dem Kosinussatz im Dreieck FME:

$|\overline{EF}|^2 = |\overline{FM}|^2 + |\overline{ME}|^2 - 2 \cdot |\overline{FM}| \cdot |\overline{ME}| \cdot \cos\varepsilon$

$\overline{EF}$ liegt gegenüber von ε.

$$\cos\varepsilon = \frac{|\overline{FM}|^2 + |\overline{ME}|^2 - |\overline{EF}|^2}{2 \cdot |\overline{FM}| \cdot |\overline{ME}|}$$

$$\cos\varepsilon = \frac{5{,}83^2 + 7{,}07^2 - 5{,}83^2}{2 \cdot 5{,}83 \cdot 7{,}07}$$

$\cos\varepsilon = 0{,}6063\ldots$

$\varepsilon = 52{,}67°$

196 a)

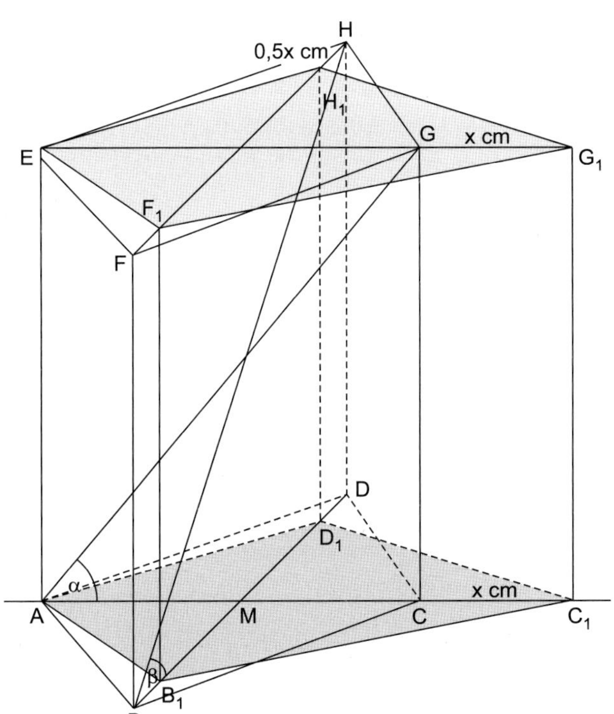

- Zeichne $\overline{AC}$ in Originalgröße auf s.
- $\overline{BD}$ wird mit $\omega = 45°$ und $q = 0{,}5$ verzerrt und verkürzt.

$|\overline{AE}| = 6\ \text{cm} = |\overline{DH}| = |\overline{BF}| = |\overline{CG}|$

Hinweise und Tipps

b) $|\overline{AG}|$ im Dreieck ACG (rechtwinklig):

$|\overline{AG}| = \sqrt{|\overline{AC}|^2 + |\overline{CG}|^2}$

$|\overline{AG}| = \sqrt{5^2 + 6^2}$ cm

$|\overline{AG}| = 7{,}81$ cm

Ebenso $|\overline{HB}|$ im Dreieck BDH:

$|\overline{HB}| = \sqrt{|\overline{BD}|^2 + |\overline{DH}|^2}$

$|\overline{HB}| = \sqrt{8^2 + 6^2}$ cm

$|\overline{HB}| = 10$ cm

$\sphericalangle CAG = \alpha$ im Dreieck ACG:

Tangensbeziehung im rechtwinkligen Dreieck

$\tan\alpha = \frac{|\overline{CG}|}{|\overline{AC}|}$

$\tan\alpha = \frac{6\text{ cm}}{5\text{ cm}}$

$\tan\alpha = 1{,}2$

$\alpha = 50{,}19°$

$\sphericalangle DBH = \beta$ im Dreieck BDH:

$\tan\beta = \frac{|\overline{DH}|}{|\overline{BD}|}$

$\tan\beta = \frac{6\text{ cm}}{8\text{ cm}}$

$\tan\beta = 0{,}75$

$\beta = 36{,}87°$

c) $V = A_G \cdot h$

$A_G = \frac{1}{2} \cdot |\overline{AC}| \cdot |\overline{BD}|$ (Raute)

$V = \frac{1}{2} \cdot 5\text{ cm} \cdot 8\text{ cm} \cdot 6\text{ cm}$

$V = 120\text{ cm}^3$

$O = 4 \cdot A_{ABFE} + 2 \cdot A_G$

Die Seiten der Raute sind gleich lang, also sind alle Seitenflächen gleich große Rechtecke.

$O = 4 \cdot |\overline{AB}| \cdot |\overline{BF}| + 2 \cdot \frac{1}{2} \cdot 5\text{ cm} \cdot 8\text{ cm}$

Berechne $|\overline{AB}|$ im rechtwinkligen Dreieck ABM.

$O = 4 \cdot \sqrt{4^2 + 2{,}5^2}\text{ cm} \cdot 6\text{ cm} + 40\text{ cm}^2$

$O = 4 \cdot 4{,}72\text{ cm} \cdot 6\text{ cm} + 40\text{ cm}^2$

$O = 153{,}28\text{ cm}^2$

d) Siehe Zeichnung in Teilaufgabe a

$|\overline{CC_1}| = 2$ cm wird in Originalgröße eingezeichnet.
$|\overline{BB_1}| = |\overline{DD_1}| = 1$ cm wird um den Faktor $q = 0{,}5$ verkürzt gezeichnet. In der Zeichnung ist die Strecke also nur 0,5 cm lang!

e) $V = A_G \cdot h$

Welche Strecken sind abhängig von x?

$V = \frac{1}{2} \cdot |\overline{AC}|(x) \cdot |\overline{BD}|(x) \cdot h$

$|\overline{AC}|$ wird um x cm verlängert: $|\overline{AC}|(x) = (5 + x)$ cm
$|\overline{BD}|$ wird um $2 \cdot 0{,}5x$ cm verkürzt:
$|\overline{BD}|(x) = (8 - 2 \cdot 0{,}5x)\text{ cm} = (8 - x)$ cm

Hinweise und Tipps

$V(x) = \frac{1}{2} \cdot (5+x)\text{ cm} \cdot (8-x)\text{ cm} \cdot 6\text{ cm}$

$V(x) = 3 \cdot (5+x) \cdot (8-x)\text{ cm}^3$

$V(x) = 3 \cdot (40 - 5x + 8x - x^2)\text{ cm}^3$

$V(x) = 3 \cdot (-x^2 + 3x + 40)\text{ cm}^3$

$V(x) = (-3x^2 + 9x + 120)\text{ cm}^3$

Die Höhe h ändert sich nicht!

f) Extremwertbestimmung mit quadratischer Ergänzung:

$V(x) = -3[x^2 - 3x - 40]\text{ cm}^3$

$V(x) = -3[x^2 - 3x + 1{,}5^2 - 1{,}5^2 - 40]\text{ cm}^3$

$V(x) = -3[(x - 1{,}5)^2 - 42{,}25]\text{ cm}^3$

$V(x) = [-3(x - 1{,}5)^2 + 126{,}75]\text{ cm}^3$

$V_{max} = 126{,}75\text{ cm}^3$ für $x = 1{,}5$

g) $\begin{array}{|l} \quad V(x) = (-3x^2 + 9x + 120)\text{ cm}^3 \\ \wedge \; V(x) = 126\text{ cm}^3 \\ \hline \end{array}$

$\Rightarrow \quad -3x^2 + 9x + 120 = 126 \quad (I = II) \qquad |-126$

$\Leftrightarrow \quad -3x^2 + 9x - 6 = 0$

Ausgangsform für die Lösungsformel

$D = 9^2 - 4 \cdot (-3) \cdot (-6) = 9$

$\Leftrightarrow \quad x_{1/2} = \frac{-9 \pm \sqrt{9}}{2 \cdot (-3)}$

$\Leftrightarrow \quad x_{1/2} = \frac{-9 \pm 3}{-6}$

$x_1 = 1 \;\vee\; x_2 = 2$

$L = \{1; 2\}$

Für die x-Werte 1 und 2 entstehen Prismen mit einem Volumen von 126 cm^3.

197 a) Zeichnung:

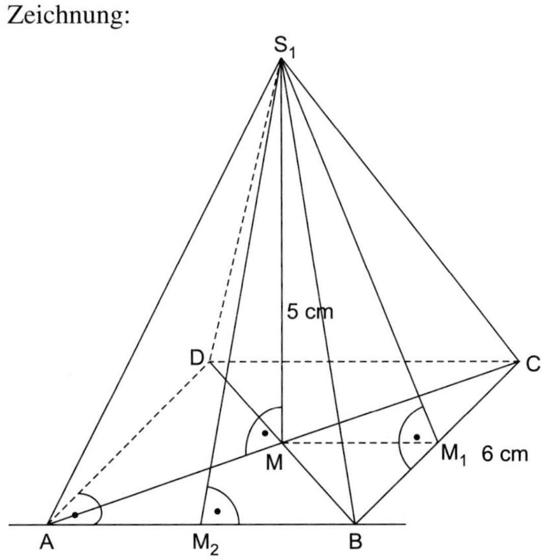

- Zeichne $\overline{AB}$ in Originallänge auf s.
- $\overline{BC}$ wird mit $\omega = 45°$ und $q = \frac{1}{2}$ verzerrt und verkürzt.
- Zeichne $\overline{MS_1}$ in Originallänge.

Hinweise und Tipps

b) $|\overline{S_1A}| = |\overline{S_1B}| = |\overline{S_1C}| = |\overline{S_1D}|$

Gerade Pyramide $\Rightarrow$ alle Seitenkanten gleich lang

Berechnung der Länge der Diagonale $|\overline{AC}|$ im Dreieck ABC:

$|\overline{AC}| = \sqrt{4^2 + 6^2}$ cm

$|\overline{AC}| = \sqrt{52}$ cm

$|\overline{AC}| = 7{,}21$ cm $\Rightarrow$ $|\overline{AM}| = 3{,}61$ cm

Berechnung von $|\overline{S_1A}|$ im Dreieck AMS_1:

$|\overline{S_1A}| = \sqrt{3{,}61^2 + 5^2}$ cm

$|\overline{S_1A}| = 6{,}17$ cm

Netz der Pyramide:

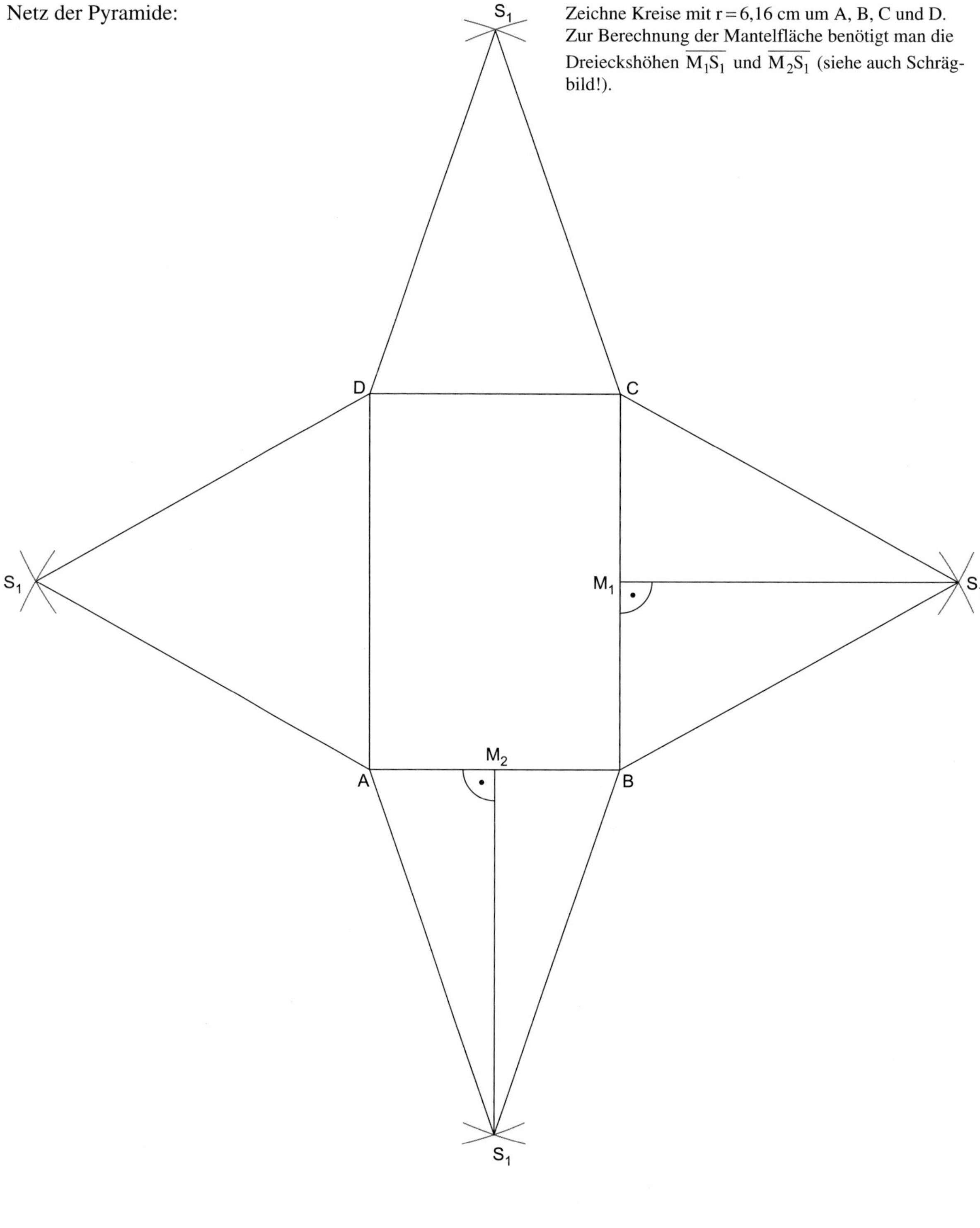

Zeichne Kreise mit r = 6,16 cm um A, B, C und D. Zur Berechnung der Mantelfläche benötigt man die Dreieckshöhen $\overline{M_1S_1}$ und $\overline{M_2S_1}$ (siehe auch Schrägbild!).

Hinweise und Tipps

Berechnung der Oberfläche:

$O = A_G + M$

$A_{\Delta BCS_1} = \frac{1}{2} \cdot |\overline{BC}| \cdot |\overline{M_1S_1}|$

Dreiecksbezeichnungen wie im Schrägbild

Berechnung von $|\overline{M_1S_1}|$ im Dreieck BM_1S_1:

BM_1S_1 ist rechtwinklig in M_1 (siehe Netz).

$|\overline{M_1S_1}| = \sqrt{|\overline{S_1B}|^2 - |\overline{BM_1}|^2}$

Im Dreieck BM_1S_1 ist $\overline{M_1S_1}$ Kathete und nicht Hypotenuse.

$|\overline{M_1S_1}| = \sqrt{6{,}17^2 - 3^2}$ cm

Möglich wäre auch die Berechnung im Dreieck MM_1S_1 (siehe Schrägbild).

$|\overline{M_1S_1}| = 5{,}39$ cm

$A_{\Delta BCS_1} = \frac{1}{2} \cdot 6 \text{ cm} \cdot 5{,}39 \text{ cm} = 16{,}17 \text{ cm}^2$

Berechnung von $|\overline{S_1M_2}|$ im Dreieck M_2MS_1:

$|\overline{S_1M_2}| = \sqrt{|\overline{M_2M}|^2 + |\overline{MS_1}|^2} = \sqrt{3^2 + 5^2} \text{ cm} = 5{,}83 \text{ cm}$

oder im Dreieck M_2BS_1:

$|\overline{S_1M_2}| = \sqrt{|\overline{BS_1}|^2 - |\overline{M_2B}|^2} = \sqrt{6{,}17^2 - 2^2} \text{ cm} = 5{,}84 \text{ cm}$

Die Abweichung zur anderen Lösungsvariante ist rundungsbedingt.

$A_{\Delta ABS_1} = \frac{1}{2} \cdot 4 \text{ cm} \cdot 5{,}83 \text{ cm} = 11{,}66 \text{ cm}^2$

$O = A_G + M$

$O = A_{ABCD} + 2 \cdot A_{\Delta BCS_1} + 2 \cdot A_{\Delta ABS_1}$

$O = 4 \text{ cm} \cdot 6 \text{ cm} + 2 \cdot 16{,}17 \text{ cm}^2 + 2 \cdot 11{,}66 \text{ cm}^2$

$O = 79{,}66 \text{ cm}^2$

Berechnung des Volumens:

$V = \frac{1}{3} \cdot A_G \cdot h$

$V = \frac{1}{3} \cdot 24 \text{ cm}^2 \cdot 5 \text{ cm}$

$V = 40 \text{ cm}^3$

Vergleiche das Ergebnis mit dem Ergebnis der nachfolgenden Aufgabe.

198 a) Zeichnung:

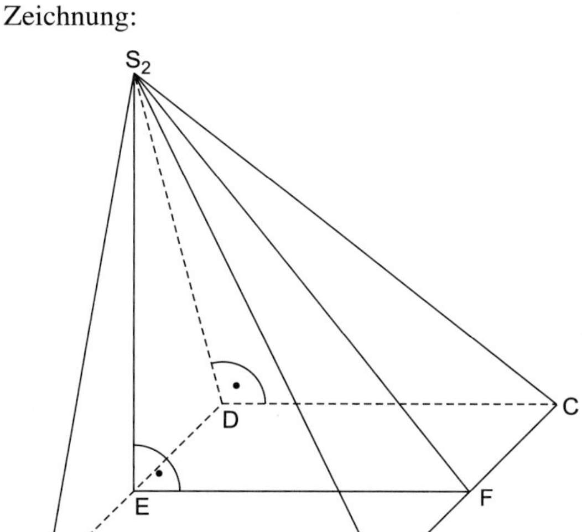

Hinweise und Tipps

b) Länge der Seitenkanten:
Dreieck ADS_2 ist gleichschenklig, also $|\overline{S_2A}| = |\overline{S_2D}|$.
Dreieck BCS_2 ist gleichschenklig, also $|\overline{S_2B}| = |\overline{S_2C}|$.
Im Dreieck AES_2 gilt:

$$|\overline{S_2A}| = \sqrt{|\overline{AE}|^2 + |\overline{ES_2}|^2} = \sqrt{3^2+5^2}\text{ cm} = 5{,}83\text{ cm}$$

Im Dreieck ABS_2 gilt:

$$|\overline{BS_2}| = \sqrt{|\overline{AB}|^2 + |\overline{S_2A}|^2} = \sqrt{4^2+5{,}83^2}\text{ cm} = 7{,}07\text{ cm}$$

Obwohl das Schrägbild die Anschauung trügt, ist Dreieck ABS_2 rechtwinklig bei A! (Vgl. Netz!)

Netz der Pyramide:

Kreise:
k(A; r = 5,83 cm)
k(B; r = 7,07 cm)
k(C; r = 7,07 cm)
k(D; r = 5,83 cm)

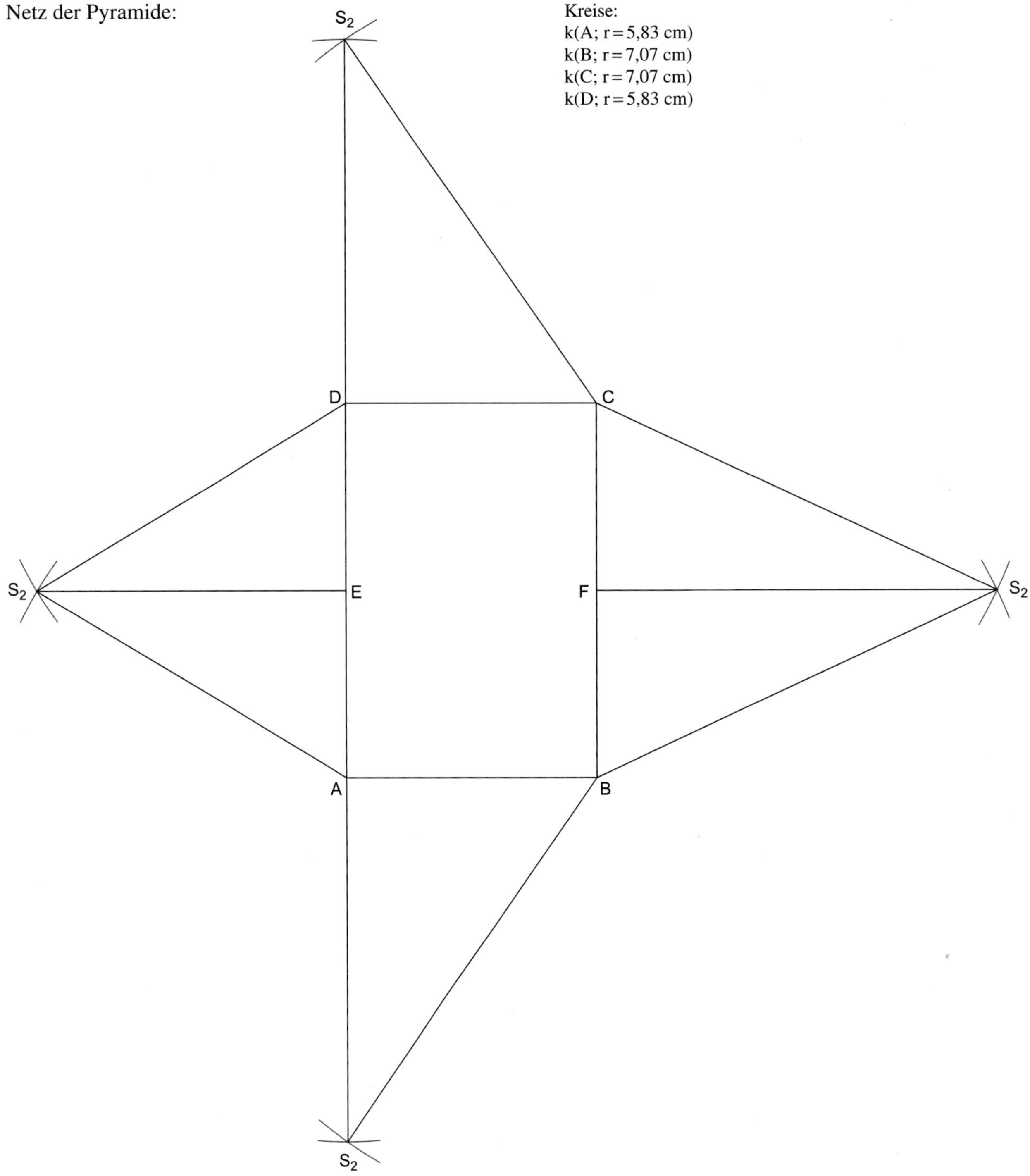

Berechnung der Teilflächen der Mantelfläche:

$A_{\Delta ABS_2} = A_{\Delta DCS_2}$

$A_{\Delta ABS_2} = \frac{1}{2} \cdot |\overline{AB}| \cdot |\overline{S_2A}| = \frac{1}{2} \cdot 4\text{ cm} \cdot 5{,}83\text{ cm} = 11{,}66\text{ cm}^2$

$A_{\Delta ADS_2} = \frac{1}{2} \cdot |\overline{AD}| \cdot |\overline{S_2E}| = \frac{1}{2} \cdot 6\text{ cm} \cdot 5\text{ cm} = 15\text{ cm}^2$

$A_{\Delta BCS_2} = \frac{1}{2} \cdot |\overline{BC}| \cdot |\overline{S_2F}|$

Berechnung von $|\overline{FS_2}|$ im Dreieck EFS_2:

$|\overline{FS_2}| = \sqrt{|\overline{EF}|^2 + |\overline{S_2E}|^2}$

$|\overline{FS_2}| = \sqrt{4^2 + 5^2}\text{ cm}$

$|\overline{FS_2}| = 6{,}40\text{ cm}$

$A_{\Delta BCS_2} = \frac{1}{2} \cdot 6\text{ cm} \cdot 6{,}40\text{ cm} = 19{,}2\text{ cm}^2$

Berechnung der Oberfläche:

$O = M + A_G$

$O = 2 \cdot A_{\Delta ABS_2} + A_{\Delta BCS_2} + A_{\Delta ADS_2} + A_G$

$O = 2 \cdot 11{,}66\text{ cm}^2 + 19{,}2\text{ cm}^2 + 15\text{ cm}^2 + 24\text{ cm}^2$

$O = 81{,}52\text{ cm}^2$

Berechnung des Volumens:

$V = \frac{1}{3} \cdot A_G \cdot h$

$V = \frac{1}{3} \cdot 24\text{ cm}^2 \cdot 5\text{ cm}$

$V = 40\text{ cm}^3$

Hinweise und Tipps

Die Dreiecke ABS_2 und DCS_2 sind gleich groß und rechtwinklig (vgl. Netz).

Betrachte das Schrägbild!

Vergleiche das Ergebnis mit dem Ergebnis der vorhergehenden Aufgabe.
Beide Pyramiden haben die gleiche Grundfläche und die gleiche Höhe. Nach dem Satz des Cavalieri also auch das gleiche Volumen.

199 a) Zeichnung:

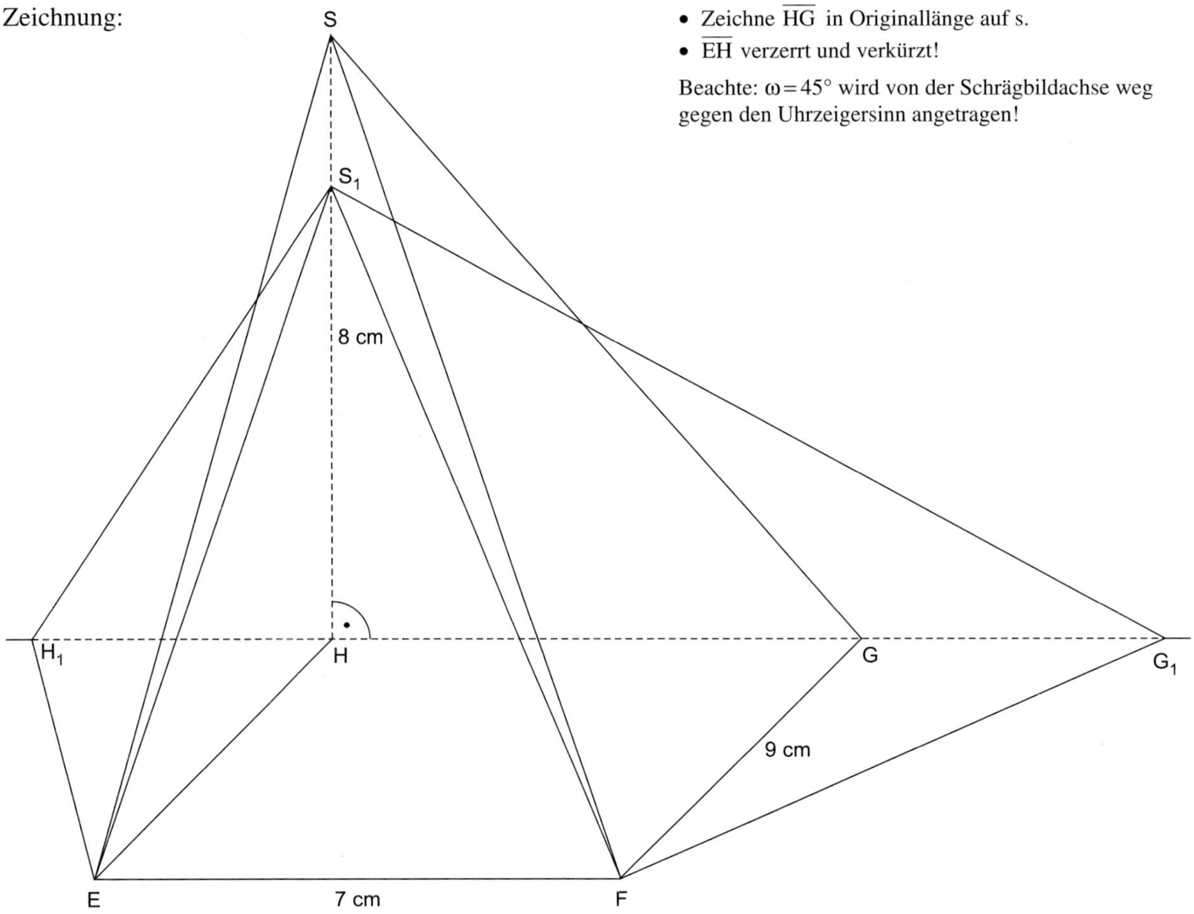

Hinweise und Tipps

- Zeichne $\overline{HG}$ in Originallänge auf s.
- $\overline{EH}$ verzerrt und verkürzt!

Beachte: $\omega = 45°$ wird von der Schrägbildachse weg gegen den Uhrzeigersinn angetragen!

b) Länge der Seitenkante $\overline{GS}$ im Dreieck HGS (rechtwinklig!):

$$|\overline{GS}| = \sqrt{|\overline{HG}|^2 + |\overline{SH}|^2} = \sqrt{7^2 + 8^2} \text{ cm} = 10{,}63 \text{ cm}$$

c) Volumen von $EFG_1H_1S_1$:

$$V = \frac{1}{3} \cdot A_G \cdot h$$

$|\overline{GG_1}| = |\overline{HH_1}| = 2 \cdot 2 \text{ cm} = 4 \text{ cm}$, $|\overline{SS_1}| = 2 \text{ cm}$

Die Grundfläche G ist ein Trapez.

Fläche des Trapezes EFG_1H_1:

$$A_G = \frac{1}{2} \cdot (|\overline{EF}| + |\overline{G_1H_1}|) \cdot |\overline{FG}|$$

$$A_{Trapez} = \frac{1}{2} \cdot (a + c) \cdot h$$

$$A_G = \frac{1}{2} \cdot (7 \text{ cm} + 15 \text{ cm}) \cdot 9 \text{ cm}$$

$|\overline{H_1G_1}| = 4 \text{ cm} + 7 \text{ cm} + 4 \text{ cm}$

$$A_G = 99 \text{ cm}^2$$

Volumen der Pyramide $EFG_1H_1S_1$:

$$V = \frac{1}{3} \cdot A_G \cdot h$$

Höhe $h = |\overline{HS_1}| = 8 \text{ cm} - 2 \text{ cm}$

$$V = \frac{1}{3} \cdot 99 \text{ cm}^2 \cdot 6 \text{ cm}$$

$$V = 198 \text{ cm}^3$$

Hinweise und Tipps

d) $V = \frac{1}{3} \cdot A_G \cdot h$

$V = \frac{1}{3} \cdot \underbrace{\left[\frac{1}{2}\left(|\overline{EF}| + |\overline{G_nH_n}|\right) \cdot |\overline{FG}|\right]}_{A_{Trapez} = A_G} \cdot \underbrace{|\overline{S_nH}|}_{h}$

$V(x) = \frac{1}{3} \cdot \left[\frac{1}{2}\left(|\overline{EF}| + |\overline{GH}| + 2 \cdot 2x\right) \cdot |\overline{GF}|\right] \cdot (8 - x)\ cm^3$

$V(x) = \frac{1}{3} \cdot \left[\frac{1}{2}(7 + 7 + 4x) \cdot 9\right] \cdot (8 - x)\ cm^3$

$\frac{1}{3} \cdot \frac{1}{2} \cdot 9 = \frac{9}{6} = \frac{3}{2}$

$V(x) = \frac{3}{2} \cdot (14 + 4x) \cdot (8 - x)\ cm^3$

$V(x) = \frac{3}{2} \cdot (112 - 14x + 32x - 4x^2)\ cm^3$

$V(x) = \frac{3}{2} \cdot (-4x^2 + 18x + 112)\ cm^3$

$V(x) = (-6x^2 + 27x + 168)\ cm^3$

e) $V(x) = -6x^2 + 27x + 168$

Ergänze quadratisch ohne Maßeinheiten.

$V(x) = -6(x^2 - 4,5x - 28)$

$V(x) = -6(x^2 - 4,5x + 2,25^2 - 2,25^2 - 28)$

$V(x) = -6[(x - 2,25)^2 - 33,0625]$

$V(x) = -6(x - 2,25)^2 + 198,375$

$V_{max} = 198,375\ cm^3$ für $x = 2,25$

Gib den Extremwert mit Maßeinheit an.

f) $\begin{array}{|l} \quad V(x) = -6x^2 + 27x + 168 \\ \wedge \quad V(x) = 100 \\ \hline \end{array}$

$\Rightarrow \quad -6x^2 + 27x + 168 = 100 \quad (I = II) \quad | -100$

$\Leftrightarrow \quad -6x^2 + 27x + 68 = 0$

Bringe die quadratische Gleichung in die allgemeine Form.

Diskriminante $D = 27^2 - 4 \cdot (-6) \cdot 68 = 2\,361$

$\Leftrightarrow \quad x_{1/2} = \frac{-27 \pm \sqrt{2\,361}}{2 \cdot (-6)}$

$x_1 = -1,80 \vee x_2 = 6,30$

$L = \{6,30\}$

$x = -1,80$ ist wegen der Aufgabenstellung keine Lösung.

g) $V_{EFG_1H_1S_1} = 198\ cm^3$

$V_{EFGHS} = 168\ cm^3$

Prozentualer Anteil:

PW: 168

GW: 198

$\frac{PW}{GW} = \frac{p}{100} \quad | \cdot 100$

$p = \frac{PW}{GW} \cdot 100$

$p = \frac{168}{198} \cdot 100$

$p = 84,85$

V_{EFGHS}:
Einfach $x = 0$ in $V(x) = (-6x^2 + 27x + 168)\ cm^3$:
$V = 168\ cm^3$
oder:
$V = \frac{1}{3} \cdot A_G \cdot h = \frac{1}{3} \cdot 7\ cm \cdot 9\ cm \cdot 8\ cm = 168\ cm^3$

Hinweise und Tipps

200 a) Zeichnung:

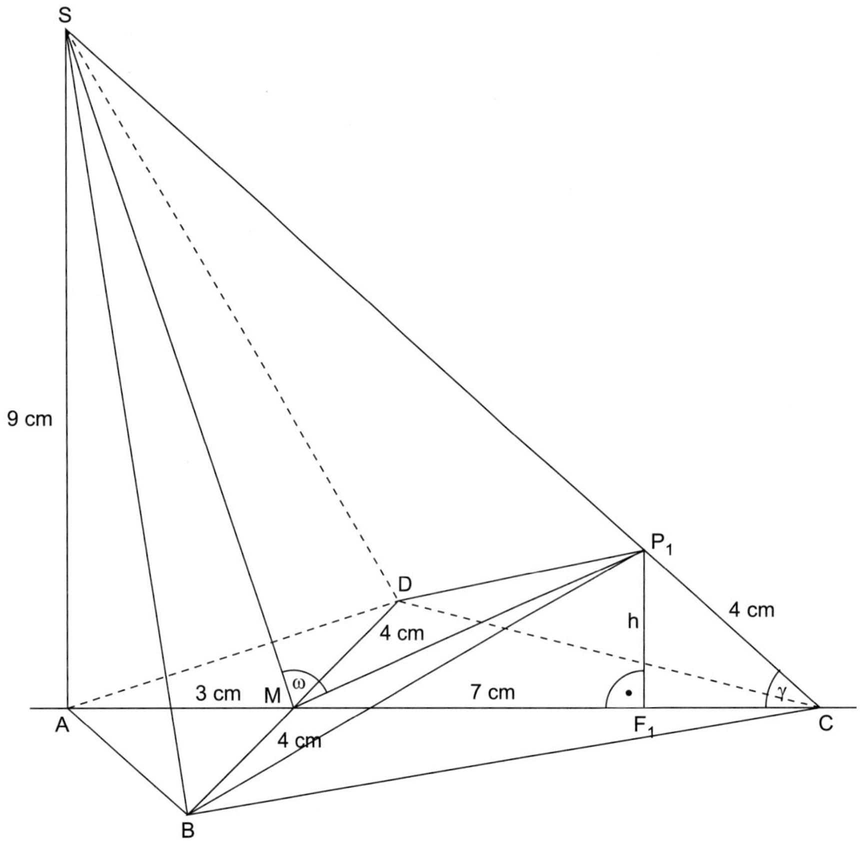

Länge der Strecke $\overline{CS}$ im Dreieck ACS:

$$|\overline{CS}| = \sqrt{|\overline{AC}|^2 + |\overline{SA}|^2}$$

$$|\overline{CS}| = \sqrt{10^2 + 9^2} \text{ cm}$$

$$|\overline{CS}| = \sqrt{181} \text{ cm}$$

$$|\overline{CS}| = 13{,}45 \text{ cm}$$

Winkel γ im Dreieck ACS:

$$\tan\gamma = \frac{|\overline{SA}|}{|\overline{AC}|}$$

$$\tan\gamma = \frac{9 \text{ cm}}{10 \text{ cm}}$$

$$\tan\gamma = 0{,}9$$

$$\gamma = 41{,}99°$$

b) Berechnung der Höhe $h = |\overline{P_1F_1}|$ mit dem 2. Strahlensatz:

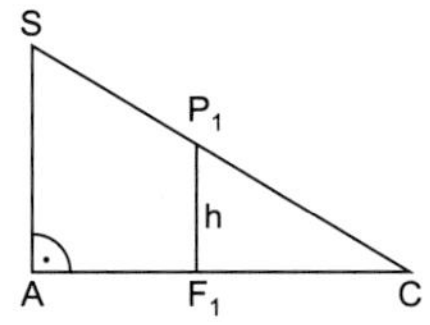

$$\frac{h}{|\overline{SA}|} = \frac{|\overline{CP_1}|}{|\overline{CS}|}$$

$$\frac{h}{9 \text{ cm}} = \frac{4 \text{ cm}}{13{,}45 \text{ cm}} \quad |\cdot 9 \text{ cm}$$

$$h = \frac{36}{13{,}45} \text{ cm}$$

$$h = 2{,}68 \text{ cm}$$

Hinweise und Tipps

Berechnung von $|\overline{P_1M}|$:
Kosinussatz im Dreieck MCP_1:

$|\overline{P_1M}|^2 = |\overline{MC}|^2 + |\overline{CP_1}|^2 - 2\cdot|\overline{MC}|\cdot|\overline{CP_1}|\cdot\cos\gamma$

$|\overline{P_1M}| = \sqrt{7^2 + 4^2 - 2\cdot 7\cdot 4\cdot\cos 41{,}99°}$ cm

$|\overline{P_1M}| = 4{,}84$ cm

Berechnung des Winkelmaßes ω von Winkel P_1MS:

Lösungsweg 1:
Berechnung von ∢SMA im Dreieck AMS:

$$\tan\sphericalangle SMA = \frac{|\overline{SA}|}{|\overline{AM}|}$$

$$\tan\sphericalangle SMA = \frac{9\text{ cm}}{3\text{ cm}}$$

$\tan\sphericalangle SMA = 3$

$\sphericalangle SMA = 71{,}57°$

Berechnung von $\sphericalangle CMP_1$ im Dreieck MCP_1:

$$\frac{\sin\sphericalangle CMP_1}{|\overline{CP_1}|} = \frac{\sin\gamma}{|\overline{P_1M}|} \qquad |\cdot|\overline{CP_1}|$$

$$\sin\sphericalangle CMP_1 = \frac{\sin 41{,}99°}{4{,}84\text{ cm}}\cdot 4\text{ cm}$$

$\sin\sphericalangle CMP_1 = 0{,}5528\ldots$

$\sphericalangle CMP_1 = 33{,}57°$ $(\vee\ \sphericalangle CMP_1 = 180° - 33{,}57° = 146{,}43°)$

$\Rightarrow\ \omega = 180° - 33{,}57° - 71{,}57° = 74{,}86°$

$\sphericalangle CMP_1 = 146{,}43°$ ist keine Lösung, da sonst die Winkelsumme im Dreieck MCP_1 größer als 180° wäre.

$\sphericalangle P_1MS + \sphericalangle SMA + \sphericalangle CMP_1 = 180°$

oder:

Lösungsweg 2:
Berechnung von $|\overline{MS}|$ im Dreieck AMS:

$|\overline{MS}| = \sqrt{|\overline{AM}|^2 + |\overline{SA}|^2}$

$|\overline{MS}| = \sqrt{3^2 + 9^2}$ cm

$|\overline{MS}| = 9{,}49$ cm

$|\overline{P_1S}| = |\overline{CS}| - |\overline{CP_1}| = 13{,}45\text{ cm} - 4\text{ cm} = 9{,}45\text{ cm}$

Im Dreieck MP_1S sind damit alle drei Seiten bekannt und der Kosinussatz lässt sich anwenden:

$|\overline{P_1S}|^2 = |\overline{MP_1}|^2 + |\overline{SM}|^2 - 2\cdot|\overline{MP_1}|\cdot|\overline{SM}|\cdot\cos\omega$

$$\cos\omega = \frac{|\overline{MP_1}|^2 + |\overline{SM}|^2 - |\overline{P_1S}|^2}{2\cdot|\overline{MP_1}|\cdot|\overline{SM}|}$$

$$\cos\omega = \frac{4{,}84^2 + 9{,}49^2 - 9{,}45^2}{2\cdot 4{,}84\cdot 9{,}49}$$

Tippt man den gesamten Term in den TR ein, so setzt man am besten jeweils eine Klammer um den Zähler und um den Nenner.

$\cos\omega = 0{,}2632\ldots$

$\omega = 74{,}74°$

Die Abweichung zur anderen Lösungsvariante ist rundungsbedingt.

Hinweise und Tipps

c) Höhe in Abhängigkeit von x:

$$\frac{h(x)}{|\overline{SA}|} = \frac{|\overline{CP_n}|}{|\overline{CS}|}$$

$$\frac{h(x)}{9\text{ cm}} = \frac{x\text{ cm}}{13,45\text{ cm}} \qquad |\cdot 9\text{ cm}$$

$$h(x) = \frac{9\text{ cm}}{13,45\text{ cm}} \cdot x\text{ cm}$$

$$h(x) = 0,67x\text{ cm}$$

Ansatz wie in Teilaufgabe b, nur mit $|\overline{CP_n}|$ anstelle von $|\overline{CP_1}|$

Volumen in Abhängigkeit von x:

$$V = \frac{1}{3} \cdot G \cdot h$$

Überlege, was in der Formel von x abhängig ist. Hier ist nur die Höhe von x abhängig. Die Grundfläche ist immer gleich. h(x) wurde vorher schon berechnet!

$$V(x) = \frac{1}{3} \cdot \underbrace{\frac{1}{2} \cdot |\overline{DB}| \cdot |\overline{MC}|}_{\text{Grundfläche}} \cdot h(x)$$

$$V(x) = \frac{1}{3} \cdot \frac{1}{2} \cdot 8\text{ cm} \cdot 7\text{ cm} \cdot 0,67x\text{ cm}$$

$$V(x) = 6,25 \cdot x\text{ cm}^3$$

d) $\begin{array}{|l} \quad V(x) = 6,25 \cdot x\text{ cm}^3 \\ \wedge \; V(x) = 20\text{ cm}^3 \end{array}$

$$\Rightarrow \; 6,25x = 20 \quad (I = II) \quad |:6,25$$

$$\Leftrightarrow \qquad x = 3,2$$

$$L = \{3,2\}$$

e) V_{BCDP_1} bekommt man für x = 4:

So wurde P_1 festgelegt in Teilaufgabe b.

$$V(x) = 6,25 \cdot x\text{ cm}^3$$

$$V_{BCDP_1} = 6,25 \cdot 4\text{ cm}^3$$

$$V_{BCDP_1} = 25\text{ cm}^3$$

davon 80 %:

Dreisatz:

$100\ \% \mathrel{\hat{=}} 25\text{ cm}^3$

$1\ \% \mathrel{\hat{=}} 0,25\text{ cm}^3$

$80\ \% \mathrel{\hat{=}} 0,25\text{ cm}^3 \cdot 80 = 20\text{ cm}^3$

Das Volumen von $BCDP_3$ beträgt also 20 cm^3.

Mit Teilaufgabe d folgt:

$$V(x) = 20\text{ cm}^3 \quad \Leftrightarrow \quad x = 3,2$$

$$\Rightarrow \; h(3,2) = 0,67 \cdot 3,2\text{ cm} = 2,14\text{ cm}$$

f) $A_{\Delta DBP_n} = \frac{1}{2} \cdot |\overline{BD}| \cdot |\overline{MP_n}|$

Die Fläche ist am kleinsten, wenn die Höhe $\overline{MP_n}$ am kürzesten ist.
Lot von M auf $\overline{CS}$ ergibt P_0.

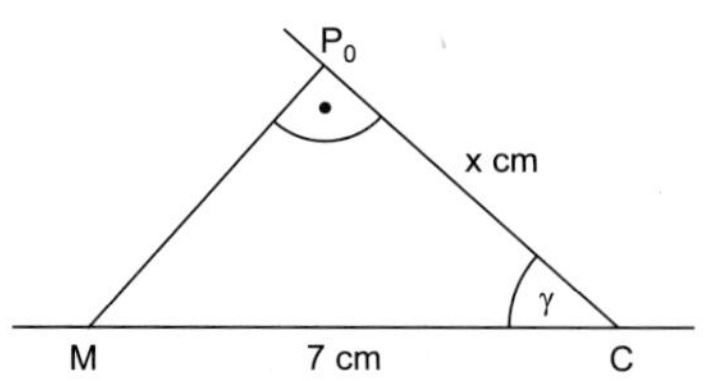

Im Dreieck MCP_0 (rechtwinklig!) gilt:

$$\sin\gamma = \frac{|\overline{P_0M}|}{|\overline{MC}|} \qquad |\cdot|\overline{MC}|$$

$$|\overline{P_0M}| = |\overline{MC}| \cdot \sin\gamma$$

$$|\overline{P_0M}| = 7\text{ cm} \cdot \sin 41,99°$$

Hinweise und Tipps

$|\overline{P_0M}| = 4{,}68\text{ cm}$

Die kürzeste Höhe ist $|\overline{P_0M}| = 4{,}68\text{ cm}$.

Der kleinste Flächeninhalt ist:

$A_{min} = \frac{1}{2} \cdot |\overline{BD}| \cdot |\overline{MP_0}|$

$A_{min} = \frac{1}{2} \cdot 8\text{ cm} \cdot 4{,}68\text{ cm}$

$A_{min} = 18{,}72\text{ cm}^2$

Es gilt:

$\cos\gamma = \frac{x\text{ cm}}{|\overline{MC}|} \qquad | \cdot |\overline{MC}|$

$x\text{ cm} = |\overline{MC}| \cdot \cos\gamma$

$x\text{ cm} = 7\text{ cm} \cdot \cos 41{,}99°$

$x\text{ cm} = 5{,}20\text{ cm}$

201 a) und b) Zeichnung:

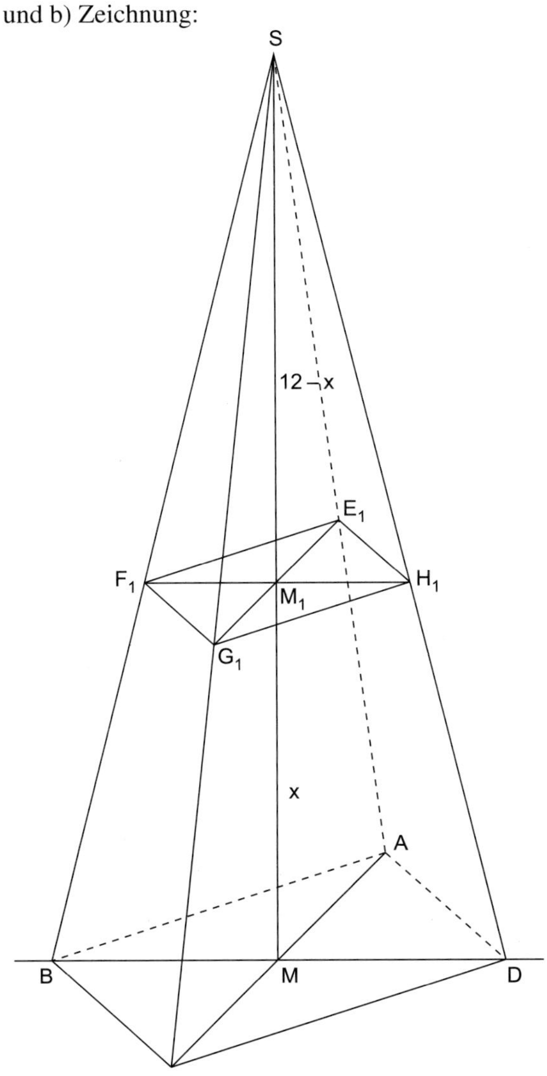

Alle Kanten der Schnittfläche sind parallel zu den Kanten der Grundfläche.

- Zeichne M_1 5 cm über M ein.
- Zeichne $\overline{G_1E_1}$ parallel zu $\overline{CA}$ durch M_1.
- Zeichne $\overline{F_1H_1}$ parallel zu $\overline{BD}$ durch M_1.
- Zeichne die Raute $E_1F_1G_1H_1$ ein.

Hinweise und Tipps

c) Berechnung der Diagonalen mithilfe des Strahlensatzes:

$$\frac{|\overline{F_1H_1}|}{|\overline{BD}|} = \frac{|\overline{SM_1}|}{|\overline{SM}|} \quad |\cdot|\overline{BD}|$$

$$|\overline{F_1H_1}| = \frac{7\text{ cm}}{12\text{ cm}} \cdot 6\text{ cm}$$

$$|\overline{F_1H_1}| = 3{,}5\text{ cm}$$

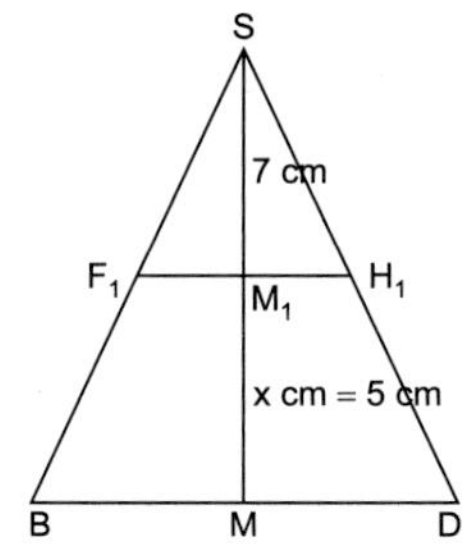

Analog gilt:

$$\frac{|\overline{G_1E_1}|}{|\overline{CA}|} = \frac{|\overline{SM_1}|}{|\overline{SM}|} \quad |\cdot|\overline{CA}|$$

$$|\overline{G_1E_1}| = \frac{7\text{ cm}}{12\text{ cm}} \cdot 8\text{ cm}$$

$$|\overline{G_1E_1}| = 4{,}67\text{ cm}$$

Berechnung der Seitenlängen der Schnittfläche:
Satz des Pythagoras im Dreieck $G_1H_1M_1$:

$$|\overline{G_1H_1}| = \sqrt{|\overline{M_1G_1}|^2 + |\overline{H_1M_1}|^2}$$

$$|\overline{G_1H_1}| = \sqrt{2{,}34^2 + 1{,}75^2}\text{ cm}$$

$$|\overline{G_1H_1}| = 2{,}92\text{ cm}$$

In einer Raute stehen die Diagonalen aufeinander senkrecht.

$$|\overline{M_1G_1}| = \frac{1}{2} \cdot |\overline{G_1E_1}|$$

$$|\overline{H_1M_1}| = \frac{1}{2} \cdot |\overline{F_1H_1}|$$

oder:
Satz des Pythagoras im Dreieck CDM:

$$|\overline{CD}| = \sqrt{|\overline{DM}|^2 + |\overline{MC}|^2}$$

$$|\overline{CD}| = \sqrt{3^2 + 4^2}\text{ cm}$$

$$|\overline{CD}| = 5\text{ cm}$$

Strahlensatz für parallele Ebenen:

$$\frac{|\overline{G_1H_1}|}{|\overline{CD}|} = \frac{|\overline{SM_1}|}{|\overline{SM}|} \quad |\cdot|\overline{CD}|$$

$$|\overline{G_1H_1}| = \frac{|\overline{SM_1}|}{|\overline{SM}|} \cdot |\overline{CD}|$$

$$|\overline{G_1H_1}| = \frac{7\text{ cm}}{12\text{ cm}} \cdot 5\text{ cm}$$

$$|\overline{G_1H_1}| = 2{,}92\text{ cm}$$

$E_1F_1G_1H_1$ ist eine Raute wie ABCD und somit sind alle Seiten gleich lang.

d) Volumen des Pyramidenstumpfes:

$$V_{Stumpf} = V_{ABCDS} - V_{E_1F_1G_1H_1S}$$

$$V_{Stumpf} = \frac{1}{3} \cdot \underbrace{\frac{1}{2} \cdot |\overline{CA}| \cdot |\overline{BD}|}_{A_G} \cdot \underbrace{|\overline{MS}|}_{h} - \frac{1}{3} \cdot \underbrace{\frac{1}{2} \cdot |\overline{G_1E_1}| \cdot |\overline{F_1H_1}|}_{A_G} \cdot \underbrace{|\overline{M_1S}|}_{h}$$

Schneidet eine zur Grundfläche parallele Ebene einer Pyramide die Spitze ab, so nennt man den entstehenden Restkörper Pyramidenstumpf.

$$V_{Stumpf} = \frac{1}{6} \cdot 8\text{ cm} \cdot 6\text{ cm} \cdot 12\text{ cm} - \frac{1}{6} \cdot 4{,}67\text{ cm} \cdot 3{,}5\text{ cm} \cdot 7\text{ cm}$$

$$V_{Stumpf} = 96\text{ cm}^3 - 19{,}07\text{ cm}^3$$

$$V_{Stumpf} = 76{,}93\text{ cm}^3$$

Hinweise und Tipps

e) Strahlensatz für parallele Ebenen mit Zentrum S:

$$\frac{|\overline{G_nH_n}|}{|\overline{CD}|} = \frac{|\overline{SM_n}|}{|\overline{SM}|}$$

$$\frac{|\overline{G_nH_n}|}{5\text{ cm}} = \frac{(12-x)\text{ cm}}{12\text{ cm}} \quad |\cdot 5\text{ cm}$$

$$|\overline{G_nH_n}| = \frac{12-x}{12}\cdot 5\text{ cm}$$

$$|\overline{G_nH_n}| = \frac{60-5x}{12}\text{ cm}$$

Mit 12 kürzen

$$|\overline{G_nH_n}| = \left(5-\frac{5}{12}x\right)\text{cm}$$

f) Berechnung von $|\overline{D_nH_n}|$ in Abhängigkeit von x:

Zuerst: $|\overline{DS}| = \sqrt{|\overline{SM}|^2+|\overline{MD}|^2} = \sqrt{12^2+3^2}\text{ cm} = 12,37\text{ cm}$ Rechtwinkliges Dreieck MDS

1. Strahlensatz:

$$\frac{|\overline{SM_n}|}{|\overline{SM}|} = \frac{|\overline{SH_n}|}{|\overline{SD}|}$$

$$\frac{(12-x)\text{ cm}}{12\text{ cm}} = \frac{|\overline{SH_n}|}{12,37\text{ cm}}$$

$$|\overline{SH_n}| = \frac{12-x}{12}\cdot 12,37\text{ cm}$$

$$|\overline{SH_n}| = \frac{12,37}{12}\cdot(12-x)\text{ cm}$$

$$|\overline{H_nD}| = |\overline{SD}| - |\overline{SH_n}|$$

$$|\overline{H_nD}|(x) = 12,37\text{ cm} - 12,37\cdot\frac{12-x}{12}\text{ cm}$$

12,37 ausklammern

$$|\overline{H_nD}|(x) = 12,37\cdot\left(1-\frac{12-x}{12}\right)\text{cm}$$

---

202 $V = r_i^2\cdot\pi\cdot h$

$V = (8\text{ cm})^2\cdot\pi\cdot 100\text{ cm}$

$V = 20\,106,20\text{ cm}^3 \quad |1\text{ dm}^3 = 1\,000\text{ cm}^3$

$V = 20,11\text{ dm}^3 \quad |1\text{ dm}^3 = 1\ \ell$

$V = 20,11\ \ell$

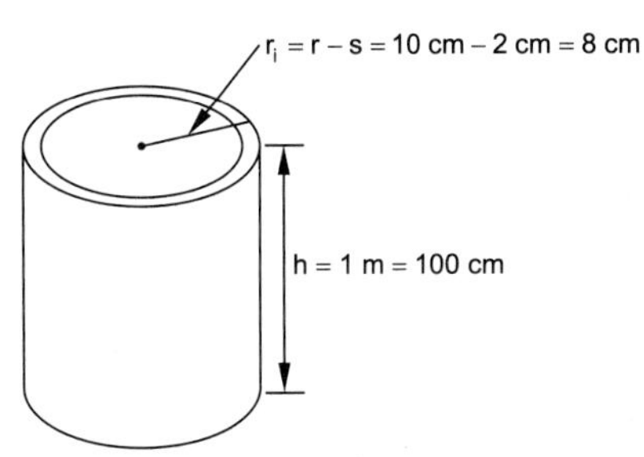

Für das Fassungsvermögen ist der Hohlraum entscheidend. Sein Radius ist $r_i = 8$ cm.

Die Oberfläche ist die Summe aller Begrenzungsflächen. Dazu gehören 2 Kreisringe („oben und unten") sowie die Mantelflächen innen und außen.

$A_{Kreisring} = r^2\cdot\pi - r_i^2\cdot\pi$

$A_{Kreisring} = (10\text{ cm})^2\cdot\pi - (8\text{ cm})^2\cdot\pi$

$A_{Kreisring} = 113,10\text{ cm}^2$

$M_i = 2\cdot r_i\cdot\pi\cdot h$

$M_i = 2\cdot 8\text{ cm}\cdot\pi\cdot 100\text{ cm}$

$M_i = 5\,026,55\text{ cm}^2$

Hinweise und Tipps

$M_a = 2 \cdot r \cdot \pi \cdot h$
$M_a = 2 \cdot 10\text{ cm} \cdot \pi \cdot 100\text{ cm}$
$M_a = 6\,283{,}19\text{ cm}^2$

$O = 2 \cdot A_{Kreisring} + M_i + M_a$
$O = 11\,535{,}94\text{ cm}^2 = 115{,}36\text{ dm}^2 = 1{,}15\text{ m}^2$

---

203 Die Banderole ist um 1 cm länger als der Umfang:
$u = 23\text{ cm} - 1\text{ cm} = 22\text{ cm}$

Die Banderole ist der rechteckige Papierstreifen, der um die Dose gewickelt wird. Beachte: Die Enden des Streifens überlappen 1 cm.

Berechnung des Radius der Dose:

$u = 2 \cdot r \cdot \pi \quad |:2\pi$

$r = \frac{u}{2 \cdot \pi}$

$r = \frac{22\text{ cm}}{2 \cdot \pi}$

$r = 3{,}50\text{ cm}$

Das Volumen des „gefüllten" Zylinders beträgt $0{,}33\ \ell = 0{,}33\text{ dm}^3 = 330\text{ cm}^3$:

$V = r^2 \cdot \pi \cdot h_F \quad |:(r^2 \cdot \pi)$

$h_F = \frac{V}{r^2 \cdot \pi}$

$h_F = \frac{330\text{ cm}^3}{(3{,}5\text{ cm})^2 \cdot \pi}$

$h_F = 8{,}57\text{ cm}$

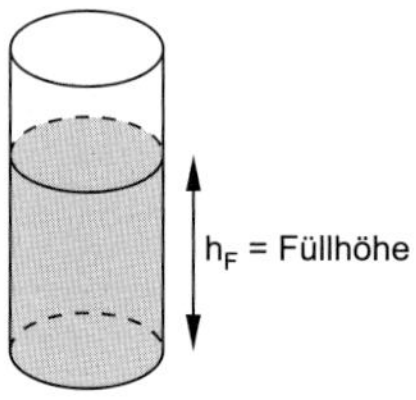

Gesamtvolumen der Dose:
$V_{Dose} = r^2 \cdot \pi \cdot h$
$V_{Dose} = (3{,}5\text{ cm})^2 \cdot \pi \cdot 12\text{ cm}$
$V_{Dose} = 461{,}81\text{ cm}^3$

Berechnung des Prozentsatzes mithilfe der Prozentformel:

$\frac{PW}{GW} = \frac{p}{100}$

$p = \frac{PW}{GW} \cdot 100$

$p = \frac{330\text{ cm}^3}{461{,}81\text{ cm}^3} \cdot 100$

$p = 71{,}46$

$PW = 330\text{ cm}^3$; $GW = 461{,}81\text{ cm}^3$

Die Dose ist zu 71,46 % gefüllt.

Hinweise und Tipps

204 a) Axialschnitt:

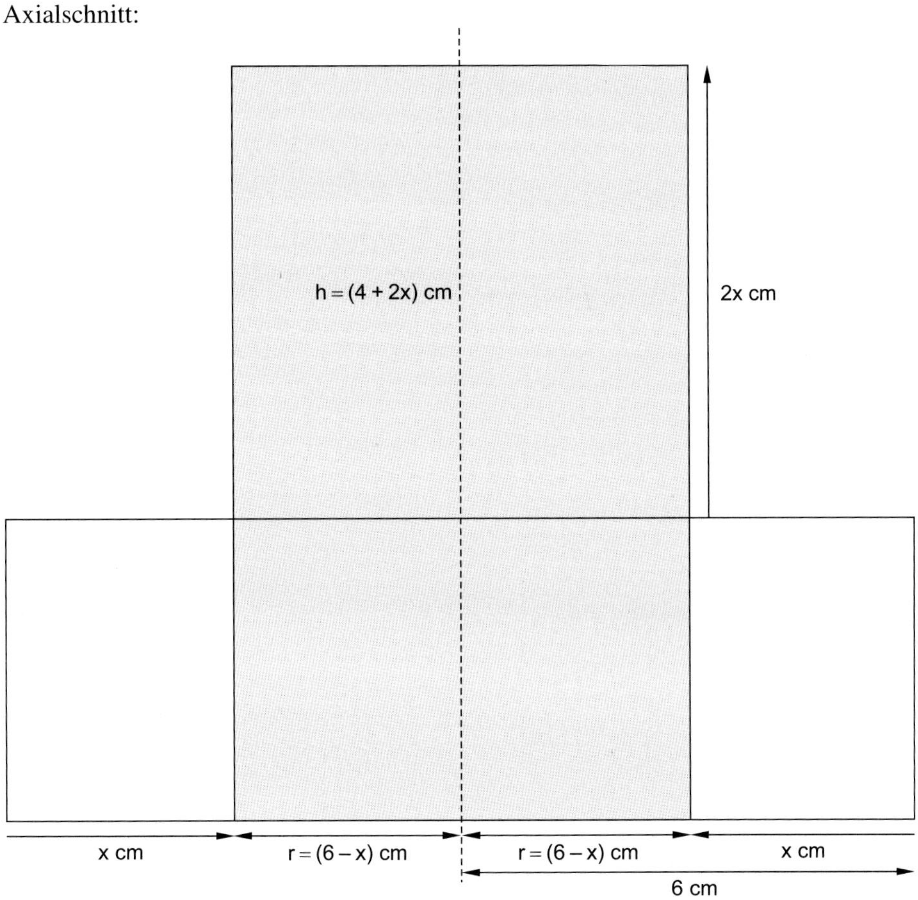

b) $M = 2 \cdot r \cdot \pi \cdot h$

$M(x) = 2 \cdot (6-x) \cdot \pi \cdot (4+2x)\ cm^2$

$M(x) = (12-2x) \cdot (4+2x) \cdot \pi\ cm^2$

$M(x) = (48+24x-8x-4x^2) \cdot \pi\ cm^2$

$M(x) = (-4x^2+16x+48) \cdot \pi\ cm^2$

c) $M(x) = \{-4x^2+16x+48\} \cdot \pi\ cm^2$

$M(x) = \{-4 \cdot [x^2-4x-12]\} \cdot \pi\ cm^2$

$M(x) = \{-4 \cdot [x^2-4x+2^2-2^2-12]\} \cdot \pi\ cm^2$

$M(x) = \{-4 \cdot [(x-2)^2-16]\} \cdot \pi\ cm^2$

$M(x) = \{-4 \cdot (x-2)^2+64\} \cdot \pi\ cm^2$

Extremwertbestimmung innerhalb der geschweiften Klammer!

$M_{max} = 64\pi\ cm^2$ für $x = 2$

Der Extremwert in der Klammer wird noch mit π multipliziert.

d) $M(x) = (-4x^2+16x+48) \cdot \pi\ cm^2$

$\wedge\ M(x) = 150\ cm^2$

$\Rightarrow\ (-4x^2+16x+48) \cdot \pi = 150 \quad (I = II) \quad |:\pi$

Berechnung ohne Maßeinheiten

$\Leftrightarrow\ -4x^2+16x+48 = 47{,}75 \quad |-47{,}75$

$\Leftrightarrow\ -4x^2+16x+0{,}25 = 0$

Ausgangsform für die Lösungsformel

$D = 16^2 - 4 \cdot (-4) \cdot 0{,}25 = 260$

Die Diskriminante D = 260 ist größer als null
⇒ 2 Lösungen

$\Leftrightarrow\ x_{1/2} = \dfrac{-16 \pm \sqrt{260}}{-8}$

$(x_1 = -0{,}02) \vee x_2 = 4{,}02$

$L = \{4{,}02\}$

Die Lösung x_1 scheidet aus. x wäre sonst eine negative Streckenlänge.

205 a) Berechnung der Mantelfläche:

$M = r \cdot \pi \cdot m$

$M = 2{,}5\ \text{cm} \cdot \pi \cdot 5\ \text{cm}$

$M = 12{,}5 \cdot \pi\ \text{cm}^2$

Hinweise und Tipps

Der Axialschnitt des Kegels ist ein gleichseitiges Dreieck:

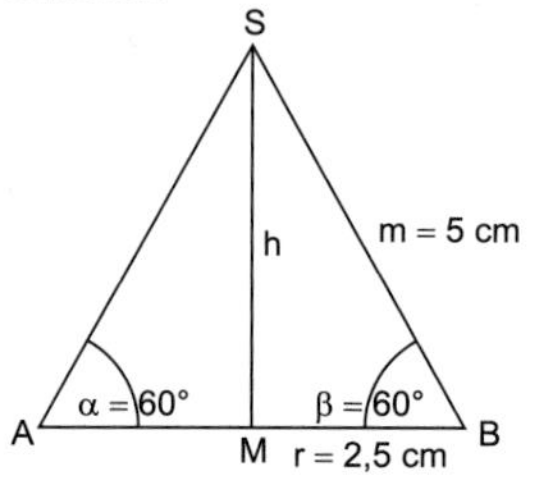

Abwicklung: Halbkreis!

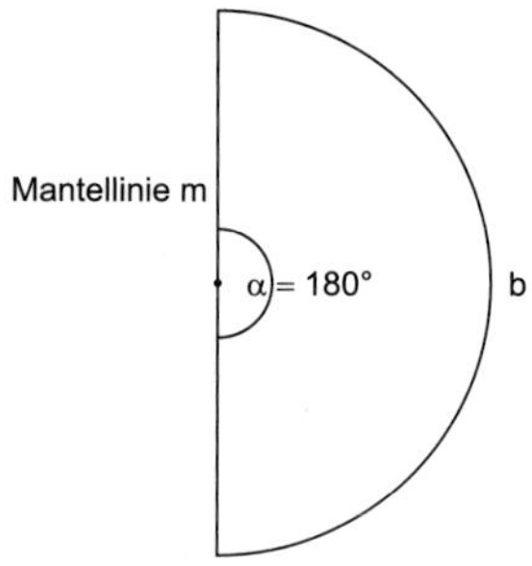

Berechnung des Mittelpunktswinkels:

$M = \frac{\alpha}{360°} \cdot m^2 \cdot \pi \quad \Big| \cdot \frac{360°}{m^2 \cdot \pi}$

$\alpha = \frac{M \cdot 360°}{m^2 \cdot \pi}$

$\alpha = \frac{12{,}5 \cdot \not{\pi}\ \text{cm}^2 \cdot 360°}{(5\ \text{cm})^2 \cdot \not{\pi}} = \frac{12{,}5\ \not{\text{cm}^2} \cdot 360°}{25\ \not{\text{cm}^2}} = \frac{360°}{2}$

$\alpha = 180°$

oder:

$\alpha = \frac{r}{m} \cdot 360°$

$\alpha = \frac{2{,}5\ \text{cm}}{5\ \text{cm}} \cdot 360°$

$\alpha = 180°$

b) Ist der Axialschnitt eines Kegels ein gleichseitiges Dreieck, dann gilt allgemein:

$m = 2 \cdot r$

Es folgt:

$M = r \cdot \pi \cdot m$

$M = r \cdot \pi \cdot 2 \cdot r$

$M = 2r^2\pi$

Beachte: Die Mantelfläche ist in diesem Fall doppelt so groß wie der Grundkreis des Kegels ($r^2\pi$)!

Berechnung des Mittelpunktswinkels:

$M = \frac{\alpha}{360°} \cdot m^2 \cdot \pi$

$M = \frac{\alpha}{360°} \cdot (2r)^2 \cdot \pi$

$M = \frac{\alpha}{360°} \cdot 4r^2 \cdot \pi \quad \Big| \cdot \frac{360°}{4r^2 \cdot \pi}$

$\alpha = \frac{M \cdot 360°}{4r^2 \cdot \pi}$

Setze $M = 2r^2\pi$ ein.

$\alpha = \frac{2\not{r^2}\not{\pi} \cdot 360°}{4\not{r^2} \cdot \not{\pi}}$

$\alpha = \frac{2}{4} \cdot 360° = 180°$

✎ Hinweise und Tipps

oder:

$\alpha = \frac{r}{m} \cdot 360°$

$\alpha = \frac{r}{2r} \cdot 360°$

$\alpha = \frac{1}{2} \cdot 360°$

$\alpha = 180°$

Der Mittelpunktswinkel ist also immer 180° groß und die Abwicklung somit ein Halbkreis.

---

206 Differenz zweier Kegel:
DCS: Axialschnitt des „abgeschnittenen Kegels" K_1
ABS: Axialschnitt des Ausgangskegels K_2
ABCD: Axialschnitt des Kegelstumpfes

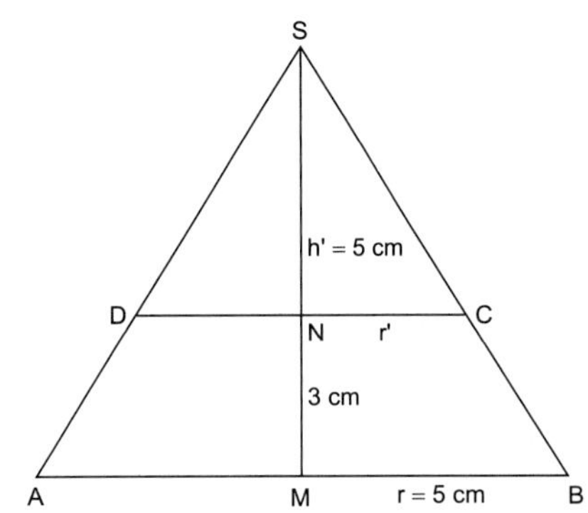

Berechnung des Volumens:

$V_{Kegelstumpf} = V_{K_2} - V_{K_1}$

$V_{Kegelstumpf} = \frac{1}{3} \cdot r^2 \cdot \pi \cdot h - \frac{1}{3} \cdot (r')^2 \cdot \pi \cdot h'$

Berechnung von $r' = |\overline{NC}|$ mit dem Strahlensatz:

$\frac{|\overline{NC}|}{|\overline{MB}|} = \frac{|\overline{SN}|}{|\overline{SM}|} \qquad | \cdot |\overline{MB}|$

$|\overline{NC}| = \frac{|\overline{SN}|}{|\overline{SM}|} \cdot |\overline{MB}|$

$|\overline{NC}| = \frac{5\text{ cm}}{8\text{ cm}} \cdot 5\text{ cm}$

$|\overline{NC}| = 3{,}125\text{ cm}$

$V_{Kegelstumpf} = \frac{1}{3} \cdot (5\text{ cm})^2 \cdot \pi \cdot 8\text{ cm} - \frac{1}{3} \cdot (3{,}125\text{ cm})^2 \cdot \pi \cdot 5\text{ cm}$

$V_{Kegelstumpf} = 209{,}44\text{ cm}^3 - 51{,}13\text{ cm}^3$

$V_{Kegelstumpf} = 158{,}31\text{ cm}^3$

Berechnung der Mantelfläche:

$M_{Kegelstumpf} = M_{K_2} - M_{K_1}$

$M_{Kegelstumpf} = r \cdot \pi \cdot m - r' \cdot \pi \cdot m'$

Berechnung von m und m' in den rechtwinkligen Dreiecken MBS und NCS:

$m = |\overline{BS}| = \sqrt{|\overline{MB}|^2 + |\overline{SM}|^2} = \sqrt{5^2 + 8^2}\text{ cm} = 9{,}43\text{ cm}$

$m' = |\overline{CS}| = \sqrt{|\overline{NC}|^2 + |\overline{SN}|^2} = \sqrt{3{,}125^2 + 5^2}\text{ cm} = 5{,}90\text{ cm}$

$M_{Kegelstumpf} = 5\text{ cm} \cdot \pi \cdot 9{,}43\text{ cm} - 3{,}125\text{ cm} \cdot \pi \cdot 5{,}90\text{ cm}$

$M_{Kegelstumpf} = 148{,}13\text{ cm}^2 - 57{,}92\text{ cm}^2$

$M_{Kegelstumpf} = 90{,}21\text{ cm}^2$

207 Axialschnitt:

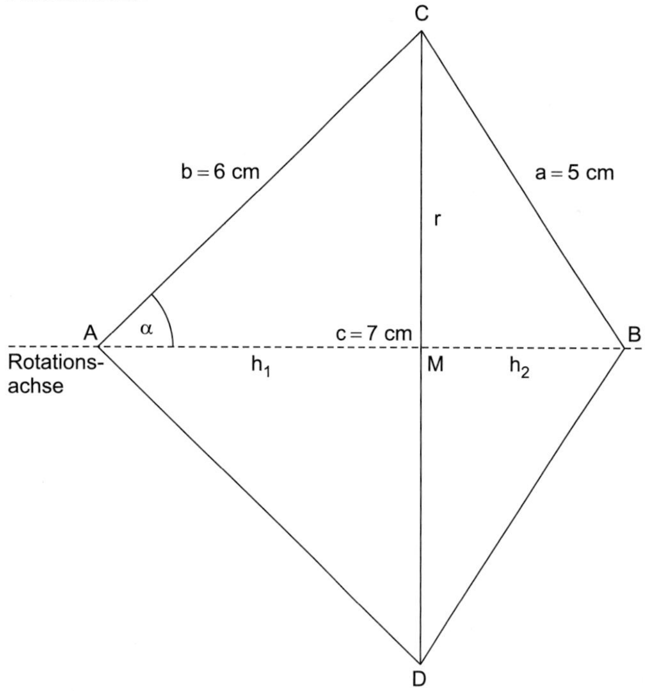

✎ Hinweise und Tipps

Axialschnitt CAD:
Kegel K_1 mit $r = |\overline{MC}|$ und Höhe $h_1 = |\overline{AM}|$

Axialschnitt CDB:
Kegel K_2 mit $r = |\overline{MC}|$ und Höhe $h_2 = |\overline{MB}|$

Berechnung des Volumens:

$$V_{Doppelkegel} = V_{K_1} + V_{K_2}$$

$$V_{Doppelkegel} = \frac{1}{3} \cdot r^2 \cdot \pi \cdot h_1 + \frac{1}{3} \cdot r^2 \cdot \pi \cdot h_2$$

Ausklammern von $\frac{1}{3} \cdot r^2 \cdot \pi$

$$V_{Doppelkegel} = \frac{1}{3} \cdot r^2 \cdot \pi \cdot (h_1 + h_2)$$

Berechnung von $\sphericalangle BAC = \alpha$ im Dreieck ABC mit dem Kosinussatz:

$$|\overline{BC}|^2 = |\overline{CA}|^2 + |\overline{AB}|^2 - 2 \cdot |\overline{CA}| \cdot |\overline{AB}| \cdot \cos\alpha$$

$$\cos\alpha = \frac{|\overline{CA}|^2 + |\overline{AB}|^2 - |\overline{BC}|^2}{2 \cdot |\overline{CA}| \cdot |\overline{AB}|}$$

$$\cos\alpha = \frac{6^2 + 7^2 - 5^2}{2 \cdot 6 \cdot 7}$$

$$\cos\alpha = 0{,}7142\ldots$$

$$\alpha = 44{,}42^\circ$$

Berechnung von r im rechtwinkligen Dreieck AMC:

$$\sin\alpha = \frac{r}{6\text{ cm}} \qquad | \cdot 6\text{ cm}$$

$$r = 6\text{ cm} \cdot \sin 44{,}42^\circ$$

$$r = 4{,}20\text{ cm}$$

$$V_{Doppelkegel} = \frac{1}{3} \cdot (4{,}20\text{ cm})^2 \cdot \pi \cdot 7\text{ cm}$$

$h_1 + h_2 = 7$ cm

$$V_{Doppelkegel} = 129{,}31\text{ cm}^3$$

$$O = M_1 + M_2$$

$$O = r \cdot \pi \cdot m_1 + r \cdot \pi \cdot m_2$$

$$O = 4{,}20\text{ cm} \cdot \pi \cdot 6\text{ cm} + 4{,}20\text{ cm} \cdot \pi \cdot 5\text{ cm}$$

$$O = 145{,}14\text{ cm}^2$$

Die Oberfläche des Doppelkegels besteht aus den zwei Mantelflächen der Kegel K_1 und K_2.
$m_1 = |\overline{CA}| = 6$ cm; $m_2 = |\overline{BC}| = 5$ cm

208 a) Axialschnitt:

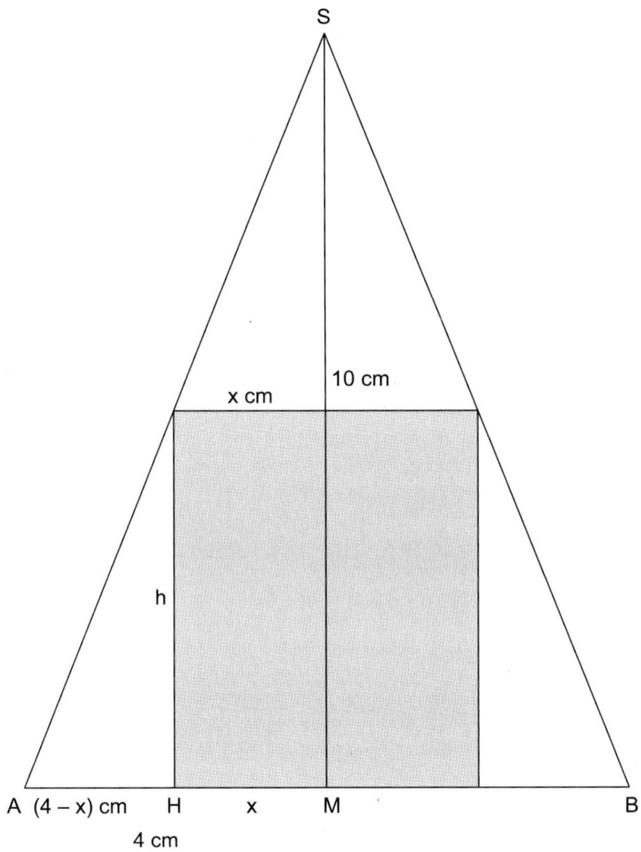

b) Strahlensatz mit Zentrum A:

$$\frac{h}{|\overline{MS}|} = \frac{|\overline{AH}|}{|\overline{AM}|}$$

$$\frac{h(x)}{10\text{ cm}} = \frac{(4-x)\text{ cm}}{4\text{ cm}} \qquad |\cdot 10\text{ cm}$$

$$h(x) = 2{,}5 \cdot (4-x)\text{ cm}$$

$$h(x) = (10-2{,}5x)\text{ cm}$$

c) $M(x) = 2 \cdot r \cdot \pi \cdot h(x)$
$M(x) = 2 \cdot x \cdot \pi \cdot (10-2{,}5x)\text{ cm}^2$
$M(x) = (-5x^2+20x) \cdot \pi\text{ cm}^2$

d) $M(x) = (-5x^2+20x) \cdot \pi\text{ cm}^2$
$M(x) = \{-5[x^2-4x]\} \cdot \pi\text{ cm}^2$
$M(x) = \{-5[x^2-4x+2^2-2^2]\} \cdot \pi\text{ cm}^2$
$M(x) = \{-5[(x-2)^2-4]\} \cdot \pi\text{ cm}^2$
$M(x) = \{-5(x-2)^2+20\} \cdot \pi\text{ cm}^2$

$M_{max} = 20\pi\text{ cm}^2$ für $x = 2$

e) Mantelfläche des Kegels:
$M = r \cdot \pi \cdot m$

$M = r \cdot \pi \cdot \sqrt{4^2+10^2}\text{ cm}$

$M = 4\text{ cm} \cdot \pi \cdot 10{,}77\text{ cm}$

$M = 43{,}08\pi\text{ cm}^2$

Hinweise und Tipps

„einbeschrieben“ heißt:
Die Eckpunkte liegen auf den Begrenzungslinien des umgebenden Körpers.

- Der Radius des Zylinders ist $x = 2$ cm!
- Zeichne eine Strecke parallel zu AB mit 4 cm Länge, deren Endpunkte auf den Mantellinien des Kegels liegen.

$r_{Zyl} = x$ cm

Quadratische Ergänzung des Terms in der Klammer

Faktor π beim Extremwert nicht vergessen!

Berechne $m = |\overline{SA}|$ im rechtwinkligen Dreieck AMS.

Hinweise und Tipps

Davon 50 %:

$0{,}5 \cdot 43{,}08\pi\ cm^2 = 21{,}54\pi\ cm^2$

$$\begin{array}{|ll} & M(x) = (-5x^2 + 20x) \cdot \pi\ cm^2 \\ \wedge & M(x) = 21{,}54\pi\ cm^2 \end{array}$$

$\Rightarrow \quad (-5x^2 + 20x) \cdot \pi = 21{,}54\pi \quad (I = II) \quad |:\pi$

$\Leftrightarrow \quad -5x^2 + 20x = 21{,}54 \quad |-21{,}54$

$\Leftrightarrow \quad -5x^2 + 20x - 21{,}54 = 0$

Ausgangsform für die Lösungsformel

$D = 20^2 - 4 \cdot (-5) \cdot (-21{,}54) = -30{,}8$

$D < 0$

$L = \varnothing$

Es gibt keinen solchen Zylinder.

---

209 a) Axialschnitt für $x = 2$:

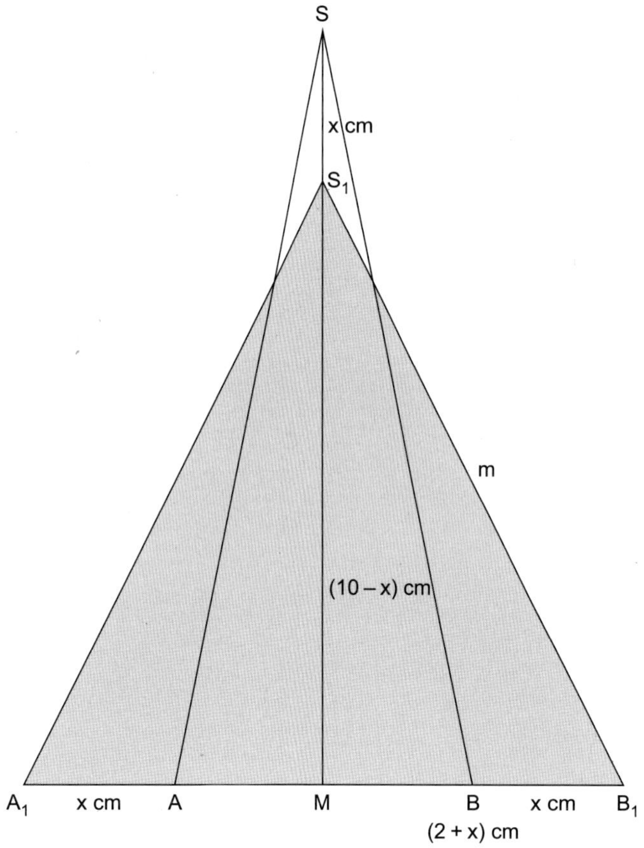

b) $m^2 = |\overline{MB_n}|^2 + |\overline{S_nM}|^2 \quad |\sqrt{\ }$

Rechne im rechtwinkligen Dreieck MB_nS_n.

$m(x) = \sqrt{(2+x)^2 + (10-x)^2}$ cm

Binomische Formeln!

$m(x) = \sqrt{4 + 4x + x^2 + 100 - 20x + x^2}$ cm

$m(x) = \sqrt{2x^2 - 16x + 104}$ cm

Hinweise und Tipps

c) $m(x) = \sqrt{2x^2 - 16x + 104}$ cm

$m(x) = \sqrt{2[x^2 - 8x + 52]}$ cm

$m(x) = \sqrt{2[x^2 - 8x + 4^2 - 4^2 + 52]}$ cm

$m(x) = \sqrt{2[(x-4)^2 + 36]}$ cm

$m(x) = \sqrt{2(x-4)^2 + 72}$ cm

$m_{min} = \sqrt{72}$ cm für $x = 4$

Zur Bestimmung des Extremwerts ergänze den Term unter der Wurzel quadratisch.

Beachte: Der Term steht unter der Wurzel! Deshalb muss für den Extremwert noch die Wurzel gezogen werden.

d) $\begin{array}{|l} m(x) = \sqrt{2x^2 - 16x + 104} \text{ cm} \\ \wedge\ m(x) = 9 \text{ cm} \end{array}$

$\Rightarrow \sqrt{2x^2 - 16x + 104} = 9 \quad (\text{I} = \text{II}) \quad |\,^2$

$\Rightarrow 2x^2 - 16x + 104 = 81 \quad |-81$

$\Leftrightarrow 2x^2 - 16x + 23 = 0$

$D = (-16)^2 - 4 \cdot 2 \cdot 23$

$D = 72$

$\Leftrightarrow x_{1/2} = \dfrac{16 \pm \sqrt{72}}{2 \cdot 2}$

$x_1 = 6{,}12 \ \vee \ x_2 = 1{,}88$

$L = \{1{,}88;\ 6{,}12\}$

Beidseitiges Quadrieren beseitigt die Wurzel.

Ausgangsform für die Lösungsformel

Diskriminante $D = b^2 - 4ac$

$D > 0 \Rightarrow$ Es gibt zwei solche Kegel!

210 a) Fassungsvermögen $V_{Halbkugel}$:

$V_{Halbkugel} = \frac{1}{2} \cdot \frac{4}{3} \cdot r^3 \cdot \pi$

$V_{Halbkugel} = \frac{1}{2} \cdot \frac{4}{3} \cdot |\overline{DE}|^3 \cdot \pi$

$V_{Halbkugel} = \frac{1}{2} \cdot \frac{4}{3} \cdot (7{,}5 \text{ cm})^3 \cdot \pi$

$V_{Halbkugel} = 883{,}57 \text{ cm}^3$

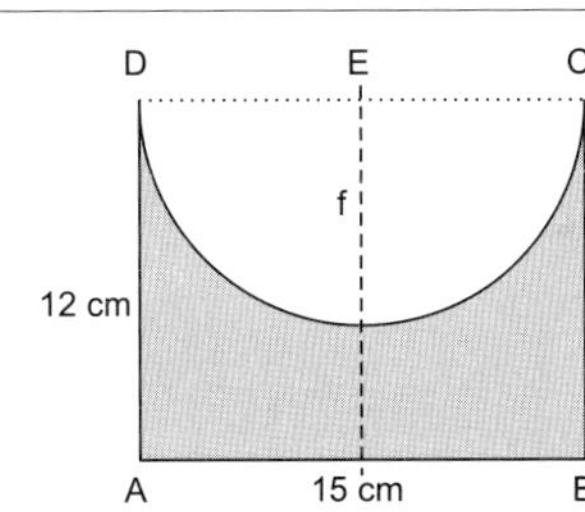

b) $V_{Zylinder} = r^2 \cdot \pi \cdot h$

$V_{Zylinder} = |\overline{DE}|^2 \cdot \pi \cdot |\overline{AD}|$

$V_{Zylinder} = (7{,}5 \text{ cm})^2 \cdot \pi \cdot 12 \text{ cm}$

$V_{Zylinder} = 2\,120{,}58 \text{ cm}^3$

$V_{Glaskörper} = V_{Zylinder} - V_{Halbkugel}$

$V_{Glaskörper} = 2\,120{,}58 \text{ cm}^3 - 883{,}57 \text{ cm}^3$

$V_{Glaskörper} = 1\,237{,}01 \text{ cm}^3$

Das Volumen der Schüssel ist das Volumen des Glaskörpers. (Zylinder, aus dem die Halbkugel ausgeschnitten wurde.)

c) Die Oberfläche setzt sich aus folgenden Teilflächen zusammen:

$O = A_{Zylinder} + M_{Zylinder} + O_{Halbkugel}$

Hinweise und Tipps

$A_{Zylinder} = r^2 \cdot \pi$

$A_{Zylinder} = |\overline{DE}|^2 \cdot \pi$

$A_{Zylinder} = (7{,}5\text{ cm})^2 \cdot \pi$

$A_{Zylinder} = 56{,}25\pi\text{ cm}^2$

$M_{Zylinder} = 2 \cdot r \cdot \pi \cdot h$

$M_{Zylinder} = 2 \cdot |\overline{DE}| \cdot \pi \cdot |\overline{AD}|$

$M_{Zylinder} = 2 \cdot 7{,}5\text{ cm} \cdot \pi \cdot 12\text{ cm}$

$M_{Zylinder} = 180\pi\text{ cm}^2$

$O_{Halbkugel} = \frac{1}{2} \cdot 4 \cdot r^2 \cdot \pi$

$O_{Halbkugel} = \frac{1}{2} \cdot 4 \cdot |\overline{DE}|^2 \cdot \pi$

$O_{Halbkugel} = 2 \cdot (7{,}5\text{ cm})^2 \cdot \pi$

$O_{Halbkugel} = 112{,}5\pi\text{ cm}^2$

$O = 56{,}25\pi\text{ cm}^2 + 180\pi\text{ cm}^2 + 112{,}5\pi\text{ cm}^2$

$O = 348{,}75\pi\text{ cm}^2$

---

211 a) Axialschnitt:

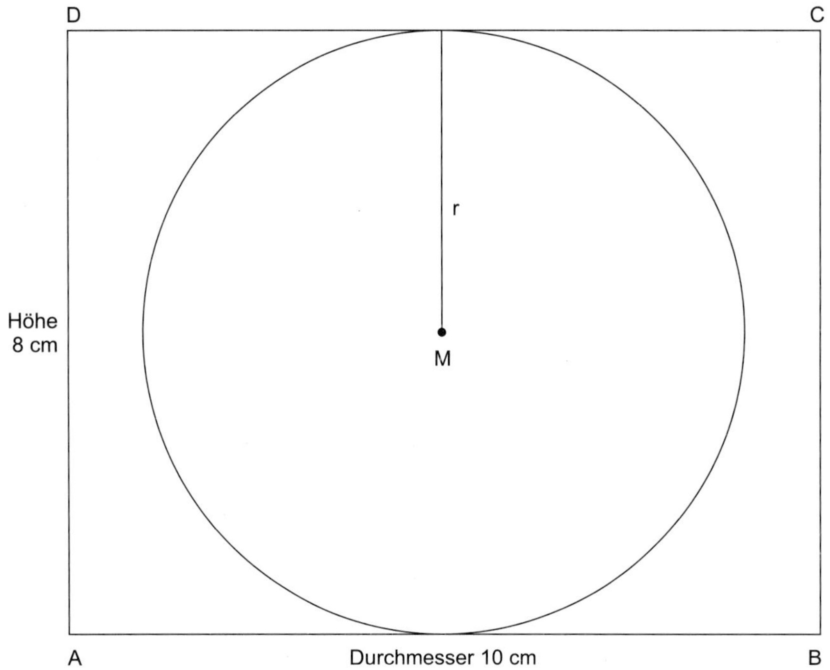

Der Radius der Kugel ist durch die Höhe des Zylinders begrenzt. Also gilt: $r = 4$ cm.

Berechnung der Oberfläche:

$O = 4 \cdot r^2 \cdot \pi$

$O = 4 \cdot (4\text{ cm})^2 \cdot \pi$

$O = 64\pi\text{ cm}^2$

$O = 201{,}06\text{ cm}^2$

Hinweise und Tipps

Berechnung des Volumens:

$V = \frac{4}{3} \cdot r^3 \cdot \pi = \frac{4}{3} \cdot (4\text{ cm})^3 \cdot \pi = 268{,}08\text{ cm}^3$

b) $V_{Zylinder} = r_{Zylinder}{}^2 \cdot \pi \cdot h$

$V_{Zylinder} = (5\text{ cm})^2 \cdot \pi \cdot 8\text{ cm}$

$V_{Zylinder} = 628{,}32\text{ cm}^3$

Anteil in Prozent:
GW = 628,32 cm³
PW = 268,08 cm³

Einsetzen in die Prozentformel:

$\frac{p}{100} = \frac{268{,}08\text{ cm}^3}{628{,}32\text{ cm}^3} \quad |\cdot 100$

$p = \frac{268{,}08}{628{,}32} \cdot 100$

$p = 42{,}67$

Der Anteil beträgt 42,67 %.

---

212 $\overline{AM}$ halbiert den Winkel $\alpha = \sphericalangle EAS$.

$\tan\alpha = \frac{|\overline{ES}|}{|\overline{AE}|}$

$\tan\alpha = \frac{8\text{ cm}}{5\text{ cm}}$

$\tan\alpha = 1{,}6$

$\alpha = 57{,}99°$

$\Rightarrow \quad \sphericalangle EAM = \frac{1}{2}\alpha = 29°$

Berechnung des Inkugelradius $r_i = |\overline{EM}|$ im Dreieck AEM:

$\tan 29° = \frac{|\overline{EM}|}{|\overline{AE}|}$

$\tan 29° = \frac{|\overline{EM}|}{5\text{ cm}} \quad |\cdot 5\text{ cm}$

$|\overline{EM}| = 5\text{ cm} \cdot \tan 29°$

$|\overline{EM}| = 2{,}77\text{ cm} = r_i$

Berechnung des Umkugelradius $r_u = |\overline{MA}|$ im Dreieck AEM:

$|\overline{MA}|^2 = |\overline{EM}|^2 + |\overline{AE}|^2 \quad |\sqrt{\ }$

$|\overline{MA}| = \sqrt{2{,}77^2 + 5^2}\text{ cm}$

$|\overline{MA}| = 5{,}72\text{ cm} = r_u$

$V_{Inkugel} = \frac{4}{3} \cdot r_i^3 \cdot \pi = \frac{4}{3} \cdot (2{,}77\text{ cm})^3 \cdot \pi = 89{,}03\text{ cm}^3$

$V_{Umkugel} = \frac{4}{3} \cdot r_u^3 \cdot \pi = \frac{4}{3} \cdot (5{,}72\text{ cm})^3 \cdot \pi = 783{,}93\text{ cm}^3$

M ist der Schnittpunkt der Winkelhalbierenden (Konstruktion des Inkreismittelpunkts!).

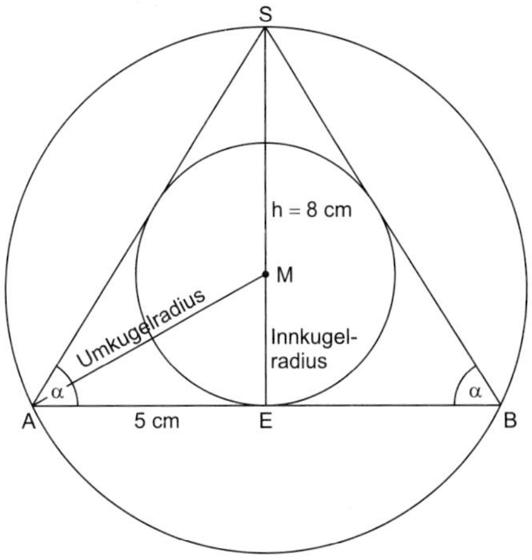

Anmerkung: Der Radius geht in die Volumenformel der Kugeln in der 3. Potenz ein (r³). Verdoppelt man den Radius r, so verachtfacht sich das Volumen!

$\frac{4}{3} \cdot (2r)^3 \cdot \pi = \frac{4}{3} \cdot 8 \cdot r^3 \cdot \pi = 8 \cdot \underbrace{\frac{4}{3} \cdot r^3 \cdot \pi}_{V}$

↑ doppelter Radius ↑ 8-faches Volumen

Hinweise und Tipps

213 Berechnung des Zylinderradius r_Z im rechtwinkligen Dreieck HMD:

$|\overline{MD}|^2 = |\overline{HM}|^2 + |\overline{DH}|^2 \quad | - |\overline{DH}|^2$

$|\overline{HM}|^2 = |\overline{MD}|^2 - |\overline{DH}|^2 \quad | \sqrt{\ }$

$|\overline{HM}| = \sqrt{5^2 - 3^2}$ cm

$|\overline{HM}| = 4 \text{ cm} = r_Z$

$V_{Zylinder} = r_Z{}^2 \cdot \pi \cdot h$

$V_{Zylinder} = (4 \text{ cm})^2 \cdot \pi \cdot 6 \text{ cm}$

$V_{Zylinder} = 301{,}59 \text{ cm}^3$

Zeichne in den Kreis eine Sehne mit 6 cm Länge.

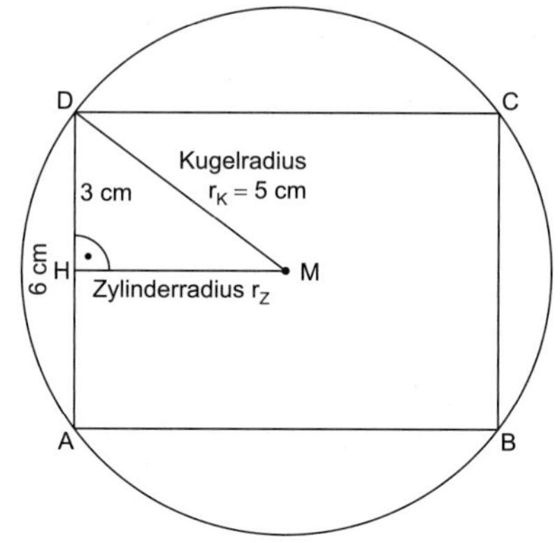

---

214 a) Skizze:

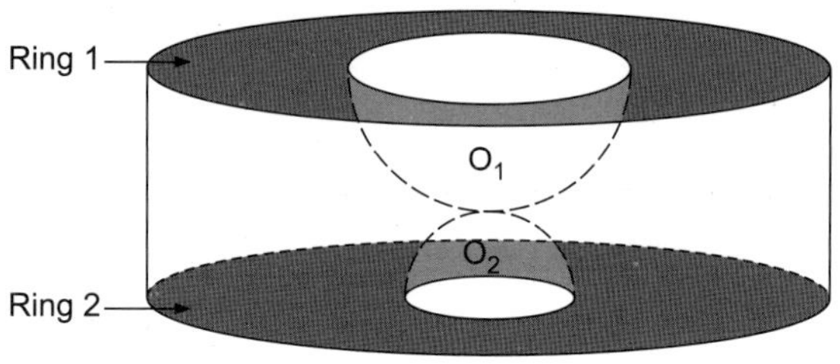

Ein Zylinder, aus dem zwei Halbkugeln ausgeschnitten sind, die sich berühren.

b) $O_{Rotationskörper} = M_{Zylinder} + O_1 + O_2 + A_{Ring_1} + A_{Ring_2}$

Die Oberfläche ist die Summe aller begrenzenden Flächen!

Oberfläche der oberen Halbkugel:

$O_1 = \frac{1}{2} \cdot 4 \cdot r_1{}^2 \cdot \pi = \frac{1}{2} \cdot 4 \cdot (3-x)^2 \cdot \pi \text{ cm}^2 = 2\pi \cdot (3-x)^2 \text{ cm}^2$

Betrachte die Skizze in der Angabe.

Oberfläche der unteren Halbkugel:

$O_2 = \frac{1}{2} \cdot 4 \cdot r_2{}^2 \cdot \pi = \frac{1}{2} \cdot 4 \cdot x^2 \cdot \pi \text{ cm}^2 = 2\pi x^2 \text{ cm}^2$

Mantelfläche des Zylinders:

$M_{Zylinder} = 2 \cdot r \cdot \pi \cdot h = 2 \cdot 5 \text{ cm} \cdot \pi \cdot 3 \text{ cm} = 30\pi \text{ cm}^2$

Fläche oberer Kreisring:

$A_{Ring_1} = r^2 \cdot \pi - r_1{}^2 \cdot \pi$

$A_{Ring_1} = (5 \text{ cm})^2 \cdot \pi - (3-x)^2 \cdot \pi \text{ cm}^2$

$A_{Ring_1} = (25\pi - 9\pi + 6x\pi - x^2\pi) \text{ cm}^2$

$A_{Ring_1} = (16\pi + 6x\pi - x^2\pi) \text{ cm}^2$

Fläche unterer Kreisring:

$A_{Ring_2} = r^2 \cdot \pi - r_2{}^2 \cdot \pi$

$A_{Ring_2} = (5 \text{ cm})^2 \cdot \pi - x^2 \cdot \pi \text{ cm}^2$

$A_{Ring_2} = (25\pi - x^2\pi) \text{ cm}^2$

$O_{Körper}(x) = [\underbrace{30\pi}_{M_{Zylinder}} + \underbrace{2\pi \cdot (3-x)^2}_{O_1} + \underbrace{2\pi x^2}_{O_2} + \underbrace{16\pi + 6x\pi - x^2\pi}_{A_{Ring_1}} + \underbrace{25\pi - x^2\pi}_{A_{Ring_2}}] \text{ cm}^2$

$O_{Körper}(x) = [71\pi + \underbrace{18\pi - 12x\pi + 2x^2\pi}_{O_1} + 6x\pi] \text{ cm}^2$

Zusammengefasst und bin. Formel angewendet

Hinweise und Tipps

$O_{Körper}(x) = [89\pi - 6x\pi + 2x^2\pi]\ cm^2$
$O_{Körper}(x) = (2x^2 - 6x + 89) \cdot \pi\ cm^2$

Ordnen und π ausklammern!

c) $O_{Körper}(x) = 2[x^2 - 3x + 44{,}5] \cdot \pi\ cm^2$
$O_{Körper}(x) = 2[x^2 - 3x + 1{,}5^2 - 1{,}5^2 + 44{,}5] \cdot \pi\ cm^2$
$O_{Körper}(x) = 2[x^2 - 3x + 1{,}5^2 - 2{,}25 + 44{,}5] \cdot \pi\ cm^2$
$O_{Körper}(x) = 2[(x - 1{,}5)^2 + 42{,}25] \cdot \pi\ cm^2$
$O_{Körper}(x) = [2(x - 1{,}5)^2 + 84{,}5] \cdot \pi\ cm^2$
$O_{Körper}(x) = [2\pi(x - 1{,}5)^2 + 84{,}5\pi]\ cm^2$

$O_{min} = 84{,}5\pi\ cm^2$ für $x = 1{,}5$
Die Oberfläche ist am kleinsten, wenn die beiden Halbkugeln gleich groß sind.

Ergänze quadratisch.
Beachte: $-1{,}5^2 \neq (-1{,}5)^2$

d) $O_{Körper}(x) = (2x^2 - 6x + 89) \cdot \pi\ cm^2$
$\wedge\ O_{Körper}(x) = 100\pi\ cm^2$

$\Rightarrow\ (2x^2 - 6x + 89) \cdot \pi = 100\pi \quad (I = II) \quad |:\pi$
$\Leftrightarrow\ 2x^2 - 6x + 89 = 100 \quad |-100$
$\Leftrightarrow\ 2x^2 - 6x - 11 = 0$
$D = (-6)^2 - 4 \cdot 2 \cdot (-11)$
$D = 124$
$\Leftrightarrow\ x_{1/2} = \dfrac{6 \pm \sqrt{124}}{2 \cdot 2}$
$x_1 = 4{,}28 \ \vee\ (x_2 = -1{,}28)$
$L = \{4{,}28\}$

Die Lösung x_2 scheidet aus. x wäre sonst eine negative Streckenlänge.

3.6 Pfadregeln in Baumdiagrammen

215

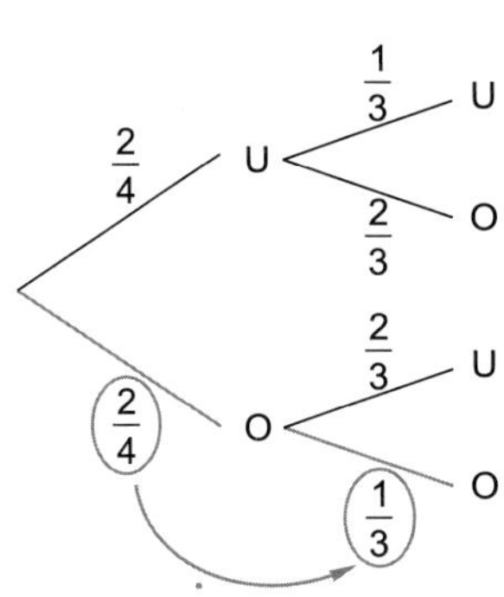

Beachte: Nach dem 1. Zug ändern sich die Wahrscheinlichkeiten, da nur noch 3 Karten übrig sind.

Die Wahrscheinlichkeit für das Ergebnis „Zweimal Ober“ beträgt dann nach der Pfad-Multiplikationsregel:

$P(OO) = \frac{2}{4} \cdot \frac{1}{3} = \frac{2}{12} = \frac{1}{6}$

216 Es ergibt sich eine Wahrscheinlichkeit von:

$$P = \frac{8}{32} \cdot \frac{7}{31} \cdot \frac{6}{30} \cdot \frac{5}{29} \cdot \frac{4}{28} \cdot \frac{3}{27} \cdot \frac{2}{26} \cdot \frac{1}{25}$$

$$= \frac{40\,320}{424\,097\,856\,000} = \frac{1}{10\,518\,300}$$

Hinweise und Tipps

Bei der 1. Karte hat man noch 8 Möglichkeiten (bei 32 Karten) – entweder einen der 4 Ober oder einen der 4 Unter. Bei der 2. Karte hat man noch 7 Möglichkeiten (bei 31 Karten) usw.

---

217 a)

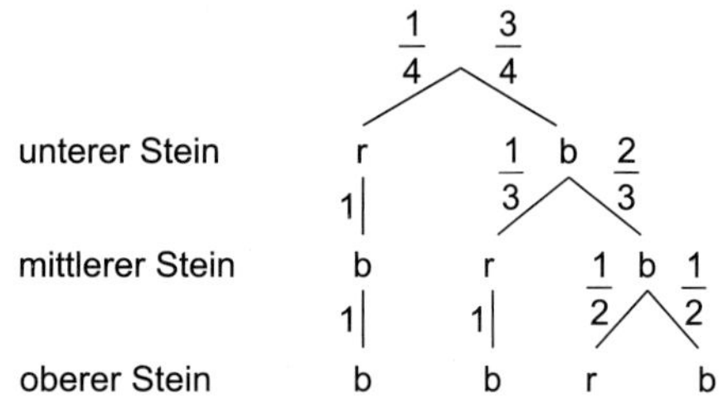

Abzählen ergibt insgesamt 4 Möglichkeiten.

b) $P(\text{„blau-blau-rot“}) = \frac{3}{4} \cdot \frac{2}{3} \cdot \frac{1}{2} = \frac{6}{24} = \frac{1}{4}$

Verwende die Pfad-Multiplikationsregel.

218

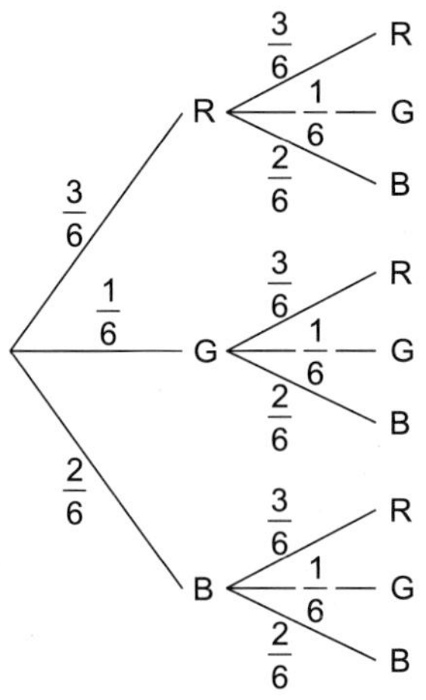

a) $P(RG) = \frac{3}{6} \cdot \frac{1}{6} = \frac{3}{36} = \frac{1}{12}$

Nur das Ergebnis RG ist günstig. Dessen Wahrscheinlichkeit ergibt sich mit der Pfad-Multiplikationsregel.

b) $P(RG) = \frac{1}{12}$ (vgl. Teilaufgabe a)

$P(GR) = \frac{1}{6} \cdot \frac{3}{6} = \frac{1}{12}$

$P(\text{„eine rote und eine grüne“}) = \frac{1}{12} + \frac{1}{12} = \frac{1}{6}$

Da die Reihenfolge egal ist, gibt es jetzt zwei günstige Ergebnisse, die zu dem Ereignis gehören: RG und GR

Nach der Pfad-Additionsregel addiert man diese beiden Wahrscheinlichkeiten.

Hinweise und Tipps

219 a)

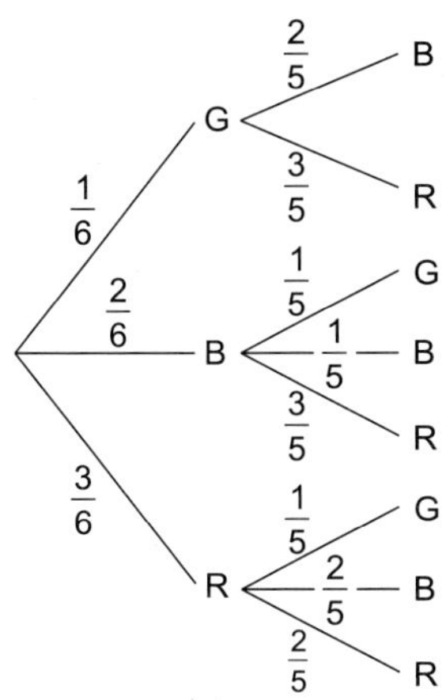

b) i) $P(GB) = \frac{1}{6} \cdot \frac{2}{5} = \frac{2}{30} = \frac{1}{15}$

ii) $P(BB) = \frac{2}{6} \cdot \frac{1}{5} = \frac{2}{30} = \frac{1}{15}$

iii) $P(GR) = \frac{1}{6} \cdot \frac{3}{5} = \frac{3}{30}$

$P(RG) = \frac{3}{6} \cdot \frac{1}{5} = \frac{3}{30}$

$P(\text{„eine rote und eine gelbe“}) = \frac{3}{30} + \frac{3}{30} = \frac{6}{30} = \frac{1}{5} = 20\ \%$

---

220 a) $P(RR) = \frac{5}{12} \cdot \frac{4}{11} = \frac{5}{33} = 15{,}15\ \%$

Das Zeichnen eines Baumdiagramms ist nicht verlangt. Stattdessen hilft folgende Überlegung: Beim 1. Zug sind 5 von 12 Kugeln rot, beim 2. Zug 4 von 11.

b) $P(RB) = \frac{5}{12} \cdot \frac{4}{11} = \frac{5}{33} = 15{,}15\ \%$

Beim 1. Zug sind 5 von 12 Kugeln rot. Beim 2. Zug sind 4 von 11 Kugeln blau.

c) $P(BR) = \frac{4}{12} \cdot \frac{5}{11} = \frac{5}{33} = 15{,}15\ \%$

$P(\text{„eine blaue und eine rote“}) = 15{,}15\ \% + 15{,}15\ \% = 30{,}30\ \%$

Beim 1. Zug sind 4 von 12 Kugeln blau. Beim 2. Zug sind 5 von 11 Kugeln rot.

Zusammen mit der Wahrscheinlichkeit aus Teilaufgabe b und der Pfad-Additionsregel ergibt sich die gesuchte Wahrscheinlichkeit.

d) $P(RR) = \frac{5}{12} \cdot \frac{4}{11}$

$P(BB) = \frac{4}{12} \cdot \frac{3}{11}$

$P(WW) = \frac{3}{12} \cdot \frac{2}{11}$

Das Gegenereignis zum Ereignis E: „verschiedene Farben“ ist $\overline{E}$: „gleiche Farbe“.

Um die Wahrscheinlichkeiten für $\overline{E}$ zu erhalten, benötigt man die drei Wahrscheinlichkeiten, die zu gleichen Farben führen.

$$\begin{aligned} P(\text{„verschiedene Farben“}) &= 1 - P(\text{„gleiche Farben“}) \\ &= 1 - (P(RR) + P(BB) + P(WW)) \\ &= 1 - \left(\frac{5}{12} \cdot \frac{4}{11} + \frac{4}{12} \cdot \frac{3}{11} + \frac{3}{12} \cdot \frac{2}{11}\right) \\ &= \frac{47}{66} = 71{,}21\ \% \end{aligned}$$

Die Wahrscheinlichkeiten von Ereignis und Gegenereignis ergeben addiert 100 % oder 1.

Um die Wahrscheinlichkeit von E zu erhalten, zieht man also die Wahrscheinlichkeit von $\overline{E}$ von 1 ab.

Hinweise und Tipps

221 a) $100\,\% - 8\,\% = 92\,\%$ der Männer sind nicht farbenblind.

P(„keiner farbenblind“) $= 0{,}92 \cdot 0{,}92 \cdot 0{,}92 \cdot 0{,}92 = 0{,}72$

Die Wahrscheinlichkeit, dass 4 zufällig ausgewählte Männer nicht farbenblind sind, beträgt also 72 %.

Die Wahrscheinlichkeit, dass man viermal nacheinander einen Mann wählt, der nicht farbenblind ist, berechnet man mit der Pfad-Multiplikationsregel.

b) Das Gegenereignis zu E: „mindestens einer farbenblind“ ist:
$\overline{E}$: „keiner farbenblind“

P(„mindestens einer farbenblind“) $= P(E)$

$= 1 - P(\overline{E})$

$= 1 - 72\,\% = 28\,\%$

Stelle dir den Ergebnisraum vor:

$\underbrace{(f, f, f, f), (f, n, n, n), (f, f, n, n,), (f, f, f, n),}_{\text{mindestens einmal farbenblind (f) dabei}}$

$\underbrace{(f, f, f, f), \ldots, (n, n, n, f),}_{\text{mindestens einmal farbenblind dabei}}$ $\underbrace{(n, n, n, n)}_{\text{keiner farbenblind (n)}}$

Die Wahrscheinlichkeiten von Ereignis und Gegenereignis ergeben addiert 100 %.

---

222 a) Baumdiagramm-Ausschnitt:

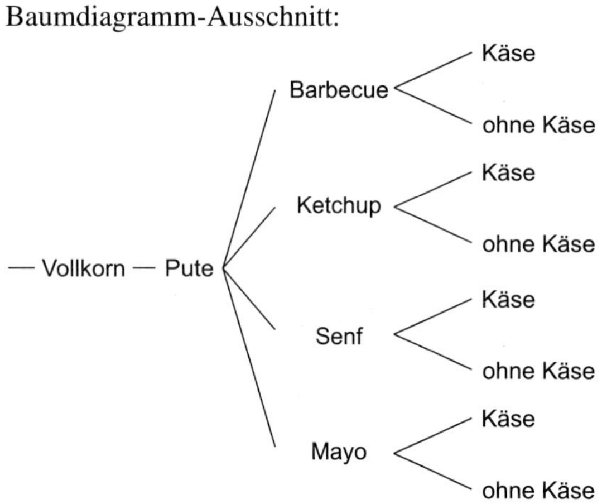

Es gibt 8 Kombinationen mit Vollkornsemmel und Pute.

b) Insgesamt gibt es $3 \cdot 4 \cdot 4 \cdot 2 = 96$ Kombinationen.

Es werden kombiniert: 3 Semmeln, 4 Beläge, 4 Soßen und die 2 Wahlmöglichkeiten „mit Käse“ oder „ohne Käse“.

c) P(„mit Tofu, Ketchup und Käse“) $= \frac{3}{3} \cdot \frac{1}{4} \cdot \frac{1}{4} \cdot \frac{1}{2} = \frac{1}{32}$

Gehe davon aus, dass alle Kombinationen gleich wahrscheinlich sind (Laplace-Experiment) und nutze die Pfad-Multiplikationsregel:
Auf der 1. Stufe sind alle 3 von 3 Semmeln günstig.
Auf der 2. Stufe ist 1 von 4 Belägen günstig (Tofu).
Auf der 3. Stufe ist 1 von 4 Soßen günstig (Ketchup).
Auf der 4. Stufe ist 1 von 2 Wahlmöglichkeiten günstig (mit Käse).

kurz: P(„mit Tofu, Ketchup und Käse“) $= \frac{1}{4} \cdot \frac{1}{4} \cdot \frac{1}{2} = \frac{1}{32}$

Du kannst die Rechnung abkürzen und die Stufen, bei denen alle Möglichkeiten günstig sind, weglassen.

d) P(„Weißmehl mit Rindfleisch“) $= \frac{1}{3} \cdot \frac{1}{4} = \frac{1}{12}$

Auf der 1. Stufe ist 1 von 3 Semmeln günstig.
Auf der 2. Stufe ist 1 von 4 Belägen günstig.
Bei den anderen Stufen ist jede Möglichkeit günstig.

P(„mit Hühnchen und Senf“) $= \frac{1}{4} \cdot \frac{1}{4} = \frac{1}{16}$

Auf der 2. Stufe ist 1 von 4 Belägen günstig.
Auf der 3. Stufe ist 1 von 4 Soßen günstig.
Bei den anderen Stufen ist jede Möglichkeit günstig.

Wahrscheinlichkeit, mit der man entweder einen Weißmehl-Burger mit Rindfleisch oder ein Hühnchen-Burger mit Senf erhält:

$P = \frac{1}{12} + \frac{1}{16} = \frac{16}{192} + \frac{12}{192} = \frac{28}{192} = \frac{7}{48}$

Nutze die Pfad-Additionsregel.

223 a) Es gibt $3 \cdot 4 \cdot 3 = 36$ Varianten.

Hinweise und Tipps

b) $P(\text{Diesel} - \text{Rot} - \text{Business}) = \frac{1}{36}$

Gehe davon aus, dass alle Optionen gleich wahrscheinlich geklickt werden (Laplace-Experiment). Die Variante „Roter Diesel mit Business-Paket" ist 1 von 36 Varianten.

Oder mit der Pfad-Multiplikationsregel:

$P(\text{Diesel} - \text{Rot} - \text{Business}) = \frac{1}{3} \cdot \frac{1}{4} \cdot \frac{1}{3} = \frac{1}{36}$

c) $P(\text{E-Motor} - \text{Blau}) = \frac{1}{3} \cdot \frac{1}{4} = \frac{1}{12}$

Pfad-Multiplikationsregel:
Auf der 1. Stufe ist 1 von 3 Motorvarianten günstig (E-Motor). Auf der 2. Stufe ist 1 von 4 Farben günstig (Blau). Auf der 3. Stufe sind alle Ausstattungslinien günstig.

Diese Wahrscheinlichkeit entspricht nicht $20\,\% = \frac{1}{5}$.

d) Baumdiagramm-Ausschnitt:

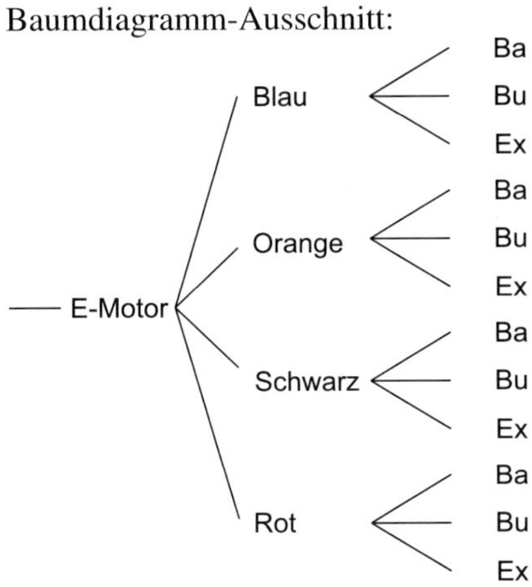

Es gibt also 12 Varianten mit E-Motor.

e) $P(\text{Schwarz} - \text{Basic}) = \frac{1}{4} \cdot \frac{1}{3} = \frac{1}{12}$

Pfad-Multiplikationsregel:
Auf der 1. Stufe sind alle 3 Motorvarianten günstig.
Auf der 2. Stufe ist 1 von 4 Farben günstig (Schwarz).
Auf der 3. Stufe ist 1 von 3 Ausstattungslinien günstig (Basic).

Alternative ohne Pfadregeln: Stellt man sich das vollständige Baumdiagramm vor, erkennt man, dass es 3 verschiedene Varianten mit „Schwarz – Basic" gibt. 3 von 36 ergibt eine Wahrscheinlichkeit von $\frac{3}{36} = \frac{1}{12}$.

$P(\text{Diesel} - \text{Orange}) = \frac{1}{3} \cdot \frac{1}{4} = \frac{1}{12}$

Pfad-Multiplikationsregel:
Auf der 1. Stufe ist 1 von 3 Motorvarianten günstig (Diesel).
Auf der 2. Stufe ist 1 von 4 Farben günstig (Orange).
Auf der 3. Stufe ist jede Möglichkeit günstig.

Gesuchte Wahrscheinlichkeit mit der Pfad-Additionsregel:

$P = \frac{1}{12} + \frac{1}{12} = \frac{1}{6}$

Man addiert die beiden Wahrscheinlichkeiten.

---

224 a) $0{,}95 \cdot 0{,}95 \cdot 0{,}95 = 0{,}857$

Also wirkt der Impfstoff mit einer Wahrscheinlichkeit von ca. 85,7 % bei allen 3 Personen.

Hinweise und Tipps

b) $0{,}05 \cdot 0{,}05 \cdot 0{,}05 = 0{,}0001$

Also wirkt der Impfstoff mit einer Wahrscheinlichkeit von ca. 0,01 % bei keiner der 3 Personen.

c) E: „wirkt mindestens einmal nicht" ist das Gegenereignis zu $\overline{E}$: „wirkt bei allen 3 Personen".

$P(E) = 1 - P(\overline{E}) = 100\,\% - 85{,}7\,\% = 14{,}3\,\%$

Also wirkt der Impfstoff mit einer Wahrscheinlichkeit von ca. 14,3 % mindestens einmal nicht.

225 a) Die Wahrscheinlichkeit, alle richtig (r) zu erraten, beträgt:

$$P(rrrr) = \frac{1}{3} \cdot \frac{1}{3} \cdot \frac{1}{3} \cdot \frac{1}{3} = \frac{1}{81} = 0{,}012 = 1{,}2\,\%$$

b) Die Wahrscheinlichkeit, immer falsch (f) zu raten, beträgt:

$$P(ffff) = \frac{2}{3} \cdot \frac{2}{3} \cdot \frac{2}{3} \cdot \frac{2}{3} = \frac{16}{81} = 0{,}198 = 19{,}8\,\%$$

c)

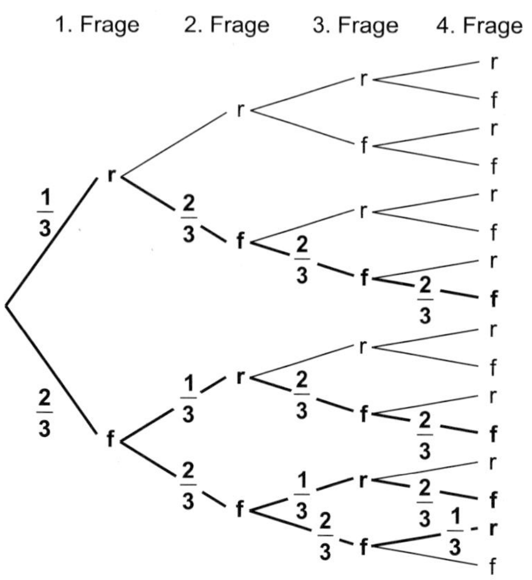

Die Wahrscheinlichkeit, genau eine richtige Antwort zu geben, beträgt:

$$P(rfff, frff, ffrf, fffr)$$
$$= \frac{1}{3} \cdot \frac{2}{3} \cdot \frac{2}{3} \cdot \frac{2}{3} + \frac{2}{3} \cdot \frac{1}{3} \cdot \frac{2}{3} \cdot \frac{2}{3} + \frac{2}{3} \cdot \frac{2}{3} \cdot \frac{1}{3} \cdot \frac{2}{3}$$
$$+ \frac{2}{3} \cdot \frac{2}{3} \cdot \frac{2}{3} \cdot \frac{1}{3}$$
$$= 4 \cdot \left(\frac{1}{3} \cdot \frac{2}{3} \cdot \frac{2}{3} \cdot \frac{2}{3}\right) = \frac{32}{81} = 0{,}395 = 39{,}5\,\%$$

Es gibt 4 Ergebnisse, die genau eine richtige Antwort enthalten.

Die Wahrscheinlichkeiten für diese Ergebnisse werden nach der Pfad-Additionsregel addiert.

d) Das Ereignis „mindestens eine richtige Antwort" ist das Gegenereignis von „keine richtige Antwort".

$P(ffff) = 19{,}8\,\%$

(siehe Teilaufgabe b)

Also: $P(\text{„mindestens einmal r"}) = 100\,\% - 19{,}8\,\% = 80{,}2\,\%$

226 a)

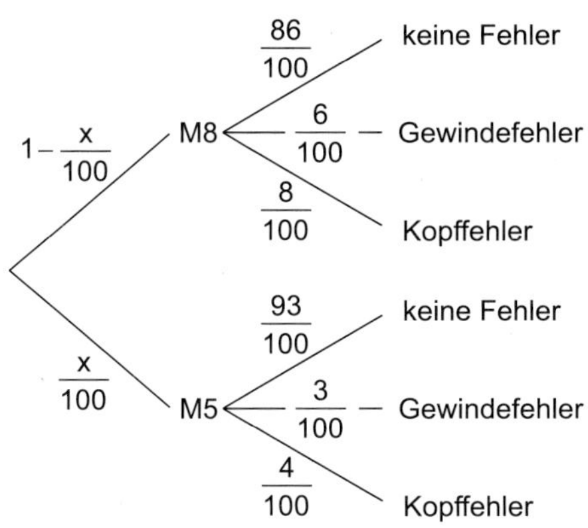

Hinweise und Tipps

Von den M8-Schrauben sind fehlerfrei:
100 % − (6 % + 8 %) = 86 %

Von den M5-Schrauben sind fehlerfrei:
100 % − (3 % + 4 %) = 93 %

b) Anteil der M5-Schrauben an allen Schrauben: $\frac{x}{100}$

Anteil der M5-Schrauben mit Gewindefehler: $\frac{x}{100} \cdot \frac{3}{100}$

Anteil der M5-Schrauben mit Kopffehler: $\frac{x}{100} \cdot \frac{4}{100}$

} ≙ 2 % aller Schrauben

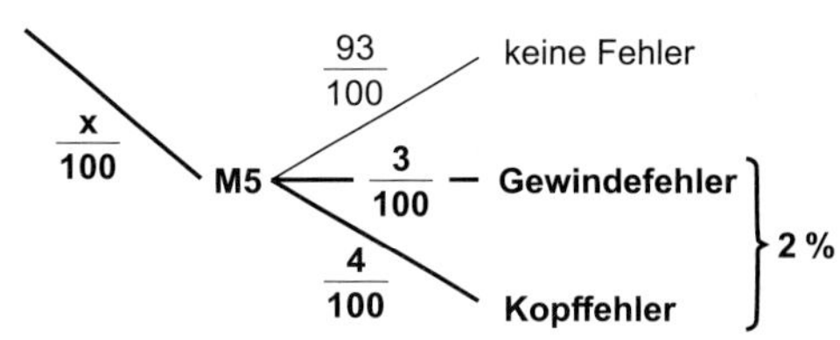

Das führt zu folgender Gleichung:

$$\frac{2}{100} = \frac{x}{100} \cdot \frac{3}{100} + \frac{x}{100} \cdot \frac{4}{100}$$

$$0{,}02 = (0{,}03 + 0{,}04) \cdot \frac{x}{100}$$

$$0{,}02 = 0{,}07 \cdot \frac{x}{100} \qquad | \cdot 100$$

$$2 = 0{,}07 \cdot x \qquad | : 0{,}07$$

$$x = 28{,}57$$

Der Anteil beträgt ca. 28,57 %.

227 a)

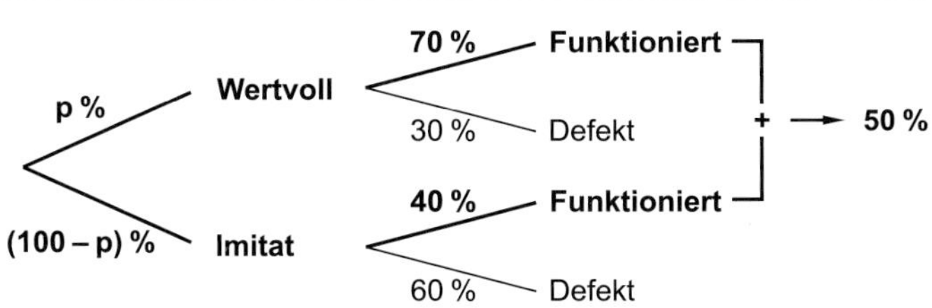

b) $0{,}5 = 0{,}7 \cdot \frac{p}{100} + 0{,}4 \cdot \left(1 - \frac{p}{100}\right)$

$$0{,}5 = 0{,}7 \cdot \frac{p}{100} + 0{,}4 - 0{,}4 \cdot \frac{p}{100}$$

$$0{,}5 = 0{,}3 \cdot \frac{p}{100} + 0{,}4 \qquad | -0{,}4$$

$$0{,}1 = 0{,}3 \cdot \frac{p}{100} \qquad | \cdot 100$$

$$10 = 0{,}3 \cdot p \qquad | : 0{,}3$$

$$p = 33{,}\overline{3}$$

Ein Drittel der Uhren sind wertvolle Originale.

Komplexe Aufgaben

Quadratische Funktionen

Hinweise und Tipps

1 a) Zum Zeichnen der nach unten geöffneten Normalparabel berechne zunächst die Scheitelpunktkoordinaten durch quadratische Ergänzung:

p: $y = -x^2 + 6x - 4$ — Faktor −1 ausklammern

$y = -[x^2 - 6x + 4]$ — Term quadratisch ergänzen

$y = -[x^2 - 6x + \mathbf{3^2 - 3^2} + 4]$ — Zusammenfassen mittels der 2. binomischen Formel

$y = -[(x-3)^2 - 9 + 4]$ — Term vereinfachen

$y = -[(x-3)^2 - 5]$ — Term ausmultiplizieren

$y = -(x-3)^2 + 5$ — Der maximale Funktionswert und der zugehörige Wert für x entsprechen den Koordinaten des Scheitelpunktes.

also: $S(3\,|\,5)$

oder:

Zum Zeichnen der nach unten geöffneten Normalparabel erstelle zunächst eine Wertetabelle:

Ist nicht nach dem Scheitelpunkt gefragt, kann die Zeichnung auch mit einer Wertetabelle erstellt werden.

x	−1	−0,5	0,0	0,5	1,0	1,5	2,0	2,5	3,0	3,5	4,0	4,5	5,0	5,5	6,0
$y = -x^2 + 6x - 4$	−11	−7,25	−4	−1,25	1	2,75	4	4,75	5	4,75	4	2,75	1	−1,25	−4

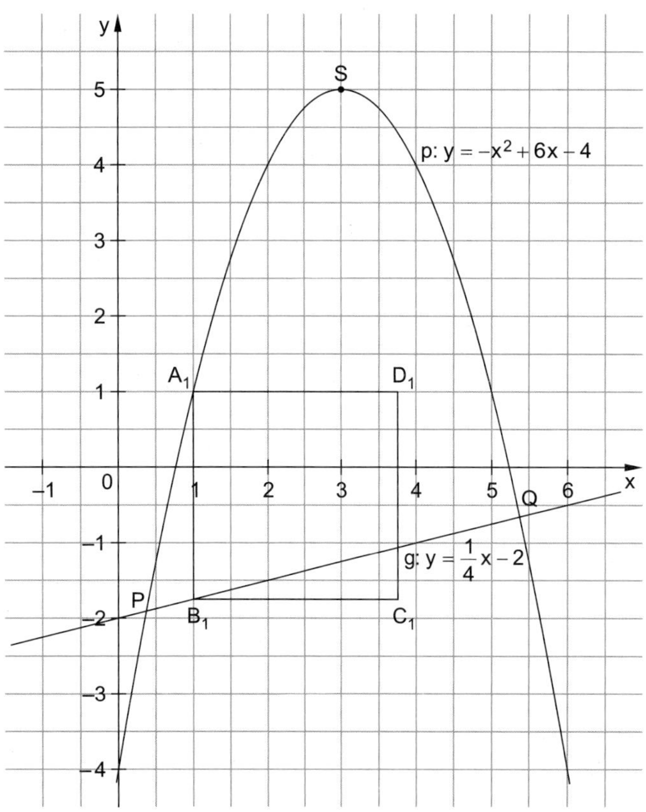

$D = \mathbb{R}$; $W = \{y\,|\,y \leq 5\}$

S(3 | 5): Der Scheitel ist der „höchste“ Punkt der nach unten geöffneten Normalparabel. Also sind alle Funktionswerte höchstens so groß wie die y-Koordinate des Scheitels.

Hinweise und Tipps

b) Schnittpunktbedingung:

$$\begin{array}{ll|l} \text{p:} & & y = -x^2 + 6x - 4 \\ \text{g:} & \wedge & y = \frac{1}{4}x - 2 \end{array}$$

Erstelle ein Gleichungssystem.

Setze die Funktionsterme gleich.

$\Rightarrow \quad -x^2 + 6x - 4 = \frac{1}{4}x - 2 \quad (\text{I} = \text{II}) \quad \left| -\frac{1}{4}x + 2 \right.$

Bringe die Gleichung auf die allgemeine Form.

$\Leftrightarrow \quad -x^2 + 5\frac{3}{4}x - 2 = 0$

$D = b^2 - 4ac$

Wert der Diskriminante D berechnen

$D = \left(\frac{23}{4}\right)^2 - 4 \cdot (-1) \cdot (-2)$

$D = \frac{529}{16} - 8$

$D = \frac{401}{16}$

$D > 0$: Es gibt 2 Schnittpunkte P und Q.

$\Leftrightarrow \quad x_{1/2} = \dfrac{-\frac{23}{4} \pm \sqrt{\frac{401}{16}}}{2 \cdot (-1)}$

Werte der Formvariablen und Diskriminantenwert in die Lösungsformel einsetzen

$x_1 = 0{,}37 \ \vee \ x_2 = 5{,}38$

$L = \{0{,}37;\ 5{,}38\}$

Lösungsmenge angeben

$P\left(0{,}37 \,\middle|\, \frac{1}{4} \cdot 0{,}37 - 2\right) = P(0{,}37 \,|\, -1{,}91)$

$Q\left(5{,}38 \,\middle|\, \frac{1}{4} \cdot 5{,}38 - 2\right) = Q(5{,}38 \,|\, -0{,}66)$

Berechnen der y-Koordinaten der Schnittpunkte durch Einsetzen der x-Werte in die Geradengleichung (oder in die Parabelgleichung)

c) Siehe Lösung zu Teilaufgabe a

d) Berechnung von $|\overline{A_nB_n}|$ in Abhängigkeit von x:

Bei gleicher Abszisse x zweier Punkte lässt sich ihr Abstand über die Differenz ihrer y-Koordinaten berechnen. Ziehe dabei die größere von der kleineren ab („oben" minus „unten").

$|\overline{A_nB_n}| = [y_{A_n} - y_{B_n}]$ LE

$|\overline{A_nB_n}|(x) = \left[-x^2 + 6x - 4 - \left(\frac{1}{4}x - 2\right)\right]$ LE

$|\overline{A_nB_n}|(x) = [-x^2 + 6x - 4 - 0{,}25x + 2]$ LE

$|\overline{A_nB_n}|(x) = (-x^2 + 5{,}75x - 2)$ LE

Berechnung des Umfangs in Abhängigkeit von x:

$u(x) = 4 \cdot |\overline{A_nB_n}|(x)$

$u_{Quadrat} = 4 \cdot a$

$u(x) = 4 \cdot (-x^2 + 5{,}75x - 2)$ LE

e) Berechnung von u_{max}:

$u(x) = 4 \cdot (-x^2 + 5{,}75x - 2)$ LE

Minus ausklammern

$u(x) = -4\left[x^2 - 5{,}75x + 2\right]$ LE

Quadratisch ergänzen

$u(x) = -4\left[x^2 - \frac{23}{4}x + \left(\boldsymbol{\frac{23}{8}}\right)^2 - \left(\boldsymbol{\frac{23}{8}}\right)^2 + 2\right]$ LE

Term mithilfe der 2. binomischen Formel zusammenfassen

$u(x) = -4\left[\left(x - 2\frac{7}{8}\right)^2 - \frac{401}{64}\right]$ LE

Ausmultiplizieren

$u(x) = \left[-4\left(x - 2\frac{7}{8}\right)^2 + 25\frac{1}{16}\right]$ LE

Hinweise und Tipps

$u_{max} = 25\frac{1}{16}$ LE für $x = 2\frac{7}{8}$ — u_{max} und zugehörigen x-Wert angeben

Die Seitenlänge des Quadrats beträgt damit

$25\frac{1}{16}$ LE : 4 = $6\frac{17}{64}$ LE. — Der maximale Umfang ist durch 4 zu dividieren, um die zugehörige Seitenlänge zu bestimmen.

Damit ergibt sich für seinen Flächeninhalt:

$A_{Quadrat} = \left(6\frac{17}{64}\right)^2$ FE — $A_{Quadrat} = a^2$

$A_{Quadrat} = 39{,}26$ FE

f)
$$\begin{array}{|l} |\overline{A_nB_n}|(x) = (-x^2 + 5{,}75x - 2) \text{ LE} \\ \wedge\ |\overline{A_nB_n}|(x) = 3 \text{ LE} \\ \hline \end{array}$$

$\Rightarrow\ -x^2 + 5{,}75x - 2 = 3 \quad (I = II) \quad |-3$ — Nach null auflösen für die allgemeine Form

$\Leftrightarrow\ -x^2 + 5{,}75x - 5 = 0$

$D = 5{,}75^2 - 4 \cdot (-1) \cdot (-5)$ — Werte der Formvariablen in die Formel der Diskriminante einsetzen

$D = 13{,}06$ — $D > 0$: Es existieren 2 Lösungselemente.

$\Leftrightarrow\ x_{1/2} = \frac{-5{,}75 \pm \sqrt{13{,}06}}{2 \cdot (-1)}$ — Lösungsformel anwenden

$x_1 = 1{,}07 \vee x_2 = 4{,}68$

$L = \{1{,}07; 4{,}68\}$ — Lösungsmenge angeben

Für $x = 1{,}07$ und für $x = 4{,}68$ entstehen Quadrate mit der Seitenlänge 3 LE. — Antwort

g) Diagramm A ist die richtige Darstellung.

Diagramm B ist falsch, da es sonst nur ein Quadrat mit der Seitenlänge 3 LE geben dürfte.

Diagramm C ist falsch, da der Term $|\overline{A_nB_n}|(x) = (-x^2 + 5{,}75x - 2)$ cm kein Minimum hat.

---

2 a) Berechnung des Scheitelpunktes S:

p: $y = -\frac{1}{4}x^2 + x - 4$ — $-\frac{1}{4}$ ausklammern: Jeder Summand in der Klammer wird durch den auszuklammernden Faktor dividiert.

$y = -\frac{1}{4}[x^2 - 4x + 16]$ — Quadratisch ergänzen

$y = -\frac{1}{4}[x^2 - 4x \mathbf{+ 2^2 - 2^2} + 16]$ — Term mithilfe der 2. binomischen Formel zusammenfassen

$y = -\frac{1}{4}[(x-2)^2 - 4 + 16]$ — Zusammenfassen

$y = -\frac{1}{4}[(x-2)^2 + 12]$ — Ausmultiplizieren

$y = -\frac{1}{4}(x-2)^2 - 3$

also: $S(2\,|\,-3)$ — Scheitelpunktkoordinaten angeben

$D = \mathbb{R};\ W = \{y \mid y \leq -3\}$ — Die Definitionsmenge einer quadratischen Funktion ist stets $\mathbb{R}$. Die Wertemenge kann anhand der y-Koordinate des Scheitels angegeben werden.

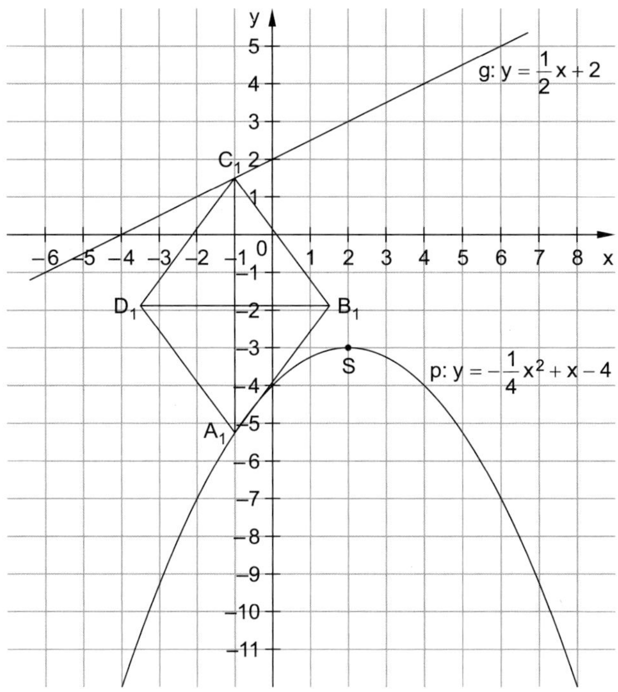

Hinweise und Tipps

Die Parabel p kann mithilfe einer Wertetabelle gezeichnet werden.

x	−3	−2	−1	0
$y=-\frac{1}{4}x^2+x-4$	−9,25	−7	−5,25	−4

x	1	2	…	7
$y=-\frac{1}{4}x^2+x-4$	−3,25	−3	…	−9,25

Es genügt, die Werte auf einer Seite des Scheitelpunkts zu berechnen, weil sie sich auf der anderen Seite wiederholen.

b) Siehe Lösung zu Teilaufgabe a

c) Berechnung von $|\overline{A_nC_n}|$ in Abhängigkeit von x:

$$|\overline{A_nC_n}| = (y_{C_n} - y_{A_n})\text{ LE}$$

Gleiche Abszisse x: Differenz der y-Koordinaten

$$|\overline{A_nC_n}|(x) = \left[\frac{1}{2}x+2-\left(-\frac{1}{4}x^2+x-4\right)\right]\text{ LE}$$

$$|\overline{A_nC_n}|(x) = \left[\frac{1}{2}x+2+\frac{1}{4}x^2-x+4\right]\text{ LE}$$

$$|\overline{A_nC_n}|(x) = \left(\frac{1}{4}x^2-\frac{1}{2}x+6\right)\text{ LE}$$

Berechnung des Flächeninhalts der Raute für $x = 5\frac{1}{2}$:

$$A_{A_2B_2C_2D_2} = \frac{1}{2}\cdot|\overline{A_2C_2}|\cdot|\overline{B_2D_2}|$$

$A_{Raute} = \frac{1}{2}\cdot e\cdot f$

$$A_{A_2B_2C_2D_2} = \frac{1}{2}\cdot\left(\frac{1}{4}\cdot\left(5\frac{1}{2}\right)^2-\frac{1}{2}\cdot5\frac{1}{2}+6\right)\cdot5\text{ FE}$$

Einsetzen des x-Wertes $5\frac{1}{2}$ in $|\overline{A_nC_n}|(x)$, um die Länge der Diagonalen $\overline{A_2C_2}$ zu berechnen.
Die Diagonalen $\overline{B_nD_n}$ haben die konstante Länge 5 LE.

$$A_{A_2B_2C_2D_2} = \frac{1}{2}\cdot10\frac{13}{16}\cdot5\text{ FE}$$

$$A_{A_2B_2C_2D_2} = 27{,}03\text{ FE}$$

d) $$A_{A_nB_nC_nD_n}(x) = \frac{1}{2}\cdot|\overline{A_nC_n}|(x)\cdot|\overline{B_nD_n}|$$

$$A_{A_nB_nC_nD_n}(x) = \frac{1}{2}\cdot\left(\frac{1}{4}x^2-\frac{1}{2}x+6\right)\cdot5\text{ FE}$$

Multipliziere zunächst die Faktoren $\frac{1}{2}$ und 5.

$$A_{A_nB_nC_nD_n}(x) = \frac{5}{2}\cdot\left(\frac{1}{4}x^2-\frac{1}{2}x+6\right)\text{ FE}$$

Ausmultiplizieren

$$A_{A_nB_nC_nD_n}(x) = \left(\frac{5}{8}x^2-\frac{5}{4}x+15\right)\text{ FE}$$

Hinweise und Tipps

Berechnung von A_{min}:

$A_{A_nB_nC_nD_n}(x) = \left(\frac{5}{8}x^2 - \frac{5}{4}x + 15\right)$ FE

$\frac{5}{8}$ ausklammern: Jeder Summand in der Klammer wird durch den auszuklammernden Faktor dividiert.

$A_{A_nB_nC_nD_n}(x) = \frac{5}{8}[x^2 - 2x + 24]$ FE

Quadratisch ergänzen

$A_{A_nB_nC_nD_n}(x) = \frac{5}{8}[x^2 - 2x + \mathbf{1^2 - 1^2} + 24]$ FE

Zusammenfassen zum Binom

$A_{A_nB_nC_nD_n}(x) = \frac{5}{8}[(x-1)^2 - 1 + 24]$ FE

$A_{A_nB_nC_nD_n}(x) = \left[\frac{5}{8}(x-1)^2 + 14\frac{3}{8}\right]$ FE

$A_{min} = 14\frac{3}{8}$ FE für $x = 1$

Extremwert und zugehörigen Wert von x angeben

e) Bedingung für ein Quadrat:
Die Diagonalen müssen gleich lang sein, also $|\overline{A_nC_n}| = |\overline{B_nD_n}| = 5$ LE:

Eine Raute ist ein Quadrat, wenn die beiden Diagonalen gleich lang sind.

$|\overline{A_nC_n}|$ muss 5 LE betragen.

$|\overline{A_nC_n}|(x) = \left(\frac{1}{4}x^2 - \frac{1}{2}x + 6\right)$ LE

$\wedge \quad |\overline{A_nC_n}| = 5$ LE

$\Rightarrow \quad \frac{1}{4}x^2 - \frac{1}{2}x + 6 = 5 \quad (I = II) \quad |-5$

Auflösen nach null

$\Leftrightarrow \quad \frac{1}{4}x^2 - \frac{1}{2}x + 1 = 0$

$D = \left(-\frac{1}{2}\right)^2 - 4 \cdot \frac{1}{4} \cdot 1$

Werte für die Variablen a, b und c in $D = b^2 - 4ac$ einsetzen

$D = \frac{1}{4} - 1$

$D = -\frac{3}{4}$

$L = \emptyset$

Da der Diskriminantenwert negativ ist, existiert keine Lösung, d. h., es existiert kein Quadrat unter den Rauten.

Antwortsatz nicht vergessen!

---

3 a) $U(-2\,|\,7) \in p$: $7 = \frac{1}{4}(-2)^2 + b \cdot (-2) + c$

Koordinaten von U in die Funktionsgleichung einsetzen und die Gleichung vereinfachen

$\Leftrightarrow \quad 7 = 1 - 2b + c$

$\Leftrightarrow \quad 6 = -2b + c$

$\Leftrightarrow \quad \mathbf{c = 2b + 6}$

$\wedge$

$V(8\,|\,2) \in p$: $2 = \frac{1}{4} \cdot 8^2 + b \cdot 8 + c$

Koordinaten von V in die Funktionsgleichung einsetzen und die Gleichung vereinfachen

$\Leftrightarrow \quad 2 = 16 + 8b + c$

$\Leftrightarrow \quad \mathbf{c = -8b - 14}$

$\Leftrightarrow \quad \begin{array}{|l} c = 2b + 6 \\ \wedge \; c = -8b - 14 \end{array}$

Gleichungssystem für b und c aufstellen

$\Leftrightarrow \quad \begin{array}{|l} 2b + 6 = -8b - 14 \quad (I = II) \\ \wedge \quad c = 2b + 6 \end{array}$

Gleichsetzungsverfahren

Hinweise und Tipps

$$\Leftrightarrow \left| \begin{array}{l} 10b = -20 \\ \wedge \quad c = 2b + 6 \end{array} \right.$$

$$\Leftrightarrow \left| \begin{array}{l} b = -2 \\ \wedge \quad c = 2 \cdot (-2) + 6 \end{array} \right.$$

Einsetzen von b = –2 in Gleichung II und Wert für c bestimmen

$$\Leftrightarrow \left| \begin{array}{l} b = -2 \\ \wedge \quad c = 2 \end{array} \right.$$

$L = \{(-2 \mid 2)\}$

Lösungsmenge angeben

$p\colon y = \frac{1}{4}x^2 - 2x + 2$

Funktionsgleichung angeben: b = –2 und c = 2 in die Gleichung $y = \frac{1}{4}x^2 + bx + c$ einsetzen

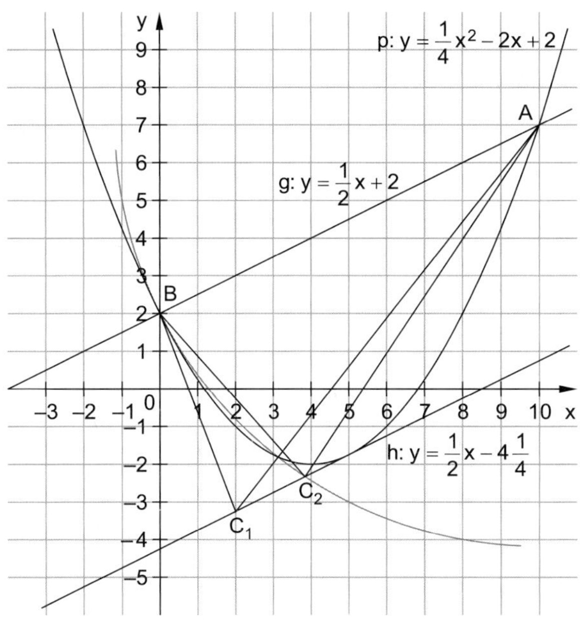

Zeichnung der Parabel mithilfe einer Wertetabelle!

x	–2	–1	0	1	2	3	4	…	8
y	7	4,25	2	0,25	–1	–1,75	–2	…	2
	↑ U						↑ S		↑ V

Beachte: Links und rechts von S wiederholen sich die y-Werte. Verwende U und V.

b) Schnittpunktbedingung:

Erstelle ein Gleichungssystem.

$$\begin{array}{l|l} p\colon & \quad y = \frac{1}{4}x^2 - 2x + 2 \\ g\colon & \wedge \quad y = \frac{1}{2}x + 2 \end{array}$$

$$\Rightarrow \quad \frac{1}{4}x^2 - 2x + 2 = \frac{1}{2}x + 2 \quad (\text{I} = \text{II}) \quad \left| -\frac{1}{2}x - 2 \right.$$

Zusammenfassen zu einer quadratischen Gleichung

$$\Leftrightarrow \quad \frac{1}{4}x^2 - \frac{5}{2}x = 0$$

Quadratische Gleichung in Normalform

$$D = b^2 - 4ac$$

Diskriminantenwert bestimmen

$$D = \left(-\frac{5}{2}\right)^2 - 4 \cdot \left(\frac{1}{4}\right) \cdot 0$$

$$D = \frac{25}{4}$$

D > 0: Die Parabel p und die Gerade g schneiden sich in 2 Punkten.

$$\Leftrightarrow \quad x_{1/2} = \frac{\frac{5}{2} \pm \sqrt{\frac{25}{4}}}{2 \cdot \frac{1}{4}}$$

Werte von a, b und D in die Lösungsformel einsetzen

$$\Leftrightarrow \quad x_{1/2} = \frac{\frac{5}{2} \pm \frac{5}{2}}{2 \cdot \frac{1}{4}}$$

$x_1 = 10 \;\vee\; x_2 = 0$

$L = \{0;\ 10\}$

Lösungsmenge angeben

$B\left(0 \,\middle|\, \frac{1}{2}\cdot 0+2\right) = B(0\,|\,2)$

$A\left(10 \,\middle|\, \frac{1}{2}\cdot 10+2\right) = A(10\,|\,7)$

c) Zeichnung siehe Lösung zu Teilaufgabe a

$h \parallel g$, also $m_h = m_g = \frac{1}{2}$

Einsetzen in die Normalform der Geradengleichung:

$P(1\,|-3,75) \in h:\quad -3,75 = \frac{1}{2}\cdot 1 - t$

$\Leftrightarrow \quad t = \frac{1}{2} + 3,75$

$\Leftrightarrow \quad t = 4\frac{1}{2}$

$\Rightarrow$ Geradengleichung h: $y = \frac{1}{2}x - 4\frac{1}{4}$

d) $C_1\left(2 \,\middle|\, \frac{1}{2}\cdot 2 - 4\frac{1}{4}\right) = C_1(2\,|-3,25)$

Zeichnung siehe Lösung zu Teilaufgabe a

$|\overline{AB}| = \sqrt{(x_B - x_A)^2 + (y_B - y_A)^2}$ LE

$|\overline{AB}| = \sqrt{(0-10)^2 + (2-7)^2}$ LE

$|\overline{AB}| = 11,18$ LE

$|\overline{BC_1}| = \sqrt{(x_{C_1} - x_B)^2 + (y_{C_1} - y_B)^2}$ LE

$|\overline{BC_1}| = \sqrt{(2-0)^2 + (-3,25-2)^2}$ LE

$|\overline{BC_1}| = 5,62$ LE

$|\overline{C_1A}| = \sqrt{(x_A - x_{C_1})^2 + (y_A - y_{C_1})^2}$ LE

$|\overline{C_1A}| = \sqrt{(10-2)^2 + (7-(-3,25))^2}$ LE

$|\overline{C_1A}| = 13,00$ LE

Berechnung von α mit dem Kosinussatz:

$|\overline{BC_1}|^2 = |\overline{AB}|^2 + |\overline{C_1A}|^2 - 2\cdot|\overline{AB}|\cdot|\overline{C_1A}|\cdot\cos\alpha$

$$\cos\alpha = \frac{|\overline{AB}|^2 + |\overline{C_1A}|^2 - |\overline{BC_1}|^2}{2\cdot|\overline{AB}|\cdot|\overline{C_1A}|}$$

$$\cos\alpha = \frac{(11,18\text{ LE})^2 + (13\text{ LE})^2 - (5,62\text{ LE})^2}{2\cdot 11,18\text{ LE}\cdot 13\text{ LE}}$$

$\cos\alpha = 0,9027\ldots$

$\alpha = 25,48°$

Berechnung von β mit dem Kosinussatz:

$|\overline{C_1A}|^2 = |\overline{BC_1}|^2 + |\overline{AB}|^2 - 2\cdot|\overline{BC_1}|\cdot|\overline{AB}|\cdot\cos\beta$

$$\cos\beta = \frac{|\overline{BC_1}|^2 + |\overline{AB}|^2 - |\overline{C_1A}|^2}{2\cdot|\overline{BC_1}|\cdot|\overline{AB}|}$$

Hinweise und Tipps

y-Koordinaten der Schnittpunkte durch Einsetzen der x-Werte in die Geradengleichung berechnen

Zueinander parallele Geraden haben die gleiche Steigung.

Gerade mit der Steigung m durch den Punkt $P(x_P\,|\,y_P)$:
$y_P = mx_P + t$

Für die Länge $|\overline{AB}|$ einer Strecke $\overline{AB}$ mit $A(x_A\,|\,y_A)$ und $B(x_B\,|\,y_B)$ gilt:
$|\overline{AB}| = \sqrt{(x_B - x_A)^2 + (y_B - y_A)^2}$ LE

Der Kosinussatz wird angewendet, wenn (wie in der Aufgabe):

- drei Seitenlängen (SSS) oder
- zwei Seitenlängen und das Maß des eingeschlossenen Winkels (SWS)

gegeben sind.

Hinweise und Tipps

$$\cos\beta = \frac{(5{,}62\text{ LE})^2 + (11{,}18\text{ LE})^2 - (13\text{ LE})^2}{2 \cdot 5{,}62\text{ LE} \cdot 11{,}18\text{ LE}}$$

$\cos\beta = -0{,}0988\ldots$

$\beta = 95{,}67°$

Berechnung von γ mithilfe der Winkelsumme:

$\gamma = 180° - \alpha - \beta$

$\gamma = 180° - 25{,}48° - 95{,}67°$

$\gamma = 58{,}85°$

e) Zeichnung siehe Teilaufgabe a

Zeichne einen Kreis um A mit Radius $r = |\overline{AB}|$. Die Schnittpunkte des Kreises mit der Geraden h liefern die beiden Möglichkeiten für C_2. Einer dieser Schnittpunkte liegt allerdings außerhalb des Koordinatensystems bei (21,16 | 6,33).

Es entsteht ein gleichschenkliges Dreieck ABC_n mit der Basis $\overline{BC_n}$, wenn gilt $|\overline{AB}| = |\overline{C_nA}|$.

Berechne zunächst die Länge der Strecken $\overline{C_nA}$ in Abhängigkeit von x:

$|\overline{C_nA}|(x) = \sqrt{(x_A - x_{C_n})^2 + (y_A - y_{C_n})^2}$ LE

Verwende $C_n\left(x \,\middle|\, \frac{1}{2}x - 4\frac{1}{4}\right)$, da C_n auf h liegt.

$|\overline{C_nA}|(x) = \sqrt{(10 - x)^2 + \left(7 - \frac{1}{2}x + 4\frac{1}{4}\right)^2}$ LE

$|\overline{C_nA}|(x) = \sqrt{(100 - 20x + x^2) + (11{,}25 - 0{,}5x)^2}$ LE

$|\overline{C_nA}|(x) = \sqrt{100 - 20x + x^2 + 126{,}56 - 11{,}25x + 0{,}25x^2}$ LE

$|\overline{C_nA}|(x) = \sqrt{1{,}25x^2 - 31{,}25x + 226{,}56}$ LE

Berechne x so, dass $|\overline{C_nA}| = |\overline{AB}| = 11{,}18$ LE:

$|\overline{AB}| = 11{,}18$ LE wurde in Teilaufgabe d berechnet.

$|\overline{C_nA}|(x) = \sqrt{1{,}25x^2 - 31{,}25x + 226{,}56}$ LE

$\wedge\ |\overline{C_nA}|(x) = 11{,}18$ LE

$\Rightarrow \sqrt{1{,}25x^2 - 31{,}25x + 226{,}56} = 11{,}18 \quad (\text{I} = \text{II}) \quad |\ ^2$

Quadrieren von Links- und Rechtsterm

$\Rightarrow 1{,}25x^2 - 31{,}25x + 226{,}56 = 125{,}00 \quad |-125{,}00$

Nach null auflösen

$\Leftrightarrow 1{,}25x^2 - 31{,}25x + 226{,}56 - 125 = 0$

$\Leftrightarrow 1{,}25x^2 - 31{,}25x + 101{,}56 = 0$

$D = (-31{,}25)^2 - 4 \cdot 1{,}25 \cdot 101{,}56$

Diskriminantenwert bestimmen

$D = 468{,}76$

$D > 0$: Es existieren 2 Lösungselemente.

Hinweise und Tipps

4 a)

x	−4	−3	−2	−1
$y=-x^2-2x+3$	−5	0	3	4

x	0	1	2	3
$y=-x^2-2x+3$	3	0	−5	−12

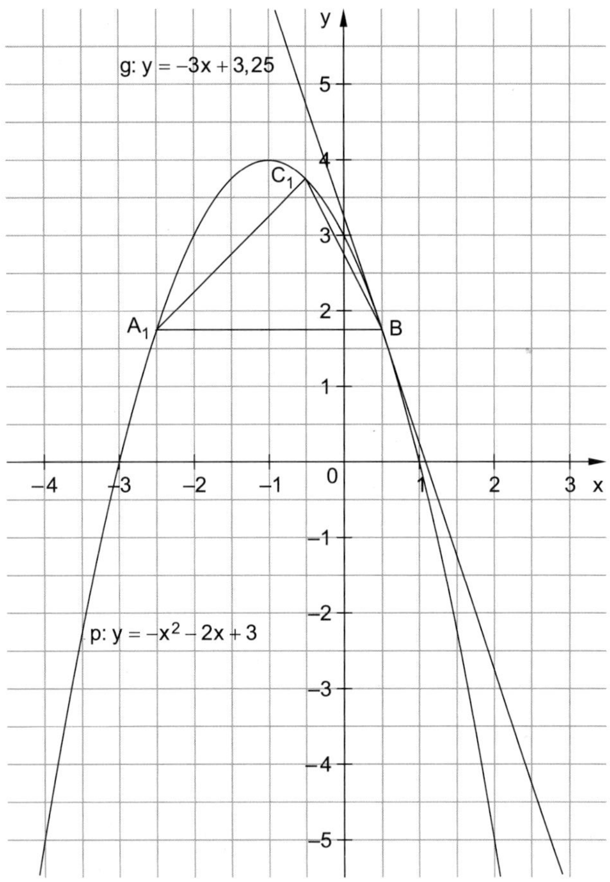

b) Berechnung der Nullstellen:

$-x^2-2x+3=0$ — Nullsetzen

$D=(-2)^2-4\cdot(-1)\cdot 3$ — Bestimme den Wert der Diskriminante: $D=b^2-4ac$

$D=4+12$

$D=16$ — $D>0$: Es gibt 2 Nullstellen.

$\Leftrightarrow \quad x_{1/2}=\dfrac{2\pm\sqrt{16}}{2\cdot(-1)}$ — a, b und D in die Lösungsformel einsetzen und die Lösungselemente (= Nullstellen) bestimmen

$x_1=-3 \lor x_2=1$ — Die Nullstellen sind $x_1=-3$ und $x_2=1$.

$L=\{-3;1\} \quad N_1(-3\,|\,0) \quad N_2(1\,|\,0)$

c) Schnittpunktbedingung:

$$\begin{array}{l|l} p: & \quad y=-x^2-2x+3 \\ g: & \land\; y=-3x+3,25 \end{array}$$

Setze die Funktionsterme gleich.

$\Rightarrow \quad -x^2-2x+3=-3x+3,25 \quad (I=II) \quad |+3x-3,25$ — Bringe die Gleichung auf die allgemeine Form.

$\Leftrightarrow \quad -x^2+x-0,25=0$

$D=1^2-4\cdot(-1)\cdot(-0,25)$

$D=0$ — $D=0$: Es existiert genau eine Lösung.

Hinweise und Tipps

Wegen $D=0$ gibt es nur einen gemeinsamen Punkt $g \cap p = \{B\}$. Dieser ist der Berührpunkt der Gerade und der Parabel. g ist also Tangente an p.

$\Leftrightarrow \quad x = \frac{-1 \pm 0}{2 \cdot (-1)}$

$\Leftrightarrow \quad x = 0{,}5$

$L = \{0{,}5\}$

$B(0{,}5 \mid -3 \cdot 0{,}5 + 3{,}25) = B(0{,}5 \mid 1{,}75)$

Berechnen der y-Koordinate des Berührpunktes durch Einsetzen des x-Wertes 0,5 in die Geradengleichung

d) Siehe Lösung zu Teilaufgabe a

$x_{A_1} = -2{,}5 \quad \Rightarrow \quad x_{C_1} = -2{,}5 + 2 = -0{,}5$
↑
„um 2 größer"

e) $D = \{x \mid x < -1{,}5\}$
Für $x = -1{,}5$ fallen der Punkt C_n und der Punkt B zusammen, es entsteht kein Dreieck.
$x_{A_n} = -1{,}5 \quad \Rightarrow \quad x_{C_n} = -1{,}5 + 2 = 0{,}5 = x_B$
Für $x > -1{,}5$ ändert sich der Umlaufsinn der Dreiecke.
Es entstehen dann Dreiecke A_nC_nB.

f) Zunächst Berechnung von $A_{\Delta A_nBC_n}(x)$:

Zunächst muss der Flächeninhalt der Dreiecke in Abhängigkeit von x ermittelt werden.
Für die Punkte A_n und C_n auf der Parabel p gilt:
$A_n(x_{A_n} \mid -x_{A_n}^2 - 2x_{A_n} + 3)$
$C_n(\mathbf{x_{C_n}} \mid -\mathbf{x_{C_n}}^2 - 2\mathbf{x_{C_n}} + 3)$
Es gilt: $\mathbf{x_{C_n}} = x_{A_n} + 2$
Setze $x + 2$ anstelle von x in die Parabelgleichung ein.

$A_n(x \mid -x^2 - 2x + 3)$

$B(0{,}5 \mid 1{,}75)$

$C_n(x+2 \mid -(x+2)^2 - 2(x+2) + 3)$

$C_n(x+2 \mid -x^2 - 4x - 4 - 2x - 4 + 3)$

$C_n(x+2 \mid -x^2 - 6x - 5)$

Berechnung der Koordinaten der aufspannenden Vektoren:

$\overrightarrow{A_nB} = \begin{pmatrix} 0{,}5 - x \\ 1{,}75 - (-x^2 - 2x + 3) \end{pmatrix}$

Vereinfache

$\overrightarrow{A_nB} = \begin{pmatrix} 0{,}5 - x \\ 1{,}75 + x^2 + 2x - 3 \end{pmatrix}$

Möglich wäre auch die Wahl von $\overrightarrow{BA_n}$ und $\overrightarrow{BC_n}$ als aufspannende Vektoren.

$\overrightarrow{A_nB} = \begin{pmatrix} 0{,}5 - x \\ x^2 + 2x - 1{,}25 \end{pmatrix}$

$\overrightarrow{A_nC_n} = \begin{pmatrix} x + 2 - x \\ -x^2 - 6x - 5 - (-x^2 - 2x + 3) \end{pmatrix}$

$\overrightarrow{A_nC_n} = \begin{pmatrix} 2 \\ -x^2 - 6x - 5 + x^2 + 2x - 3 \end{pmatrix}$

$\overrightarrow{A_nC_n} = \begin{pmatrix} 2 \\ -4x - 8 \end{pmatrix}$

$A_{\Delta A_nBC_n}(x) = \frac{1}{2} \cdot \begin{vmatrix} 0{,}5 - x & 2 \\ x^2 + 2x - 1{,}25 & -4x - 8 \end{vmatrix} \text{ FE}$ Vektoren in Determinante einsetzen

$A_{\Delta A_nBC_n}(x) = \frac{1}{2} \cdot [(0{,}5 - x)(-4x - 8) - (x^2 + 2x - 1{,}25) \cdot 2] \text{ FE}$ Klammern setzen

$A_{\Delta A_nBC_n}(x) = \frac{1}{2} \cdot [-2x - 4 + 4x^2 + 8x - 2x^2 - 4x + 2{,}5] \text{ FE}$ Vereinfachen

$A_{\Delta A_nBC_n}(x) = \frac{1}{2} \cdot [2x^2 + 2x - 1{,}5] \text{ FE}$

$A_{\Delta A_nBC_n}(x) = (x^2 + x - 0{,}75) \text{ FE}$

$A_{\Delta A_2BC_2} = A_{\Delta A_3BC_3} = 5\text{ FE}$:

$$\begin{array}{|l} A_{\Delta A_nBC_n}(x) = (x^2 + x - 0{,}75)\text{ FE} \\ \wedge\ A_{\Delta A_nBC_n}(x) = 5\text{ FE} \end{array}$$

$\Rightarrow\ x^2 + x - 0{,}75 = 5 \quad (\text{I} = \text{II}) \quad |-5$

$\Leftrightarrow\ x^2 + x - 5{,}75 = 0$

$D = 1^2 - 4 \cdot 1 \cdot (-5{,}75)$

$D = 24$

$\Leftrightarrow\ x_{1/2} = \dfrac{-1 \pm \sqrt{24}}{2 \cdot 1}$

$x_1 = 1{,}95 \ \vee\ x_2 = -2{,}95$

$L = \{-2{,}95;\ 1{,}95\}$

Hinweise und Tipps

Berechne den x-Wert, für den der Flächeninhalt 5 FE beträgt, mithilfe der quadratischen Gleichung.

$D > 0$: Es gibt 2 Dreiecke.

Ebene Geometrie

5 a)

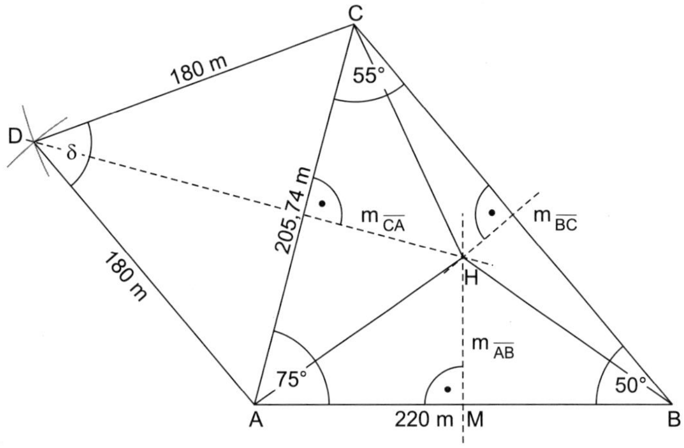

Maßstab $1:4\,000 \rightarrow 1\text{ cm} \mathrel{\hat{=}} 4\,000\text{ cm} = 40\text{ m}$

Umrechnung für die Zeichnung:

Beispiel: $|\overline{AB}| = 220\text{ m} \mathrel{\hat{=}} 5{,}5\text{ cm}\ (220 : 40 = 5{,}5)$

- Zeichne $\overline{AB}$ mit 5,5 cm Länge.
- Trage in B den 50°-Winkel an.
- Trage in A den 75°-Winkel an.
- Der Schnittpunkt der Schenkel ist C.

b) Zu berechnen sind noch $|\overline{CA}|$ und $|\overline{BC}|$.

Zuerst:

$\sphericalangle ACB = \gamma = 180° - 75° - 50° = 55°$

Innenwinkelsumme im Dreieck ABC

Berechnung von $|\overline{CA}|$ mit dem Sinussatz im Dreieck ABC:

$\dfrac{|\overline{CA}|}{\sin 50°} = \dfrac{|\overline{AB}|}{\sin 55°} \qquad |\cdot \sin 50°$

$|\overline{CA}| = \dfrac{220\text{ m}}{\sin 55°} \cdot \sin 50°$

$|\overline{CA}| = 205{,}74\text{ m}$

Berechnung von $|\overline{BC}|$ mit dem Kosinussatz im Dreieck ABC:

$|\overline{BC}|^2 = |\overline{AB}|^2 + |\overline{CA}|^2 - 2 \cdot |\overline{AB}| \cdot |\overline{CA}| \cdot \cos 75° \qquad |\sqrt{\ }$

Es wäre auch wieder der Sinussatz möglich.

$|\overline{BC}| = \sqrt{220^2 + 205{,}74^2 - 2 \cdot 220 \cdot 205{,}74 \cdot \cos 75°}\text{ m}$

$|\overline{BC}| = 259{,}42\text{ m}$

Der Mindestabstand wurde eingehalten.

c) Zeichnung siehe Lösung zu Teilaufgabe a

Berechnung von δ mit dem Kosinussatz im Dreieck DAC:

$$|\overline{AC}|^2 = |\overline{DA}|^2 + |\overline{CD}|^2 - 2 \cdot |\overline{DA}| \cdot |\overline{CD}| \cdot \cos\delta$$

$$\cos\delta = \frac{|\overline{DA}|^2 + |\overline{CD}|^2 - |\overline{AC}|^2}{2 \cdot |\overline{DA}| \cdot |\overline{CD}|}$$

$$\cos\delta = \frac{180^2 + 180^2 - 205{,}74^2}{2 \cdot 180 \cdot 180}$$

$$\cos\delta = 0{,}3467\ldots$$

$$\delta = 69{,}71°$$

Hinweise und Tipps

D ist der Schnittpunkt zweier Kreise mit Radius 180 m ≙ 4,5 cm um A und C (180 : 40 = 4,5).

Im Dreieck DAC sind drei Seiten bekannt: Fall SSS ⇒ Kosinussatz

$\overline{AC}$ liegt dem gesuchten Winkel gegenüber.

d) Der Gefahrenbereich besteht aus vier Kreissektoren mit Radius r = 40 m ≙ 1 cm.

Berechne zunächst die Gesamtfläche:

$$A_{ABCD} = A_{\Delta ABC} + A_{\Delta DAC}$$

$A_\Delta = \frac{1}{2} \cdot a \cdot b \cdot \sin\gamma$

$$A_{ABCD} = \frac{1}{2} \cdot |\overline{AB}| \cdot |\overline{AC}| \cdot \sin 75° + \frac{1}{2} \cdot |\overline{DA}| \cdot |\overline{DC}| \cdot \sin 69{,}71°$$

$$A_{ABCD} = \frac{1}{2} \cdot 220\text{ m} \cdot 205{,}74\text{ m} \cdot \sin 75° + \frac{1}{2} \cdot 180\text{ m} \cdot 180\text{ m} \cdot \sin 69{,}71°$$

$$A_{ABCD} = 21\,860{,}25\text{ m}^2 + 15\,194{,}78\text{ m}^2$$

$$A_{ABCD} = 37\,055{,}03\text{ m}^2$$

Berechnung der Mittelpunktswinkel der Kreissektoren um A und C:

Berechnung von ∢CAD = φ im Dreieck DAC:

$$\frac{\sin\varphi}{|\overline{CD}|} = \frac{\sin\delta}{|\overline{AC}|} \quad | \cdot |\overline{CD}|$$

Sinussatz

$$\sin\varphi = \frac{\sin 69{,}71°}{205{,}74\text{ m}} \cdot 180\text{ m}$$

$$\sin\varphi = 0{,}8206\ldots$$

$$\varphi = 55{,}15°$$

$$(\vee\ \varphi = 180° - 55{,}15° = 124{,}85°)$$

Keine Lösung, da mit δ = 69,71° die Winkelsumme bereits größer als 180° wäre!

Da Dreieck DAC gleichschenklig ist mit Basis $\overline{AC}$ gilt:

∢DCA = ∢CAD = φ = 55,15°

Eine Berechnung über die Winkelsumme wäre auch möglich.

Jetzt lassen sich die Mittelpunktswinkel und die Fläche der vier Kreissektoren berechnen:

Sektor um A:

Mittelpunktswinkel ∢BAD = 75° + 55,15° = 130,15°

$$A_{\text{Sektor um A}} = \frac{130{,}15°}{360°} \cdot (40\text{ m})^2 \cdot \pi = 1\,817{,}24\text{ m}^2$$

Sektor um B:

$$A_{\text{Sektor um B}} = \frac{50°}{360°} \cdot (40\text{ m})^2 \cdot \pi = 698{,}13\text{ m}^2$$

Sektor um C:

∢DCB = 55,15° + 55° = 110,15°

$$A_{\text{Sektor um C}} = \frac{110{,}15°}{360°} \cdot (40\text{ m})^2 \cdot \pi = 1\,537{,}98\text{ m}^2$$

✎ Hinweise und Tipps

Sektor um D:

$$A_{\text{Sektor um D}} = \frac{69{,}71°}{360°} \cdot (40\text{ m})^2 \cdot \pi = 973{,}34\text{ m}^2$$

Fläche des Gefahrenbereichs:

$$A = 1\,817{,}24\text{ m}^2 + 698{,}13\text{ m}^2 + 1\,537{,}98\text{ m}^2 + 973{,}34\text{ m}^2$$

$$A = 5\,026{,}69\text{ m}^2$$

Anteil in Prozent an der Gesamtfläche:

$$\frac{5\,026{,}69\text{ m}^2}{37\,055{,}03\text{ m}^2} = \frac{x}{100\ \%} \quad |\cdot 100\ \%$$

$$x = \frac{5\,026{,}69\text{ m}^2}{37\,055{,}03\text{ m}^2} \cdot 100\ \%$$

$$x = 13{,}57\ \%$$

e) Zeichnung siehe Lösung zu Teilaufgabe a

H ist der Schnittpunkt der Mittelsenkrechten $m_{\overline{AB}}$, $m_{\overline{BC}}$ und $m_{\overline{CA}}$. Zur Konstruktion reichen zwei Mittelsenkrechten aus.

H ist der Mittelpunkt des Umkreises des Dreiecks ABC. Die gesuchte Entfernung ist der Radius des Umkreises.

Aus dem erweiterten Sinussatz folgt:

$$\frac{a}{\sin\alpha} = \frac{b}{\sin\beta} = \frac{c}{\sin\gamma} = 2 \cdot r_{\text{Umkreis}}$$

Also z. B.:

$$\frac{205{,}74\text{ m}}{\sin 50°} = 2 \cdot r_{\text{Umkreis}}$$

$$268{,}57\text{ m} = 2 \cdot r_{\text{Umkreis}} \quad |:2$$

$$r_{\text{Umkreis}} = 134{,}29\text{ m}$$

In der Zeichnung: 134,29 m ($\triangleq$ 3,36 cm)

f) Entfernung von H nach D:

Im Dreieck DAH sind zwei Bestimmungsstücke bekannt:

$|\overline{DA}| = 180\text{ m}; \ |\overline{AH}| = 134{,}29\text{ m}$

Berechne den Winkel $\sphericalangle$HAD, um den Kosinussatz anwenden zu können. Dazu: $\sphericalangle$MAH im rechtwinkligen Dreieck AMH (M ist der Mittelpunkt von $\overline{AB}$):

$$\cos\sphericalangle MAH = \frac{|\overline{AM}|}{|\overline{HA}|}$$

$$\cos\sphericalangle MAH = \frac{110\text{ m}}{134{,}29\text{ m}}$$

$|\overline{AM}| = 110$ m (Mittelsenkrechte!)

$$\cos\sphericalangle MAH = 0{,}8191\ldots$$

$$\sphericalangle MAH = 35{,}00°$$

$$\sphericalangle HAD = \sphericalangle BAD - \sphericalangle MAH = 130{,}15° - 35° = 95{,}15°$$

Kosinussatz für $|\overline{HD}|$ im Dreieck DAH:

$$|\overline{HD}|^2 = |\overline{AH}|^2 + |\overline{DA}|^2 - 2 \cdot |\overline{AH}| \cdot |\overline{DA}| \cdot \cos 95{,}15° \quad |\sqrt{\ }$$

$$|\overline{HD}| = \sqrt{134{,}29^2 + 180^2 - 2 \cdot 134{,}29 \cdot 180 \cdot \cos 95{,}15°}\text{ m}$$

$$|\overline{HD}| = 234{,}04\text{ m}$$

(In der Zeichnung: 234,04 m $\triangleq$ 5,85 cm)

6 a) Berechnung von $|\overline{CA}|$ im Dreieck AKC:

$$\sin 70° = \frac{|\overline{KC}|}{|\overline{CA}|} \quad |\cdot|\overline{CA}|$$

$$\sin 70° \cdot |\overline{CA}| = |\overline{KC}| \quad |:\sin 70°$$

$$|\overline{CA}| = \frac{12\text{ m}}{\sin 70°}$$

$$|\overline{CA}| = 12{,}77\text{ m}$$

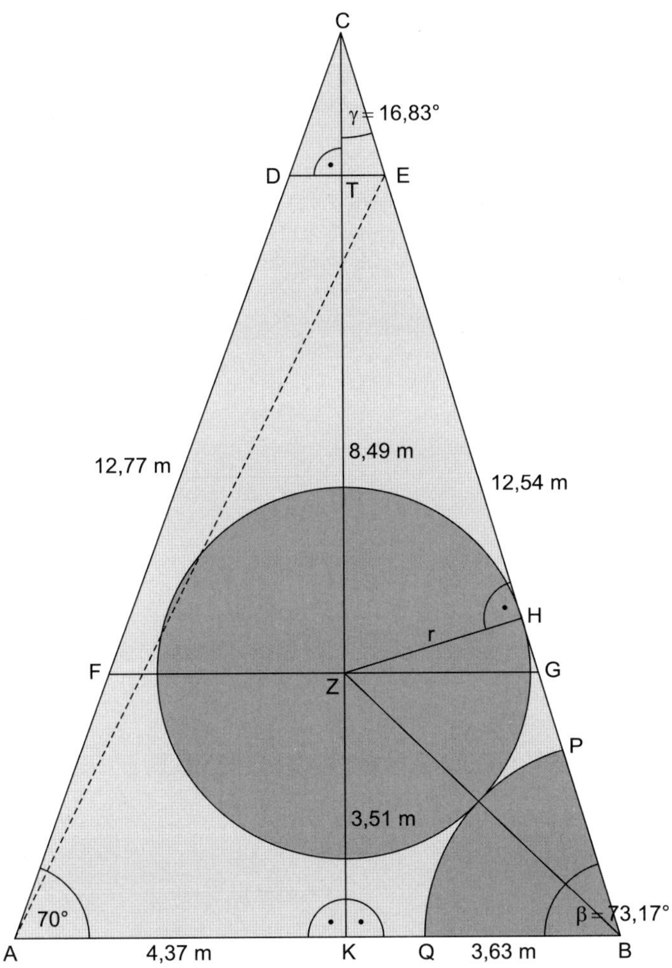

b) Berechnung von β im Dreieck KBC:
Davor: Berechnung von $|\overline{AK}|$ im Dreieck AKC:

$$|\overline{AK}| = \sqrt{|\overline{CA}|^2 - |\overline{KC}|^2} = \sqrt{12{,}77^2 - 12^2}\text{ m} = 4{,}37\text{ m}$$

Satz des Pythagoras

$$\Rightarrow\ |\overline{KB}| = |\overline{AB}| - |\overline{AK}| = 8\text{ m} - 4{,}37\text{ m} = 3{,}63\text{ m}$$

$$\tan\beta = \frac{|\overline{CK}|}{|\overline{KB}|}$$

$$\tan\beta = \frac{12\text{ m}}{3{,}63\text{ m}}$$

$$\tan\beta = 3{,}3057\ldots$$

$$\beta = 73{,}17°$$

Hinweise und Tipps

Planfigur:

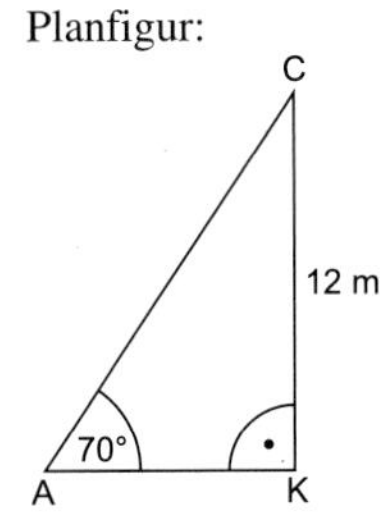

Maßstab $1:100 \rightarrow 1\text{ cm} \mathrel{\hat{=}} 100\text{ cm} = 1\text{ m}$

- Zeichne $\overline{AB}$ mit 8 cm Länge.
- Trage in A den 70°-Winkel an.
- Miss auf [AC die Strecke $|\overline{AC}| = 12{,}77\text{ m} \mathrel{\hat{=}} 12{,}77\text{ cm}$ ab.

Hinweise und Tipps

Berechnung von $|\overline{BC}|$ im Dreieck KBC:

$|\overline{BC}| = \sqrt{|\overline{KB}|^2 + |\overline{CK}|^2} = \sqrt{3{,}63^2 + 12^2}\ \text{m} = 12{,}54\ \text{m}$

c) Strahlensatz mit Zentrum C:

$\frac{|\overline{DE}|}{|\overline{AB}|} = \frac{|\overline{CD}|}{|\overline{CA}|} \quad |\cdot|\overline{AB}|$

$|\overline{DE}| = \frac{|\overline{CD}|}{|\overline{CA}|} \cdot |\overline{AB}|$

$|\overline{DE}| = \frac{2\ \text{m}}{12{,}77\ \text{m}} \cdot 8\ \text{m}$

$|\overline{DE}| = 1{,}25\ \text{m}$

Der Abstand der Strecke $\overline{DE}$ von C ist $|\overline{TC}|$ (Lotstrecke!).

$\sphericalangle EDC = 70°$

Stufenwinkel zu $\sphericalangle KAC$

$\sin 70° = \frac{|\overline{TC}|}{|\overline{CD}|} \quad |\cdot|\overline{CD}|$

$|\overline{TC}| = |\overline{CD}| \cdot \sin 70°$

$|\overline{TC}| = 2\ \text{m} \cdot \sin 70°$

$|\overline{TC}| = 1{,}88\ \text{m}$

d) Strahlensatz mit Zentrum C (und $|\overline{CZ}| = x$ m):

$\frac{|\overline{FG}|}{|\overline{AB}|} = \frac{|\overline{CZ}|}{|\overline{CK}|} \quad |\cdot|\overline{AB}|$

$|\overline{FG}| = \frac{x\ \text{m}}{|\overline{CK}|} \cdot |\overline{AB}|$

$|\overline{FG}| = \frac{x\ \text{m}}{12\ \text{m}} \cdot 8\ \text{m}$

$|\overline{FG}| = \frac{2}{3} x\ \text{m}$

Planfigur:

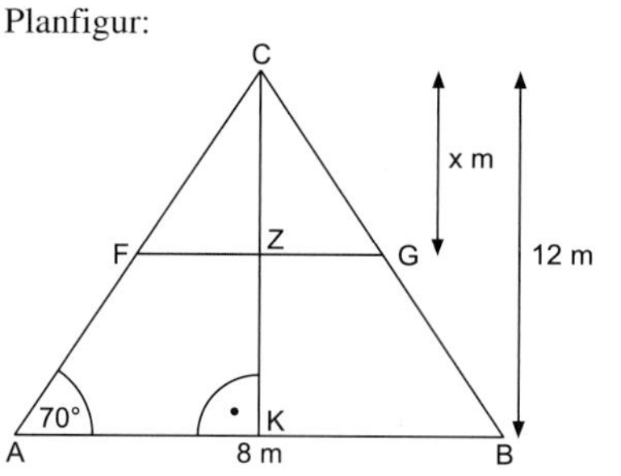

e) Berechnung des Flächeninhalts von Dreieck FGC:

$A_{\Delta FGC} = \frac{1}{2} \cdot A_{\Delta ABC}$

$A_{\Delta ABC} = \frac{1}{2} \cdot |\overline{AB}| \cdot |\overline{KC}|$

$A_{\Delta FGC} = \frac{1}{2} \cdot \frac{1}{2} \cdot |\overline{AB}| \cdot |\overline{KC}|$

$A_{\Delta FGC} = \frac{1}{4} \cdot 8\ \text{m} \cdot 12\ \text{m}$

$A_{\Delta FGC} = 24\ \text{m}^2$

Das Dreieck FGC muss also 24 m² groß sein.

Zusätzlich gilt:

Berechne $A_{\Delta FGC}$ in Abhängigkeit von x.

$A_{\Delta FGC} = \frac{1}{2} \cdot |\overline{FG}| \cdot |\overline{ZC}|$ mit

$|\overline{FG}| = \frac{2}{3} x$ m (Teilaufgabe d)

und $|\overline{ZC}| = x$ m.

$A_{\Delta FGC} = \frac{1}{2} \cdot |\overline{FG}| \cdot |\overline{ZC}|$

$A_{\Delta FGC}(x) = \frac{1}{2} \cdot \frac{2}{3} x\ \text{m} \cdot x\ \text{m}$

$A_{\Delta FGC}(x) = \frac{1}{3} x^2\ \text{m}^2$

Hinweise und Tipps

Somit folgt:

$\frac{1}{3}\cdot x^2 = 24 \quad |\cdot 3$

$\Leftrightarrow \quad x^2 = 72 \quad |\sqrt{\;}$

$\Rightarrow \quad x = 8{,}49 \quad (|\overline{CZ}| = 8{,}49 \text{ m})$

Zeichnung siehe Teilaufgabe a

Gleichsetzen mit dem Flächeninhalt

Zeichne den Stab im Abstand von 8,49 cm zu C ein.

f) $A_{FGED} = \frac{1}{2}\cdot(|\overline{FG}| + |\overline{DE}|)\cdot|\overline{TZ}|$

$|\overline{FG}| = \frac{2}{3}x \text{ m} = \frac{2}{3}\cdot 8{,}49 \text{ m} = 5{,}66 \text{ m}$

Bekannt aus Teilaufgabe d und e: $|\overline{FG}| = \frac{2}{3}x \text{ m};\ x = 8{,}49$

oder:

$|\overline{FG}|$ mit Strahlensatz mit Zentrum C:

$\frac{|\overline{FG}|}{|\overline{AB}|} = \frac{|\overline{CZ}|}{|\overline{CK}|} \quad |\cdot|\overline{AB}|$

$|\overline{FG}| = \frac{|\overline{CZ}|}{|\overline{CK}|}\cdot|\overline{AB}|$

$|\overline{FG}| = \frac{8{,}49 \text{ m}}{12 \text{ m}}\cdot 8 \text{ m}$

$|\overline{FG}| = 5{,}66 \text{ m}$

$|\overline{DE}| = 1{,}25 \text{ m}$

$|\overline{TZ}| = |\overline{CZ}| - |\overline{CT}| = 8{,}49 \text{ m} - 1{,}88 \text{ m} = 6{,}61 \text{ m}$

Bekannt aus Teilaufgabe c: $|\overline{CT}| = 1{,}88 \text{ m};\ |\overline{DE}| = 1{,}25 \text{ m}$

$A_{FGED} = \frac{1}{2}\cdot(5{,}66 \text{ m} + 1{,}25 \text{ m})\cdot 6{,}61 \text{ m} = 22{,}84 \text{ m}^2$

Prozentualer Anteil:

$\frac{22{,}84 \text{ m}^2}{48 \text{ m}^2} = \frac{x}{100\ \%} \quad |\cdot 100\ \%$

$x = \frac{22{,}84}{48}\cdot 100\ \%$

$x = 47{,}58\ \%$

Bekannt aus Teilaufgabe e: $A_{\Delta ABC} = 2\cdot A_{\Delta FGC} = 2\cdot 24 \text{ m}^2 = 48 \text{ m}^2$

g) Zeichnung siehe Lösung zu Teilaufgabe a

Sei H der Fußpunkt des Lotes von Z auf $\overline{BC}$.
Im Dreieck ZHC sind bereits zwei Bestimmungsstücke bekannt.

Das Lot von Z auf $\overline{BC}$ ergibt den Radius r.

Berechne zunächst $\gamma = \sphericalangle KCB$ im Dreieck KBC:
$\gamma = 180° - 90° - 73{,}17° = 16{,}83°$

Bekannt aus Teilaufgabe b: $\beta = 73{,}17°$

Der Radius r des Kreises k ist das Lot von Z auf $\overline{BC}$, da $\overline{BC}$ eine Tangente an k ist (Berührradius!).

Wegen $|\overline{AK}| > |\overline{KB}|$ liegt Z näher an $\overline{BC}$ als an $\overline{CA}$.

Im rechtwinkligen Dreieck ZHC gilt:

$\sin\gamma = \frac{r}{|\overline{CZ}|} \quad |\cdot|\overline{CZ}|$

$r = \sin 16{,}83°\cdot 8{,}49 \text{ m}$

$r = 2{,}46 \text{ m}$

$A_{Kreis} = r^2\cdot\pi = (2{,}46 \text{ m})^2\cdot\pi = 19{,}01 \text{ m}^2$

Hinweise und Tipps

h) Im rechtwinkligen Dreieck KBZ gilt:

$|\overline{BZ}| = \sqrt{|\overline{KB}|^2 + |\overline{ZK}|^2}$

$|\overline{BZ}| = \sqrt{(3{,}63\text{ m})^2 + \left(|\overline{CK}| - |\overline{CZ}|\right)^2}$

$|\overline{BZ}| = \sqrt{(3{,}63\text{ m})^2 + (12\text{ m} - 8{,}49\text{ m})^2}$

$|\overline{BZ}| = \sqrt{3{,}63^2 + 3{,}51^2}\text{ m}$

$|\overline{BZ}| = 5{,}05\text{ m}$

$|\overline{KB}| = 3{,}63\text{ m}$ (bekannt aus Teilaufgabe b)

Da der Kreissektor den Kreis k berührt, gilt:

$|\overline{BZ}| = r_k + r_{\text{Sektor PBQ}}$

$r_{\text{Sektor PBQ}} = |\overline{BZ}| - r_k$

$r_{\text{Sektor PBQ}} = 5{,}05\text{ m} - 2{,}46\text{ m}$

$r_{\text{Sektor PBQ}} = 2{,}59\text{ m}$

Berechnung des Flächeninhalts des Kreissektors:

$A_{\text{Sektor PBQ}} = \frac{73{,}17°}{360°} \cdot (2{,}59\text{ m})^2 \cdot \pi$

$A_{\text{Sektor PBQ}} = 4{,}28\text{ m}^2$

i) Für die nicht rot gefärbte Restfläche A_{Rest} gilt:

$A_{\text{Rest}} = A_{ZKBG} - A_{\text{rot}}$

Berechne zunächst $|\overline{ZG}|$ im rechtwinkligen Dreieck CZG, um für A_{ZKBG} die Trapezformel anwenden zu können:

$\tan 16{,}83° = \frac{|\overline{ZG}|}{|\overline{CZ}|} \quad |\cdot|\overline{CZ}|$

$|\overline{ZG}| = \tan 16{,}83° \cdot |\overline{CZ}|$

$|\overline{ZG}| = \tan 16{,}83° \cdot 8{,}49\text{ m}$

$|\overline{ZG}| = 2{,}57\text{ m}$

Im Trapez liegt ein Viertel des Kreises!

$A_{\text{Rest}} = \frac{1}{2} \cdot \left(|\overline{ZG}| + |\overline{KB}|\right) \cdot |\overline{ZK}| - (A_{\text{Sektor PBQ}} + A_{\text{Viertelkreis}})$

A_{Rest} = „$A_{ZKBG} - A_{\text{rot}}$"

$A_{\text{Rest}} = \frac{1}{2} \cdot (2{,}57\text{ m} + 3{,}63\text{ m}) \cdot 3{,}51\text{ m} - 4{,}28\text{ m}^2 - \frac{1}{4} \cdot 19{,}01\text{ m}^2$

$A_{\text{Rest}} = 10{,}88\text{ m}^2 - 4{,}28\text{ m}^2 - 4{,}75\text{ m}^2$

$A_{\text{Rest}} = 1{,}85\text{ m}^2$

j) Berechnung von $|\overline{CE}|$ mithilfe des Strahlensatzes mit Zentrum C:

Berechne zunächst $|\overline{CE}|$ und $\sphericalangle ACE$, um dann $|\overline{AE}|$ im Dreieck AEC berechnen zu können.

$\frac{|\overline{CE}|}{|\overline{CB}|} = \frac{|\overline{CT}|}{|\overline{CK}|} \quad |\cdot|\overline{CB}|$

$|\overline{CE}| = \frac{|\overline{CT}|}{|\overline{CK}|} \cdot |\overline{CB}|$

$|\overline{CE}| = \frac{1{,}88\text{ m}}{12\text{ m}} \cdot 12{,}54\text{ m}$

$|\overline{CE}| = 1{,}96\text{ m}$

Berechnung von $\sphericalangle ACE$ im Dreieck ABC:

$\sphericalangle ACE = 180° - 70° - 73{,}17° = 36{,}83°$

Hinweise und Tipps

Berechnung von $|\overline{AE}|$ mit dem Kosinussatz im Dreieck AEC:

$$|\overline{AE}|^2 = |\overline{CA}|^2 + |\overline{EC}|^2 - 2 \cdot |\overline{CA}| \cdot |\overline{EC}| \cdot \cos \sphericalangle ACE \quad |\sqrt{}$$

$$|\overline{AE}| = \sqrt{12,77^2 + 1,96^2 - 2 \cdot 12,77 \cdot 1,96 \cdot \cos 36,83^\circ} \text{ m}$$

$$|\overline{AE}| = 11,26 \text{ m}$$

Berechnung von α_1 im Dreieck AEC:

$$\frac{\sin \alpha_1}{|\overline{EC}|} = \frac{\sin 36,83^\circ}{|\overline{AE}|} \quad |\cdot |\overline{EC}|$$

$$\sin \alpha_1 = \frac{\sin 36,83^\circ}{11,26 \text{ m}} \cdot 1,96 \text{ m}$$

$$\sin \alpha_1 = 0,1043\ldots$$

$$\alpha_1 = 5,99^\circ$$

$$(\vee\ \alpha_2 = 180^\circ - 5,99^\circ = 174,01)$$

Keine Lösung, da $\alpha_1 < \sphericalangle KAC = 70^\circ$!

---

7 a)

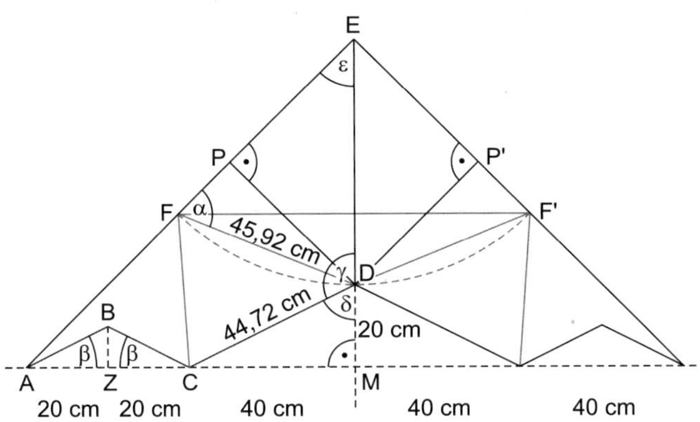

Maßstab 1 : 20
Umrechnung für die Zeichnung:
20 cm ≙ 1 cm
40 cm ≙ 2 cm

- Zeichne das gleichschenklig-rechtwinklige Dreieck AME (80 cm ≙ 4 cm).
- Zeichne D in 3 cm Entfernung von E ein.
- C ist der Mittelpunkt von $\overline{AM}$.
- Trage $\beta = 26,57^\circ$ in A und C an, um B zu erhalten.
- Spiegle die Figur an ME.

Betrachte das rechtwinklige Dreieck AZB:
$|\overline{AZ}| = 20$ cm, da das Dreieck ACB gleichschenklig ist mit Basis $\overline{AC} = 40$ cm.

$$\cos \beta = \frac{|\overline{AZ}|}{|\overline{BA}|} \quad |\cdot |\overline{BA}|$$

$$\cos \beta \cdot |\overline{BA}| = |\overline{AZ}| \quad |: \cos \beta$$

$$|\overline{BA}| = \frac{|\overline{AZ}|}{\cos \beta}$$

$$|\overline{BA}| = \frac{20 \text{ cm}}{\cos 26,57^\circ}$$

$$|\overline{BA}| = 22,36 \text{ cm}$$

Berechne $|\overline{DC}|$ im rechtwinkligen Dreieck CMD:

$$|\overline{DC}| = \sqrt{|\overline{CM}|^2 + |\overline{MD}|^2}$$

$$|\overline{DC}| = \sqrt{40^2 + 20^2} \text{ cm}$$

$$|\overline{DC}| = 44,72 \text{ cm}$$

Berechnung von $\gamma = \sphericalangle EDC$:
Es gilt $\gamma = 180^\circ - \delta$ mit $\delta = \sphericalangle CDM$.

γ ist Ergänzungswinkel zu δ.

Hinweise und Tipps

Berechnung von δ:

$$\tan\delta = \frac{|\overline{CM}|}{|\overline{MD}|}$$

$$\tan\delta = \frac{40\text{ cm}}{20\text{ cm}}$$

$$\tan\delta = 2$$

$$\delta = 63{,}43°$$

$$\Rightarrow \gamma = 180° - 63{,}43° = 116{,}57°$$

b) Berechnung des Flächeninhalts des Flugdrachens:

$$A_{\text{Drache}} = 2\cdot(A_{\Delta AME} - A_{\Delta ACB} - A_{\Delta CMD})$$

$$A_{\text{Drache}} = 2\cdot\left(\frac{1}{2}\cdot|\overline{AM}|\cdot|\overline{ME}| - \frac{1}{2}\cdot|\overline{AC}|\cdot|\overline{BA}|\cdot\sin\beta - \frac{1}{2}\cdot|\overline{CM}|\cdot|\overline{MD}|\right)$$

$$A_{\text{Drache}} = 2\cdot\left(\frac{1}{2}\cdot 80\text{ cm}\cdot 80\text{ cm} - \frac{1}{2}\cdot 40\text{ cm}\cdot 22{,}36\text{ cm}\cdot\sin 26{,}57° - \frac{1}{2}\cdot 40\text{ cm}\cdot 20\text{ cm}\right)$$

$$A_{\text{Drache}} = 2\cdot(3\,200\text{ cm}^2 - 200{,}03\text{ cm}^2 - 400\text{ cm}^2)$$

$$A_{\text{Drache}} = 5\,199{,}94\text{ cm}^2$$

$$A_{\text{Drache}} = 5\,200\text{ cm}^2$$

c) Da das Dreieck AME gleichschenklig-rechtwinklig ist mit $|\overline{AM}| = |\overline{ME}|$, gilt für $\varepsilon = \sphericalangle AEM$:

$$\varepsilon = 45°$$

Berechne $|\overline{FD}|$ im gleichschenkligen Dreieck FDE mithilfe des Kosinussatzes. Bestimme dazu zunächst $\varepsilon = \sphericalangle AEM$ im Dreieck AME.

Kosinussatz im Dreieck FDE:

$$|\overline{FD}|^2 = |\overline{EF}|^2 + |\overline{DE}|^2 - 2\cdot|\overline{EF}|\cdot|\overline{DE}|\cdot\cos 45° \quad |\sqrt{}$$

$$|\overline{FD}| = \sqrt{60^2 + 60^2 - 2\cdot 60\cdot 60\cdot\cos 45°}\text{ cm}$$

$$|\overline{FD}| = 45{,}92\text{ cm}$$

Das Dreieck FDE ist gleichschenklig mit $|\overline{EF}| = |\overline{DE}| = r = 60$ cm.

Das Dreieck FF'E ist gleichschenklig-rechtwinklig mit $|\overline{EF}| = |\overline{F'E}| = 60$ cm. Außerdem gilt:

$$\sphericalangle FEF' = 2\cdot\varepsilon = 2\cdot 45° = 90°$$

Es gilt also der Satz des Pythagoras:

$$|\overline{FF'}| = \sqrt{|\overline{F'E}|^2 + |\overline{EF}|^2} = \sqrt{7\,200\text{ cm}^2} = 84{,}85\text{ cm}$$

Im gleichschenkligen Dreieck FDE gilt:

$$\sphericalangle EDF = \sphericalangle DFE = \alpha$$

Zur Berechnung von $\alpha = \sphericalangle DFE$ betrachte die Winkelsumme im gleichschenkligen Dreieck FDE.

Es gilt also:

$$180° = 2\cdot\alpha + \sphericalangle FED$$

Winkelsumme im gleichschenkligen Dreieck FDE

$$180° = 2\cdot\alpha + 45° \quad |-45°$$

$$2\cdot\alpha = 135° \quad |:2$$

$$\alpha = 67{,}5°$$

d) Zeichnung siehe Lösung zu Teilaufgabe a

$\overline{DP}$ ist das Lot von D auf $\overline{FE}$.

Das Lot ist die kürzeste Strecke!

Hinweise und Tipps

Im rechtwinkligen Dreieck PDE gilt:

$\sin\varepsilon = \frac{|\overline{PD}|}{|\overline{DE}|} \quad |\cdot|\overline{DE}|$

$|\overline{PD}| = 60\text{ cm}\cdot\sin 45°$

$|\overline{PD}| = 42{,}43\text{ cm} = |\overline{P'D}|$

e) Drachenviereck EFDF':

$A = \frac{1}{2}\cdot|\overline{ED}|\cdot|\overline{FF'}|$

$A = \frac{1}{2}\cdot 60\text{ cm}\cdot 84{,}85\text{ cm}$

$A = 2\,545{,}5\text{ cm}^2$

Prozentualer Anteil:

$\frac{2\,545{,}5\text{ cm}^2}{5\,200\text{ cm}^2} = \frac{x}{100\,\%} \quad |\cdot 2\,545{,}5\text{ cm}^2$

$x = \frac{100\,\%}{5\,200\text{ cm}^2}\cdot 2\,545{,}5\text{ cm}^2$

$x = 48{,}95\,\%$

f) Berechnung von $\sphericalangle FDC$:

Betrachte das Dreieck FCD. Es sind bisher nur zwei Bestimmungsstücke bekannt ($|\overline{CD}| = 44{,}72$ cm; $|\overline{FD}| = 45{,}92$ cm). Berechne den Winkel $\sphericalangle FDC$, um den Kosinussatz anwenden zu können.

Im gleichschenkligen Dreieck FDE gilt (Teilaufgabe c):
$\sphericalangle EDF = \sphericalangle DFE = \alpha = 67{,}5°$

Es gilt:
$\sphericalangle CDM + \sphericalangle FDC + \sphericalangle EDF = 180°$

Gestreckter Winkel

also:
$\sphericalangle FDC = 180° - 67{,}5° - 63{,}43° = 49{,}07°$

$\sphericalangle CDM = \delta = 63{,}43°$

Kosinussatz im Dreieck FCD:

$|\overline{FC}|^2 = |\overline{CD}|^2 + |\overline{DF}|^2 - 2\cdot|\overline{CD}|\cdot|\overline{DF}|\cdot\cos\sphericalangle FDC \quad |\sqrt{}$

$|\overline{FC}| = \sqrt{44{,}72^2 + 45{,}92^2 - 2\cdot 44{,}72\cdot 45{,}92\cdot\cos 49{,}07°}\text{ cm}$

$|\overline{FC}| = 37{,}65\text{ cm}$

8 a)

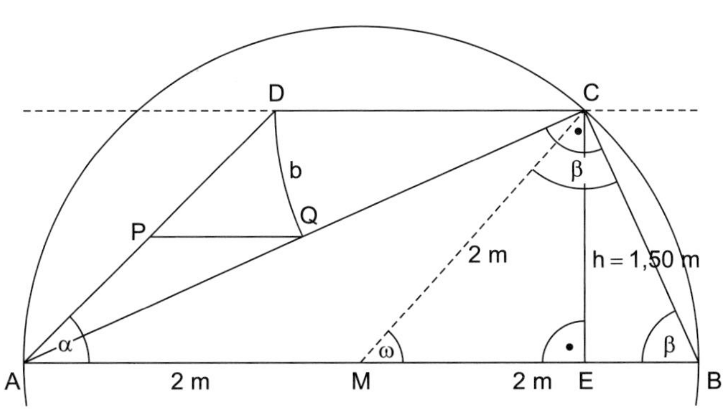

- Zeichne $\overline{AB}$ mit 8 cm Länge. (4 m = 400 cm, 400 cm : 50 = 8 cm)
- Zeichne eine Parallele zu AB im Abstand von 3 cm. (1,50 m = 150 cm, 150 cm : 50 = 3 cm)
- Zeichne den Thaleskreis über $\overline{AB}$ mit Mittelpunkt M und Radius $r = |\overline{MB}|$. (C liegt auf dem Thaleskreis, da $\sphericalangle ACB = 90°$.)
- C ist der rechte Schnittpunkt der Parallelen mit dem Thaleskreis.
- Zeichne $\sphericalangle BAD = \alpha = 45°$.
- D ist der Schnittpunkt des Schenkels [AD mit der Parallelen.

b) Berechnung des Winkels ω:
Das Dreieck MBC ist gleichschenklig mit Basis $\overline{BC}$, also gilt $\sphericalangle MCB = \sphericalangle CBM$ (Basiswinkel) und $|\overline{CM}| = |\overline{MB}| = 2$ m.

Hinweise und Tipps

Im rechtwinkligen Dreieck MEC gilt:

$\sin\omega = \frac{|\overline{EC}|}{|\overline{CM}|}$

$\sin\omega = \frac{1{,}50 \text{ m}}{2 \text{ m}}$

$\sin\omega = 0{,}75$

$\omega = 48{,}59°$

$(\vee\ \omega = 180° - 48{,}59° = 131{,}41°)$

Keine Lösung, da sonst Winkelsumme > 180°.

Man erhält β über die Winkelsumme im gleichschenkligen Dreieck MBC:

$48{,}59° + 2 \cdot \beta = 180°$

$\beta = (180° - 48{,}59°) : 2$

$\beta = 65{,}71°$

$\beta = \sphericalangle CBA = \sphericalangle MCB$, denn Basiswinkel sind maßgleich.

Berechnung der Länge von $\overline{BC}$ im rechtwinkligen Dreieck EBC:

$\sin\beta = \frac{|\overline{CE}|}{|\overline{BC}|}$

$|\overline{BC}| = \frac{|\overline{CE}|}{\sin\beta}$

$|\overline{BC}| = \frac{1{,}50 \text{ m}}{\sin 65{,}71°}$

$|\overline{BC}| = 1{,}65 \text{ m}$

c) Zur Berechnung von $|\overline{DA}|$ fälle das Lot $\overline{DF}$ von D auf $\overline{AB}$ und betrachte das rechtwinklige Dreieck AFD:

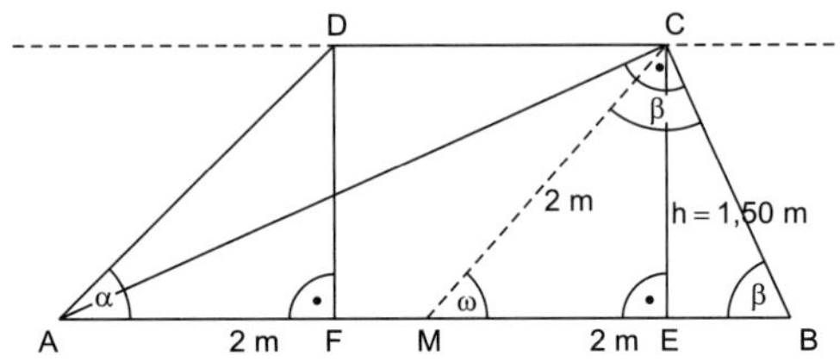

$\sin\alpha = \frac{|\overline{FD}|}{|\overline{DA}|}$

$|\overline{DA}| = \frac{|\overline{FD}|}{\sin\alpha}$

$|\overline{DA}| = \frac{1{,}50 \text{ m}}{\sin 45°}$

$|\overline{DA}| = 2{,}12 \text{ m}$

Berechnung von $|\overline{CD}|$:

$|\overline{CD}| = |\overline{AB}| - |\overline{AF}| - |\overline{EB}|$

Es gilt $|\overline{AF}| = |\overline{FD}| = 1{,}50$ m, denn wegen

$\sphericalangle ADF = 180° - 45° - 90° = 45° = \sphericalangle FAD$

ist Dreieck AFD gleichschenklig mit Basis $\overline{DA}$.

Beachte: Dreieck AFD ist gleichschenklig- rechtwinklig.

Berechnung von $|\overline{EB}|$ im rechtwinkligen Dreieck EBC:

$\cos\beta = \frac{|\overline{EB}|}{|\overline{BC}|} \quad |\cdot|\overline{BC}|$

$|\overline{EB}| = \cos\beta \cdot |\overline{BC}|$

$|\overline{EB}| = \cos 65{,}71° \cdot 1{,}65 \text{ m}$

$|\overline{EB}| = 0{,}68 \text{ m}$

Hinweise und Tipps

Also gilt:
$|\overline{CD}| = 4\text{ m} - 1{,}50\text{ m} - 0{,}68\text{ m} = 1{,}82\text{ m}$

Der Umfang des Klettergerüsts beträgt damit:
$u = 4\text{ m} + 1{,}65\text{ m} + 1{,}82\text{ m} + 2{,}12\text{ m} = 9{,}59\text{ m}$

d) Zeichnung siehe Lösung zu Teilaufgabe a

Der Radius des Kreisbogens entspricht $|\overline{CD}| = 1{,}82\text{ m}$.

Berechnung des Mittelpunktswinkels $\sphericalangle DCA$:
Der Winkel $\sphericalangle DCA$ ist Wechselwinkel zum Winkel $\sphericalangle BAC$, also gilt $\sphericalangle DCA = \sphericalangle BAC$.

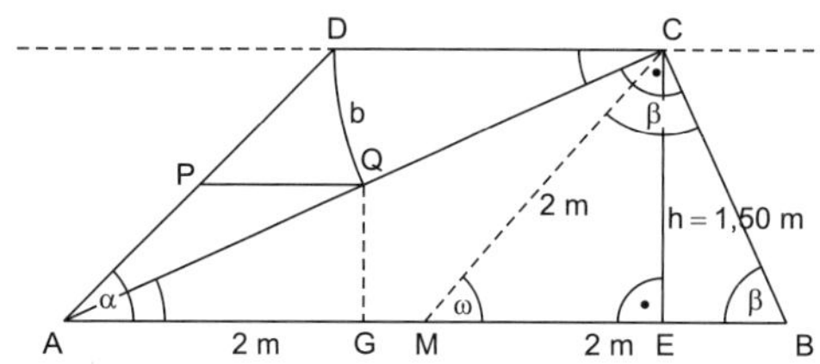

Winkelsumme im rechtwinkligen Dreieck ABC:

$180° = \sphericalangle BAC + \sphericalangle CBA + \sphericalangle ACB$

$180° = \sphericalangle DCA + 65{,}71° + 90°$

$\sphericalangle DCA = 180° - 90° - 65{,}71°$

$\sphericalangle DCA = 24{,}29°$

Berechnung der Bogenlänge:

$b = \frac{\sphericalangle DCA}{360°} \cdot 2 \cdot |\overline{CD}| \cdot \pi$

$b = \frac{24{,}29°}{360°} \cdot 2 \cdot 1{,}82\text{ m} \cdot \pi$

$b = 0{,}77\text{ m}$

Formel: $b = \frac{\varphi}{360°} \cdot 2 \cdot r \cdot \pi$ oder $b = \frac{\varphi}{180°} \cdot r \cdot \pi$

e) Zeichnung siehe Lösung zu Teilaufgabe a

Berechne zunächst $|\overline{CA}|$ im rechtwinkligen Dreieck ABC:

Auch der Satz des Pythagoras wäre hier anwendbar.

$\sin\beta = \frac{|\overline{CA}|}{|\overline{AB}|} \quad | \cdot |\overline{AB}|$

$|\overline{CA}| = \sin\beta \cdot |\overline{AB}|$

$|\overline{CA}| = \sin 65{,}71° \cdot 4\text{ m}$

$|\overline{CA}| = 3{,}65\text{ m}$

Wegen $|\overline{CQ}| = |\overline{CD}| = 1{,}82\text{ m}$ folgt:

$|\overline{AQ}| = |\overline{AC}| - |\overline{QC}|$

$|\overline{AQ}| = 3{,}65\text{ m} - 1{,}82\text{ m}$

$|\overline{AQ}| = 1{,}83\text{ m}$

Da $\overline{PQ} \parallel \overline{DC}$, lässt sich $|\overline{PQ}|$ nun mithilfe des Strahlensatzes berechnen (Zentrum A):

$\frac{|\overline{PQ}|}{|\overline{DC}|} = \frac{|\overline{AQ}|}{|\overline{AC}|} \quad | \cdot |\overline{DC}|$

$|\overline{PQ}| = \frac{|\overline{AQ}|}{|\overline{AC}|} \cdot |\overline{DC}|$

$|\overline{PQ}| = \frac{1{,}83\text{ m}}{3{,}65\text{ m}} \cdot 1{,}82\text{ m}$

$|\overline{PQ}| = 0{,}91\text{ m}$

f) Sei G der Fußpunkt des Lotes von Q auf $\overline{AB}$. Dann entspricht die Befestigungshöhe der Stange $\overline{PQ}$ der Länge der Strecke $\overline{GQ}$.
Im rechtwinkligen Dreieck AGQ gilt:

$$\sin \sphericalangle BAC = \frac{|\overline{GQ}|}{|\overline{QA}|} \qquad |\cdot|\overline{QA}|$$

$$|\overline{GQ}| = \sin \sphericalangle BAC \cdot |\overline{QA}| \qquad |\sphericalangle BAC = \sphericalangle DCA = 24{,}29°$$

$$|\overline{GQ}| = \sin 24{,}29° \cdot 1{,}83\ \text{m}$$

$$|\overline{GQ}| = 0{,}75\ \text{m}$$

✎ Hinweise und Tipps

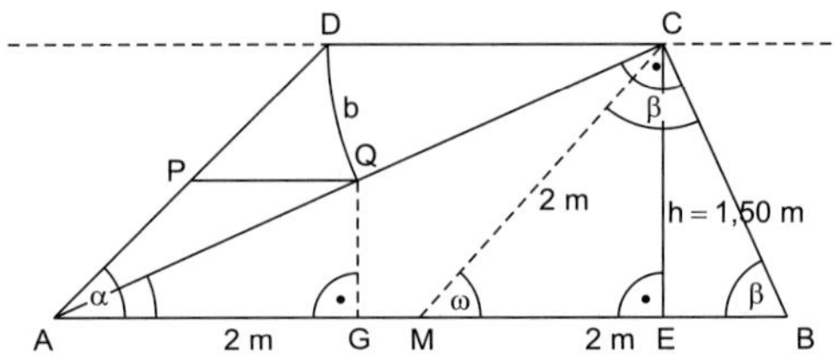

Z-Winkel/Wechselwinkel

Raumgeometrie

9 a)

- Zeichne $\overline{AC}$ auf s ein.
- Zeichne $\overline{BD}$ verzerrt und verkürzt ein.
- Zeichne die Halbgerade [MS senkrecht zu $\overline{AC}$.
- Zeichne $\alpha = 60°$ ein.
- Der Punkt S ist der Schnittpunkt des Schenkels mit der Halbgeraden [MS.

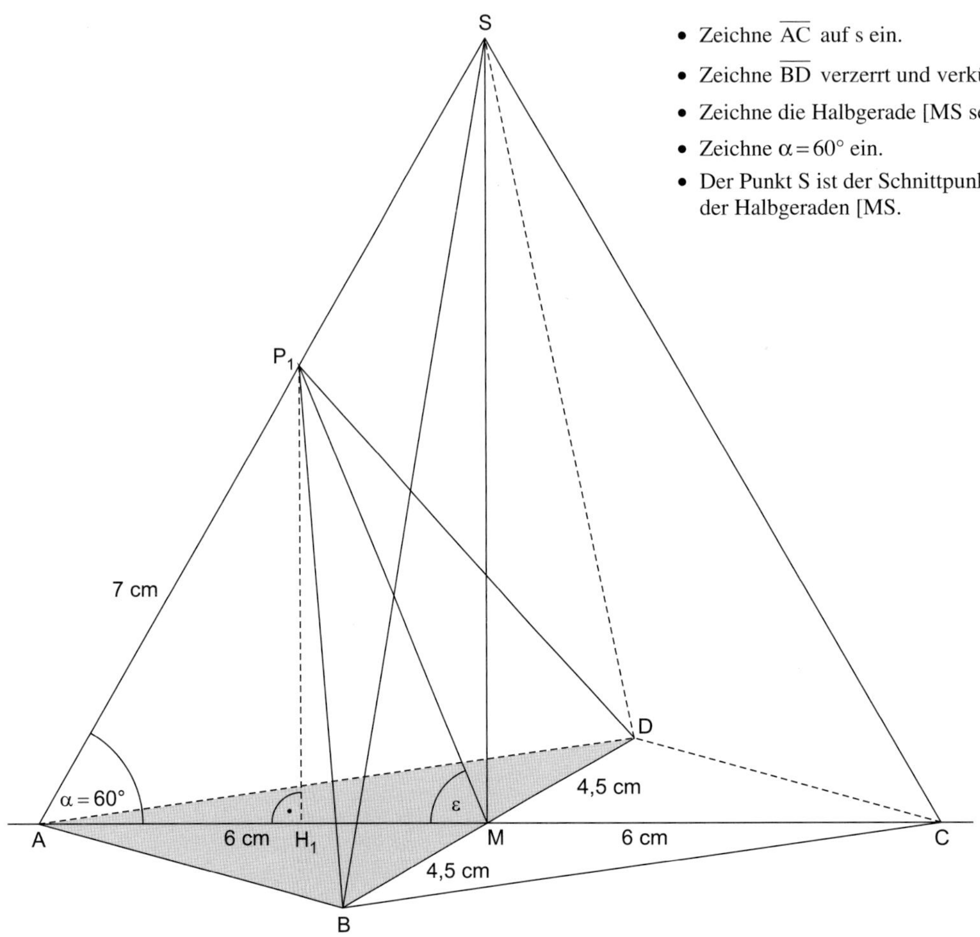

Hinweise und Tipps

b) Berechnung von $|\overline{SA}|$:

$$\cos\alpha = \frac{|\overline{AM}|}{|\overline{SA}|}$$

$$|\overline{SA}| = \frac{|\overline{AM}|}{\cos\alpha}$$

$$|\overline{SA}| = \frac{6\text{ cm}}{\cos 60^\circ}$$

$$|\overline{SA}| = 12\text{ cm}$$

Betrachte das in M rechtwinklige Dreieck AMS:

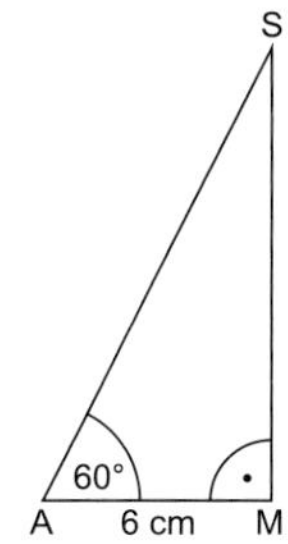

c) Zeichnung siehe Lösung zu Teilaufgabe a

Zunächst Berechnung von $h = |\overline{H_1P_1}|$:

$$\sin\alpha = \frac{h}{|\overline{P_1A}|} \qquad |\cdot|\overline{P_1A}|$$

$$h = |\overline{P_1A}|\cdot\sin\alpha$$

$$h = 7\text{ cm}\cdot\sin 60^\circ$$

$$h = 6{,}06\text{ cm}$$

H_1 sei der Höhenfußpunkt der zugehörigen Höhe $\overline{P_1H_1}$ auf der Diagonalen $\overline{AC}$.
Betrachte das in H_1 rechtwinklige Dreieck AH_1P_1:

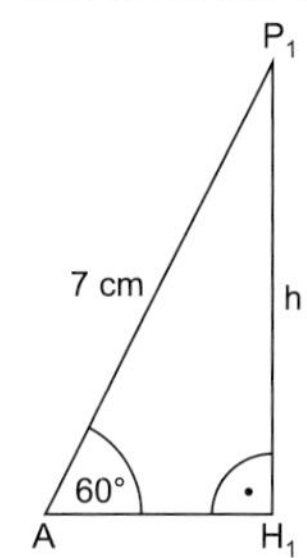

oder:

Berechnung mithilfe des Strahlensatzes (Zentrum A):

$$\frac{|\overline{H_1P_1}|}{|\overline{MS}|} = \frac{|\overline{AP_1}|}{|\overline{AS}|} \qquad |\cdot|\overline{MS}|$$

$$|\overline{H_1P_1}| = \frac{|\overline{AP_1}|}{|\overline{AS}|}\cdot|\overline{MS}|$$

$$|\overline{H_1P_1}| = \frac{7\text{ cm}}{12\text{ cm}}\cdot 10{,}39\text{ cm}$$

$$|\overline{H_1P_1}| = 6{,}06\text{ cm}$$

Berechne $|\overline{MS}|$ im rechtwinkligen Dreieck AMS:

$$\sin 60^\circ = \frac{|\overline{MS}|}{|\overline{SA}|}$$

$$|\overline{MS}| = \sin 60^\circ\cdot 12\text{ cm} = 10{,}39\text{ cm}$$

Berechnung von V_{ABDP_1}:

$$V_{ABDP_1} = \frac{1}{3}\cdot G\cdot h$$

Volumenformel der Pyramide

$$V_{ABDP_1} = \frac{1}{3}\cdot\left(\frac{1}{2}\cdot|\overline{BD}|\cdot|\overline{AM}|\right)\cdot h$$

Die Grundfläche entspricht dem Flächeninhalt des Dreiecks ABD.

$$V_{ABDP_1} = \frac{1}{3}\cdot\frac{1}{2}\cdot 9\text{ cm}\cdot 6\text{ cm}\cdot 6{,}06\text{ cm}$$

Werte einsetzen

$$V_{ABDP_1} = 54{,}54\text{ cm}^3$$

Berechnung des Neigungswinkels:

Zunächst Berechnung von $|\overline{AH_1}|$ im Dreieck AH_1P_1:

$$|\overline{P_1A}|^2 = |\overline{AH_1}|^2 + |\overline{H_1P_1}|^2 \qquad |-|\overline{H_1P_1}|^2$$

$$|\overline{AH_1}|^2 = |\overline{P_1A}|^2 - |\overline{H_1P_1}|^2 \qquad |\sqrt{}$$

$$|\overline{AH_1}| = \sqrt{|\overline{P_1A}|^2 - |\overline{H_1P_1}|^2}$$

$$|\overline{AH_1}| = \sqrt{7^2 - 6{,}06^2}\text{ cm}$$

$$|\overline{AH_1}| = 3{,}50\text{ cm}$$

Satz des Pythagoras im rechtwinkligen Dreieck AH_1P_1

Hinweise und Tipps

also:

$|\overline{H_1M}| = |\overline{AM}| - |\overline{AH_1}|$

$|\overline{H_1M}| = 6\text{ cm} - 3{,}50\text{ cm}$

$|\overline{H_1M}| = 2{,}50\text{ cm}$

Berechnung von ε:

$\tan\varepsilon = \dfrac{|\overline{H_1P_1}|}{|\overline{H_1M}|}$

$\tan\varepsilon = \dfrac{6{,}06\text{ cm}}{2{,}50\text{ cm}}$

$\tan\varepsilon = 2{,}424$

$\varepsilon = 67{,}58°$

Betrachte das in H rechtwinklige Dreieck H_1MP_1:

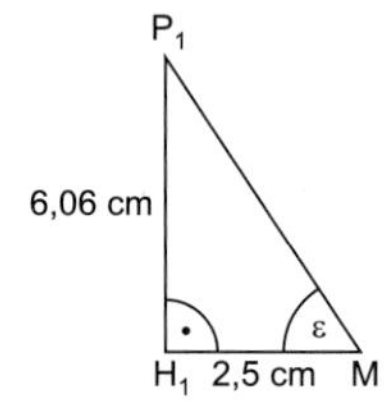

d) Berechnung von $|\overline{MP_n}|$:

$|\overline{MP_n}|^2 = |\overline{AM}|^2 + |\overline{P_nA}|^2 - 2\cdot|\overline{AM}|\cdot|\overline{P_nA}|\cdot\cos\alpha \quad |\sqrt{\ }$

$|\overline{MP_n}|(x) = \sqrt{6^2 + x^2 - 2\cdot 6\cdot x\cdot\cos 60°}\text{ cm}$

$|\overline{MP_n}|(x) = \sqrt{36 + x^2 - 6x}\text{ cm}$

$|\overline{MP_n}|(x) = \sqrt{x^2 - 6x + 36}\text{ cm}$

Kosinussatz im Dreieck AMP_n:

Werte einsetzen

Vereinfachen

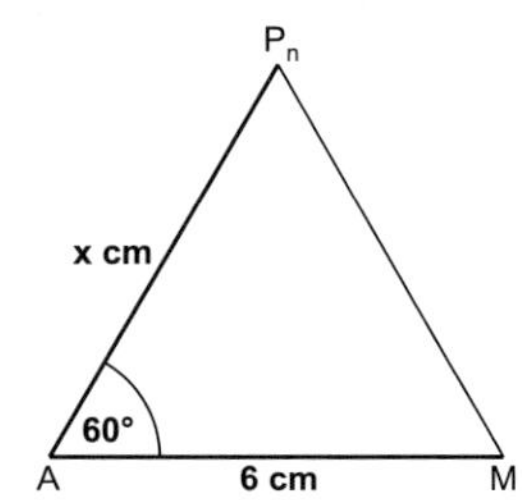

e) $\left|\begin{array}{l} |\overline{MP_n}|(x) = \sqrt{x^2 - 6x + 36}\text{ cm} \\ \wedge\ |\overline{MP_n}|(x) = 5{,}5\text{ cm} \end{array}\right.$

$\Rightarrow \sqrt{x^2 - 6x + 36} = 5{,}5 \quad (\text{I} = \text{II}) \quad |\,^2$

$\Rightarrow x^2 - 6x + 36 = 30{,}25 \quad |-30{,}25$

$\Leftrightarrow x^2 - 6x + 5{,}75 = 0$

$D = (-6)^2 - 4\cdot 1\cdot 5{,}75$

$D = 13$

$\Leftrightarrow x_{1/2} = \dfrac{6 \pm \sqrt{13}}{2\cdot 1}$

$x_1 = 4{,}80 \vee x_2 = 1{,}20$

$L = \{1{,}20;\ 4{,}80\}$

Für die Werte $x = 4{,}80$ und $x = 1{,}20$ entstehen Strecken $\overline{MP_n}$ mit 5,5 cm Länge.

Beidseitig quadrieren

Gleichung auf die allgemeine Form bringen

Wert der Diskriminante D berechnen

$D > 0$: 2 Lösungselemente x_1 und x_2

f) Zunächst Berechnung von $h_{P_n} = |\overline{H_nP_n}|$:

$\sin\alpha = \dfrac{h_{P_n}}{|\overline{P_nA}|} \quad |\cdot|\overline{P_nA}|$

$h_{P_n} = \sin\alpha\cdot|\overline{P_nA}|$

$h_{P_n}(x) = \sin 60°\cdot x\text{ cm}$

$h_{P_n}(x) = \frac{1}{2}\sqrt{3}\cdot x\text{ cm}$

Betrachte die in H_n rechtwinkligen Dreiecke AH_nP_n:

$\sin 60° = \frac{1}{2}\sqrt{3}$
(siehe Formelsammlung)

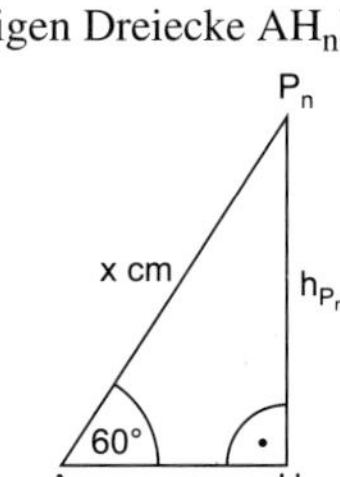

Hinweise und Tipps

Berechnung von V_{ABDP_n} in Abhängigkeit von x:

$$V_{ABDP_n} = \frac{1}{3} \cdot G \cdot h$$

$$V_{ABDP_n}(x) = \frac{1}{3} \cdot A_{\Delta ABD} \cdot h_{P_n}(x)$$

$$V_{ABDP_n}(x) = \frac{1}{3} \cdot \frac{1}{2} \cdot |\overline{BD}| \cdot |\overline{MA}| \cdot h_{P_n}(x)$$

$$V_{ABDP_n}(x) = \frac{1}{3} \cdot \frac{1}{2} \cdot 9\text{ cm} \cdot 6\text{ cm} \cdot \frac{1}{2}\sqrt{3} \cdot x\text{ cm}$$

$$V_{ABDP_n}(x) = 4{,}5\sqrt{3} \cdot x\text{ cm}^3$$

Die Höhen $\overline{P_nH_n}$ der Dreiecke AH_nP_n stehen senkrecht auf $\overline{AC}$.

$$\begin{array}{|l} V_{ABDP_2}(x) = 4{,}5\sqrt{3} \cdot x\text{ cm}^3 \\ \wedge\ V_{ABDP_2}(x) = 50\text{ cm}^3 \\ \hline \end{array}$$

$$\Rightarrow\quad 4{,}5\sqrt{3} \cdot x = 50 \qquad (\text{I} = \text{II}) \quad \Big|\cdot \frac{1}{4{,}5\sqrt{3}}$$

$$\Leftrightarrow\quad x = 6{,}42$$

$L = \{6{,}42\}$

Häufiger Fehler: Anwendung der Lösungsformel für quadratische Gleichungen auf eine lineare Gleichung („Gleichung ohne x^2")!
Bei einer linearen Gleichung ist es keinesfalls zweckmäßig, die Lösungsformel zu verwenden!
Lösungsmenge angeben

Berechnung von $|\overline{MP_2}|$:

$$|\overline{MP_n}|(x) = \sqrt{x^2 - 6x + 36}\text{ cm}$$

$$|\overline{MP_2}| = \sqrt{6{,}42^2 - 6 \cdot 6{,}42 + 36}\text{ cm}$$

$$|\overline{MP_2}| = 6{,}22\text{ cm}$$

Setze den x-Wert in das Ergebnis von Teilaufgabe d ein.

Berechnung von φ:

$$\frac{|\overline{AM}|}{\sin\varphi} = \frac{|\overline{MP_2}|}{\sin\alpha}$$

$$\sin\varphi = \frac{|\overline{AM}| \cdot \sin\alpha}{|\overline{MP_2}|}$$

$$\sin\varphi = \frac{6\text{ cm} \cdot \sin 60°}{6{,}22\text{ cm}}$$

$$\sin\varphi = 0{,}8353\ldots$$

$$\varphi_1 = 56{,}66° \quad (\vee\ \varphi_2 = 123{,}34°)$$

Anwendung des Sinussatzes im Dreieck AMP_2:

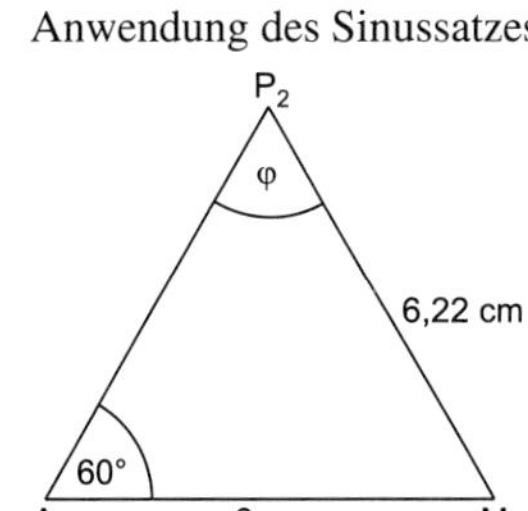

φ_2 kann über die Winkelsumme ausgeschlossen werden.

10 a)

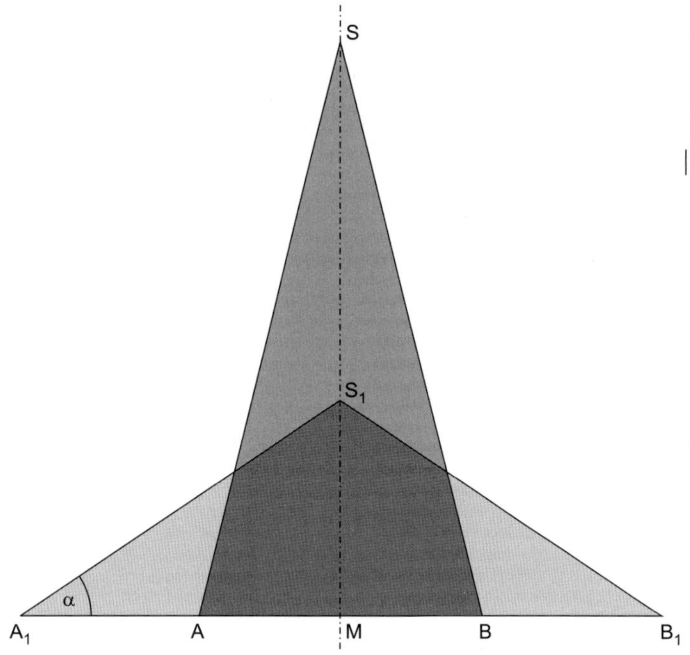

Hinweise und Tipps

$|\overline{AM}| = |\overline{MB}| = 2\text{ cm}$
$|\overline{MS}| = 8\text{ cm}$

$|\overline{A_nM}| = |\overline{MB_n}| = (2+x)\text{ cm}$
$|\overline{A_nB_n}| = (4+2x)\text{ cm}$
$|\overline{MS_n}| = (8-2x)\text{ cm}$

$|\overline{A_1M}| = |\overline{MB_1}| = 4{,}5\text{ cm}$
$|\overline{MS_1}| = 3\text{ cm}$

Berechnung von α:

$$\tan\alpha = \frac{|\overline{MS_1}|}{|\overline{A_1M}|}$$

$$\tan\alpha = \frac{3\text{ cm}}{4{,}5\text{ cm}}$$

$$\tan\alpha = 0{,}6666\ldots$$

$$\alpha = 33{,}69°$$

Betrachte das in M rechtwinklige Dreieck A_1MS_1:

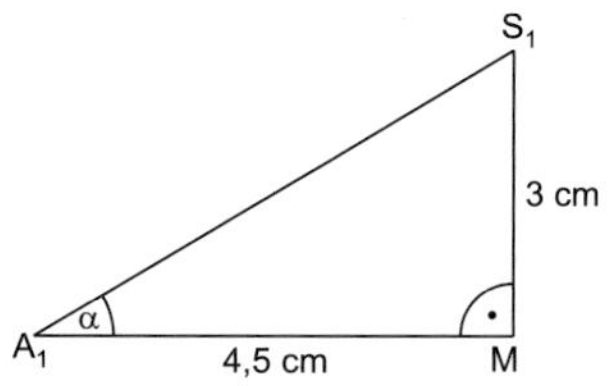

b) $A_{\Delta A_nB_nS_n} = \frac{1}{2}\cdot|\overline{A_nB_n}|\cdot|\overline{MS_n}|$

$A_{\Delta A_nB_nS_n}(x) = \frac{1}{2}(4+2x)\cdot(8-2x)\text{ cm}^2$ — Strecke $\overline{AB}$ wird auf beiden Seiten um je x cm verlängert, Strecke $\overline{MS}$ wird um 2x cm verkürzt.

$A_{\Delta A_nB_nS_n}(x) = (2+x)\cdot(8-2x)\text{ cm}^2$ — Ausmultiplizieren

$A_{\Delta A_nB_nS_n}(x) = (16-4x+8x-2x^2)\text{ cm}^2$ — Zusammenfassen

$A_{\Delta A_nB_nS_n}(x) = (-2x^2+4x+16)\text{ cm}^2$

c) $A_{\Delta A_nB_nS_n}(x) = (-2x^2+4x+16)\text{ cm}^2$ — –2 ausklammern

$A_{\Delta A_nB_nS_n}(x) = -2[x^2-2x-8]\text{ cm}^2$ — Ergänze quadratisch zur 2. binomischen Formel.

$A_{\Delta A_nB_nS_n}(x) = -2[x^2-2x+\mathbf{1^2}-\mathbf{1^2}-8]\text{ cm}^2$ — Zusammenfassen

$A_{\Delta A_nB_nS_n}(x) = -2[(x-1)^2-1-8]\text{ cm}^2$

$A_{\Delta A_nB_nS_n}(x) = -2[(x-1)^2-9]\text{ cm}^2$ — Ausmultiplizieren

$A_{\Delta A_nB_nS_n}(x) = [-2(x-1)^2+18]\text{ cm}^2$

$A_{max} = 18\text{ cm}^2$ für $x = 1$ — Extremwert und zugehörigen Wert für x angeben

Der Radius des extremen Axialschnitts beträgt demnach $2\text{ cm}+1\text{ cm}=3\text{ cm}$, die Höhe $8\text{ cm}-2\cdot 1\text{ cm}=6\text{ cm}$.

Hinweise und Tipps

d)
$$\begin{array}{|l} A_{\Delta A_2B_2S_2}(x) = (-2x^2+4x+16)\text{ cm}^2 \\ \wedge\ A_{\Delta A_2B_2S_2}(x) = 12\text{ cm}^2 \\ \hline \end{array}$$

$\Rightarrow\ -2x^2+4x+16=12\quad (\text{I}=\text{II})\ |-12$

Nach null auflösen

$\Leftrightarrow\ -2x^2+4x+4=0$

$D = 4^2 - 4\cdot(-2)\cdot 4$
$D = 16+32$
$D = 48$

Diskriminantenwert $D = b^2 - 4ac$ bestimmen

$\Leftrightarrow\ x_{1/2} = \dfrac{-4\pm\sqrt{48}}{2\cdot(-2)}$

Formvariablen a, b und D in die Lösungsformel einsetzen und Lösungselemente bestimmen

$(x_1 = -0{,}73\ \vee)\ x_2 = 2{,}73$

$L = \{2{,}73\}$

Beachte: Der Wert $x = -0{,}73$ widerspricht der Aufgabenstellung. Es sind nur positive x-Werte sinnvoll.

e) $|\overline{MB_3}| = 2\text{ cm} + 1{,}5\text{ cm} = 3{,}5\text{ cm}$
$|\overline{S_3M}| = 8\text{ cm} - 2\cdot 1{,}5\text{ cm} = 5\text{ cm}$

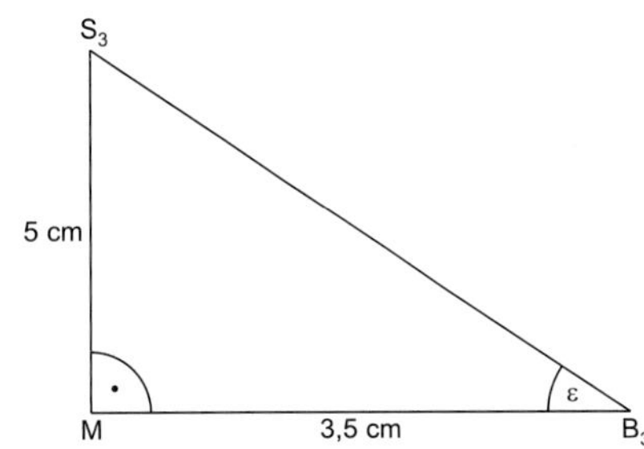

Berechnung von ε:

$\tan\varepsilon = \dfrac{|\overline{S_3M}|}{|\overline{MB_3}|}$

$\tan\varepsilon = \dfrac{5\text{ cm}}{3{,}5\text{ cm}}$

$\tan\varepsilon = 1{,}4285\ldots$

$\varepsilon = 55{,}01°$

f) Berechnung von $|\overline{B_nS_n}|(x)$:

Pythagoras in den in M rechtwinkligen Dreiecken MB_nS_n anwenden:

$|\overline{B_nS_n}|^2 = |\overline{MB_n}|^2 + |\overline{S_nM}|^2 \quad |\sqrt{\ }$

$|\overline{B_nS_n}|(x) = \sqrt{(2+x)^2+(8-2x)^2}\text{ cm}$

$|\overline{B_nS_n}|(x) = \sqrt{4+4x+x^2+64-32x+4x^2}\text{ cm}$

$|\overline{B_nS_n}|(x) = \sqrt{5x^2-28x+68}\text{ cm}$

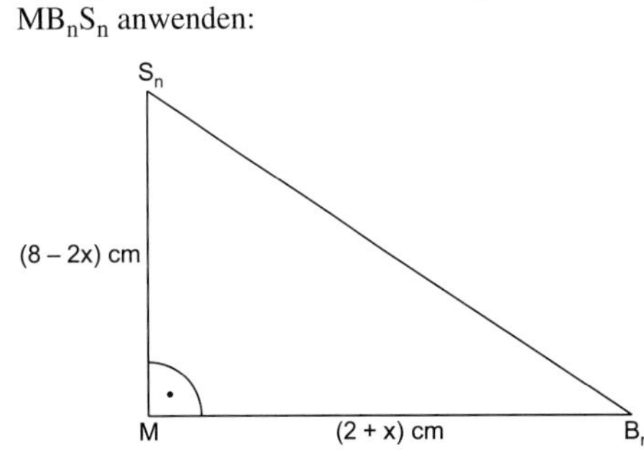

$$\begin{array}{|l} |\overline{B_nS_n}|(x) = \sqrt{5x^2-28x+68}\text{ cm} \\ \wedge\ |\overline{B_nS_n}|(x) = 6\text{ cm} \\ \hline \end{array}$$

$\Rightarrow\ \sqrt{5x^2-28x+68} = 6\quad |^2$

Links- und Rechtsterm quadrieren

$\Rightarrow\ 5x^2-28x+68 = 36\quad |-36$

Auf die allgemeine Form bringen

$\Leftrightarrow\ 5x^2-28x+32 = 0$

$D = (-28)^2 - 4\cdot 5\cdot 32$
$D = 144$

$\Leftrightarrow\ x_{1/2} = \dfrac{28\pm\sqrt{144}}{2\cdot 5}$

Lösungsformel anwenden und beide Lösungselemente bestimmen

$\Leftrightarrow\ x_{1/2} = \dfrac{28\pm 12}{10}$

$(x_1 = 4\ \vee)\ x_2 = 1{,}6$

$L = \{1{,}6\}$

$x_1 = 4$ ist keine Lösung, da man die Höhe $\overline{MS}$ nicht um $2\cdot 4\text{ cm} = 8\text{ cm}$ verkürzen kann!

Hinweise und Tipps

g) Aus Teilaufgabe f ist bekannt, dass $m = |\overline{B_nS_n}| = 6$ cm nur für $x = 1{,}6$ gilt. Es folgt:

$$\varphi = \frac{r}{m} \cdot 360°$$

$$\varphi = \frac{3{,}6 \text{ cm}}{6 \text{ cm}} \cdot 360°$$

$$\varphi = 216°$$

Für das Maß φ des Mittelpunktswinkels der Abwicklung eines Kegels gilt: $\varphi = \frac{r}{m} \cdot 360°$
$r = |\overline{MB_n}|$ für $x = 1{,}6$
$r = (2 + 1{,}6)$ cm $= 3{,}6$ cm

11 a)

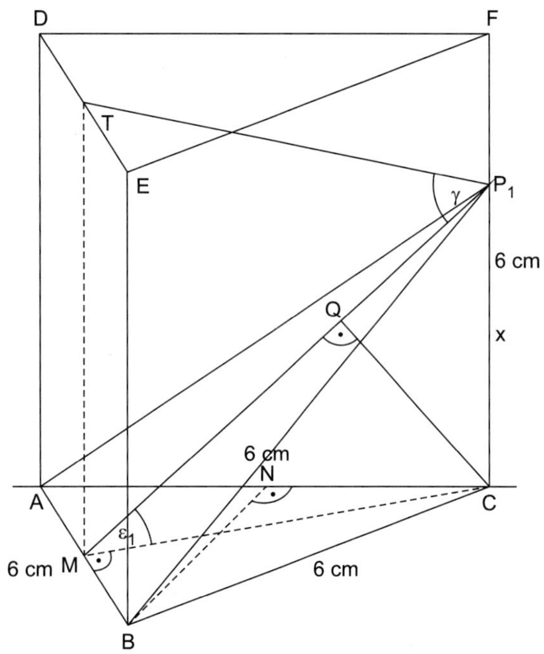

Verzerrt wird die Höhe $\overline{NB}$ des gleichseitigen Dreiecks ABC. Vor der Zeichnung muss also erst $|\overline{NB}|$ berechnet werden.

$|\overline{NB}| = \frac{a}{2}\sqrt{3}$ ($h = \frac{a}{2}\sqrt{3}$ im gleichseitigen Dreieck!)

$|\overline{NB}| = \frac{6 \text{ cm}}{2}\sqrt{3}$

$|\overline{NB}| = 5{,}20$ cm

$\overline{NB}$ wird verkürzt mit $q = \frac{1}{2}$ und um $\omega = 45°$ gedreht.

b) Zeichnung siehe Lösung zu Teilaufgabe a

Es gilt: $|\overline{MC}| = |\overline{NB}| = h = 5{,}20$ cm

Das Dreieck MCP_1 ist rechtwinklig in C:

$$\tan \varepsilon_1 = \frac{|\overline{CP_1}|}{|\overline{MC}|}$$

$$\tan \varepsilon_1 = \frac{4 \text{ cm}}{5{,}20 \text{ cm}}$$

$$\tan \varepsilon_1 = 0{,}7692\ldots$$

$$\varepsilon_1 = 37{,}57°$$

Im gleichseitigen Dreieck sind alle Höhen gleich lang!

c) Berechne zunächst die Höhe $h = |\overline{P_1M}|$ im Dreieck MCP_1:

$|\overline{P_1M}| = \sqrt{5{,}20^2 + 4^2}$ cm $= 6{,}56$ cm

$$A_{\Delta ABP_1} = \frac{1}{2} \cdot |\overline{AB}| \cdot |\overline{MP_1}|$$

$$A_{\Delta ABP_1} = \frac{1}{2} \cdot 6 \text{ cm} \cdot 6{,}56 \text{ cm}$$

$$A_{\Delta ABP_1} = 19{,}68 \text{ cm}^2$$

Satz des Pythagoras: $|\overline{P_1M}| = \sqrt{|\overline{MC}|^2 + |\overline{CP_1}|^2}$

Hinweise und Tipps

d) Das größtmögliche Winkelmaß ε_{max} ergibt sich für $P_n = F$:

$$\tan \varepsilon_{max} = \frac{|\overline{CF}|}{|\overline{MC}|}$$

$$\tan \varepsilon_{max} = \frac{6\text{ cm}}{5{,}20\text{ cm}}$$

$$\tan \varepsilon_{max} = 1{,}1538\ldots$$

$$\varepsilon_{max} = 49{,}09°$$

e) Zeichnung siehe Lösung zu Teilaufgabe a

Die Höhe h_P der Pyramide ABP_1C ist das Lot von C auf $\overline{P_1M}$.

Es gilt:

$$\sin \varepsilon_1 = \frac{h_P}{|\overline{MC}|} \quad |\cdot|\overline{MC}|$$

$$h_P = \sin \varepsilon_1 \cdot |\overline{MC}|$$

$$h_P = \sin 37{,}57° \cdot 5{,}20\text{ cm}$$

$$h_P = 3{,}17\text{ cm}$$

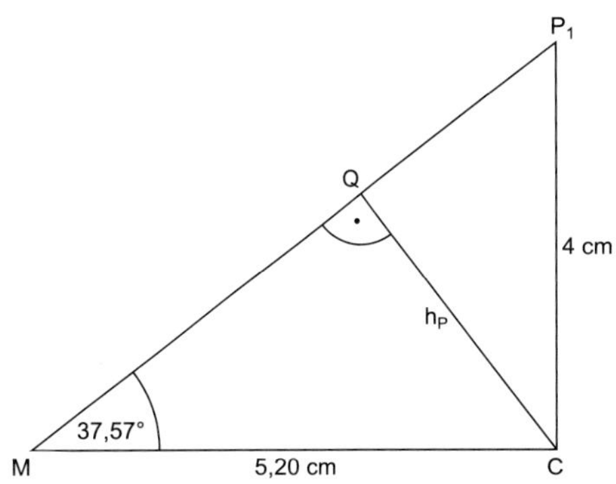

f) Zu berechnen ist noch $|\overline{BP_2}|$, da $|\overline{BP_2}| = |\overline{P_2A}|$.

Zuerst aber: $|\overline{P_2M}|$ für $\varepsilon = 40°$:

$$\cos 40° = \frac{|\overline{MC}|}{|\overline{P_2M}|} \quad |\cdot|\overline{P_2M}|$$

$$|\overline{P_2M}| \cdot \cos 40° = |\overline{MC}| \quad |:\cos 40°$$

$$|\overline{P_2M}| = \frac{|\overline{MC}|}{\cos 40°}$$

$$|\overline{P_2M}| = \frac{5{,}20\text{ cm}}{\cos 40°}$$

$$|\overline{P_2M}| = 6{,}79\text{ cm}$$

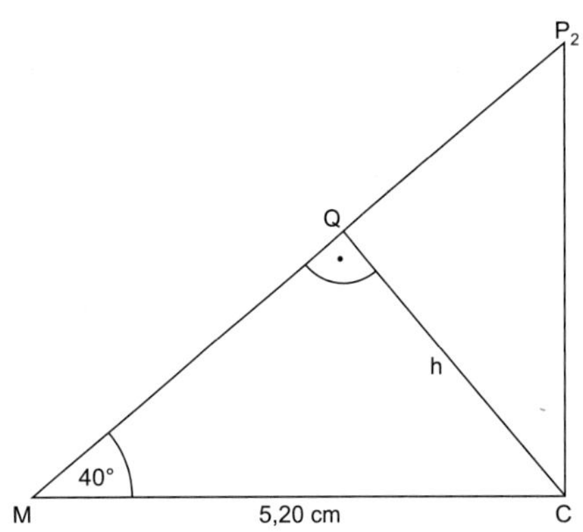

Im Dreieck MBP_2 (rechtwinklig bei M!) gilt:

$$|\overline{BP_2}| = \sqrt{|\overline{MB}|^2 + |\overline{P_2M}|^2}$$

$$|\overline{BP_2}| = \sqrt{3^2 + 6{,}79^2}\text{ cm}$$

$$|\overline{BP_2}| = 7{,}42\text{ cm}$$

$\overline{BP_2}$ ist die Hypotenuse.

$|\overline{MB}| = \frac{1}{2} \cdot |\overline{AB}| = 3\text{ cm}$

Der Umfang beträgt:

$u = 6\text{ cm} + 2 \cdot 7{,}42\text{ cm} = 20{,}84\text{ cm}$

g) Berechnung des Volumens in Abhängigkeit von x :

$$V_{ABP_nDEF} = V_{ABCDEF} - V_{ABCP_n}$$

$$V_{ABP_nDEF} = A_{\Delta ABC} \cdot |\overline{CF}| - \frac{1}{3} \cdot A_{\Delta ABC} \cdot |\overline{CP_n}|$$

$$V_{ABP_nDEF} = \frac{a^2}{4} \cdot \sqrt{3} \cdot |\overline{CF}| - \frac{1}{3} \cdot \frac{a^2}{4}\sqrt{3} \cdot |\overline{CP_n}|$$

$$V_{ABP_nDEF}(x) = \frac{(6\text{ cm})^2}{4} \cdot \sqrt{3} \cdot 6\text{ cm} - \frac{1}{3} \cdot \frac{(6\text{ cm})^2}{4}\sqrt{3} \cdot x\text{ cm}$$

$$V_{ABP_nDEF}(x) = (54\sqrt{3} - 3\sqrt{3}x)\text{ cm}^3$$

Das Volumen der Pyramide $ABCP_n$ wird vom Volumen des Prismas abgezogen.

$V_{Prisma} = G \cdot h$

$\frac{a^2}{4}\sqrt{3} \mathrel{\hat=}$ Fläche des gleichseitigen Dreiecks ABC mit $a = 6$ cm.

Hinweise und Tipps

h) Maximales Volumen für $h = |\overline{CF}| = 6$ cm:

$V_{ABCF} = \frac{1}{3} \cdot A_{\Delta ABC} \cdot |\overline{CF}|$

$V_{ABCF} = \frac{1}{3} \cdot \frac{(6\text{ cm})^2}{4} \sqrt{3} \cdot 6\text{ cm}$

$V_{ABCF} = 18\sqrt{3}\text{ cm}^3$

Davon 80 %:

$\frac{x}{80\,\%} = \frac{18\sqrt{3}\text{ cm}^3}{100\,\%} \quad |\cdot 80\,\%$

$x = 14{,}4\sqrt{3}\text{ cm}^3\ (= 24{,}94\text{ cm}^3)$

$V_{ABCP_3} = 14{,}4\sqrt{3}\text{ cm}^3$

Volumen der Pyramiden $ABCP_n$ in Abhängigkeit von x:

$V_{ABCP_n} = \frac{1}{3} \cdot A_{\Delta ABC} \cdot |\overline{CP_n}|$

$V_{ABCP_n}(x) = \frac{1}{3} \cdot \frac{(6\text{ cm})^2}{4} \sqrt{3} \cdot x\text{ cm}$

$V_{ABCP_n}(x) = 3\sqrt{3}x\text{ cm}^3$

Siehe Teilaufgabe g

$V_{ABCP_3} = 3\sqrt{3}x\text{ cm}^3$

$\wedge\ V_{ABCP_3} = 14{,}4\sqrt{3}\text{ cm}^3$

$\Rightarrow\ 3\sqrt{3}x = 14{,}4\sqrt{3}\quad (\text{I} = \text{II})\quad |:\sqrt{3}$

$\Leftrightarrow\ 3x = 14{,}4 \quad |:3$

$\Leftrightarrow\ x = 4{,}8$

$L = \{4{,}8\}$

Damit ist $|\overline{CP_3}| = 4{,}8$ cm.

$\tan \varepsilon_3 = \frac{|\overline{CP_3}|}{|\overline{MC}|}$

$\tan \varepsilon_3 = \frac{4{,}8\text{ cm}}{5{,}2\text{ cm}}$

$\tan \varepsilon_3 = 0{,}9230\ldots$

$\varepsilon_3 = 42{,}71°$

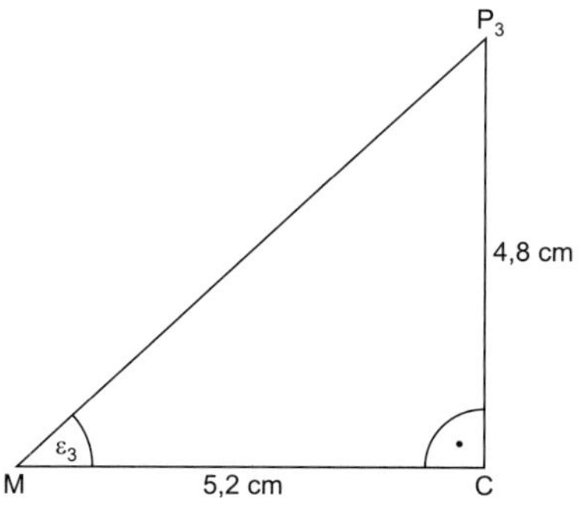

i) Mithilfe von $\varepsilon_1 = 37{,}57°$ erhält man das Maß des Winkels P_1MT:

$\sphericalangle P_1MT = 90° - 37{,}57° = 52{,}43°$

Damit sind im Dreieck MP_1T drei Bestimmungsstücke bekannt:

$|\overline{MP_1}| = 6{,}56$ cm; $|\overline{TM}| = 6$ cm; $\sphericalangle P_1MT = 52{,}43°$

Fall SWS $\Rightarrow$ Kosinussatz

Zuerst:

$|\overline{P_1T}|^2 = |\overline{MP_1}|^2 + |\overline{TM}|^2 - 2 \cdot |\overline{MP_1}| \cdot |\overline{TM}| \cdot \cos 52{,}43° \quad |\sqrt{\ }$

$|\overline{P_1T}| = \sqrt{6{,}56^2 + 6^2 - 2 \cdot 6{,}56 \cdot 6 \cdot \cos 52{,}43°}\text{ cm}$

$|\overline{P_1T}| = 5{,}57$ cm

Hinweise und Tipps

Kosinussatz für $\gamma = \sphericalangle TP_1M$:

$$|\overline{TM}|^2 = |\overline{MP_1}|^2 + |\overline{P_1T}|^2 - 2 \cdot |\overline{MP_1}| \cdot |\overline{P_1T}| \cdot \cos\gamma$$

$$\cos\gamma = \frac{|\overline{MP_1}|^2 + |\overline{P_1T}|^2 - |\overline{TM}|^2}{2 \cdot |\overline{MP_1}| \cdot |\overline{P_1T}|}$$

$$\cos\gamma = \frac{6{,}56^2 + 5{,}57^2 - 6^2}{2 \cdot 6{,}56 \cdot 5{,}57}$$

$$\cos\gamma = 0{,}5207\ldots$$

$$\gamma = 58{,}61°$$

12 a)

$\overline{AC}$ wird mit $\omega = 60°$ verzerrt und mit $q = \frac{1}{2}$ verkürzt.

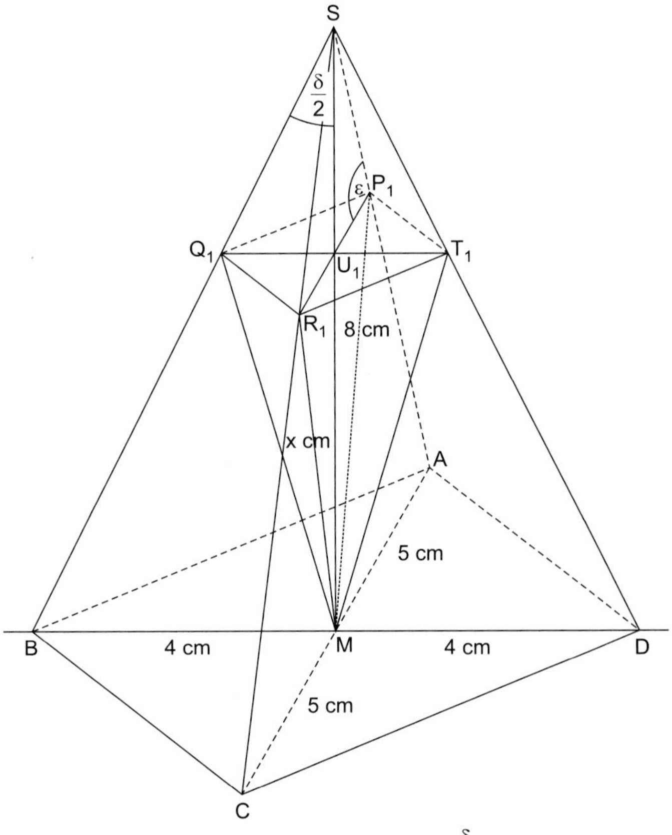

b) Betrachte das Dreieck BMS mit $\sphericalangle BSM = \frac{\delta}{2}$:

$$\tan\frac{\delta}{2} = \frac{|\overline{BM}|}{|\overline{MS}|}$$

$$\tan\frac{\delta}{2} = \frac{4\text{ cm}}{8\text{ cm}}$$

$$\tan\frac{\delta}{2} = 0{,}5$$

$$\frac{\delta}{2} = 26{,}57°$$

$$\delta = 53{,}14°$$

✐ Hinweise und Tipps

Berechnung von $|\overline{AS}|$ im Dreieck MAS:

$|\overline{AS}| = \sqrt{|\overline{MA}|^2 + |\overline{SM}|^2}$

$|\overline{AS}| = \sqrt{5^2 + 8^2}$ cm

$|\overline{AS}| = 9{,}43$ cm

Dreieck SMA ist rechtwinklig in M.

c) Zeichnung siehe Lösung zu Teilaufgabe a
Pyramiden existieren für $x \in]0; 8[$.

Die Diagonalen $\overline{Q_1T_1}$ und $\overline{R_1P_1}$ sind parallel zu den Diagonalen $\overline{BD}$ und $\overline{CA}$.

d) Betrachte das Dreieck U_1P_1S:
Der Winkel ε ist Stufenwinkel zum Winkel $\sphericalangle MAS = \alpha$:

$\tan\alpha = \dfrac{|\overline{SM}|}{|\overline{MA}|}$

$\tan\alpha = \dfrac{8\text{ cm}}{5\text{ cm}}$

$\tan\alpha = 1{,}6$

$\alpha = 57{,}99° = \varepsilon$

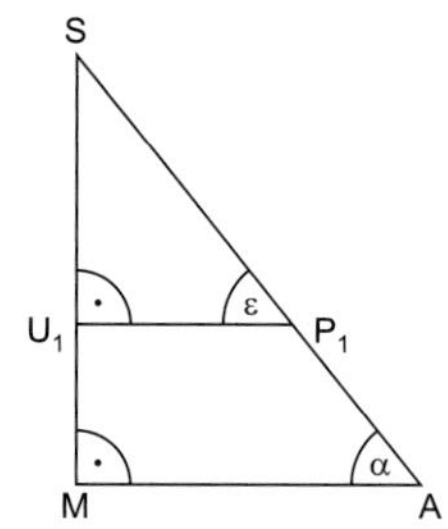

$\alpha = \varepsilon$ (Stufenwinkel)

Berechnung von $|\overline{U_1T_1}|$ mit dem Strahlensatz:

$\dfrac{|\overline{U_1T_1}|}{|\overline{MD}|} = \dfrac{|\overline{SU_1}|}{|\overline{SM}|} \quad |\cdot|\overline{MD}|$

$|\overline{U_1T_1}| = \dfrac{|\overline{SU_1}|}{|\overline{SM}|}\cdot|\overline{MD}|$

$|\overline{U_1T_1}| = \dfrac{3\text{ cm}}{8\text{ cm}}\cdot 4\text{ cm}$

$|\overline{U_1T_1}| = \dfrac{3}{2}\text{ cm} = 1{,}5\text{ cm}$

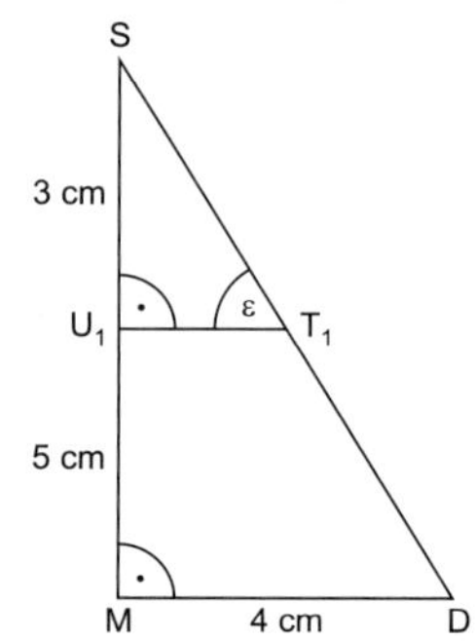

e) Flächeninhalt der Raute:

$A = \dfrac{1}{2}\cdot|\overline{Q_nT_n}|\cdot|\overline{R_nP_n}|$

Berechnung der Diagonalenlängen in Abhängigkeit von x:

Strahlensatz mit Zentrum S

$\dfrac{|\overline{Q_nT_n}|}{|\overline{BD}|} = \dfrac{|\overline{SU_n}|}{|\overline{SM}|} \quad |\cdot|\overline{BD}|$

$|\overline{Q_nT_n}| = \dfrac{|\overline{SU_n}|}{|\overline{SM}|}\cdot|\overline{BD}|$

$|\overline{Q_nT_n}| = \dfrac{(8-x)\text{ cm}}{8\text{ cm}}\cdot 8\text{ cm}$

$|\overline{Q_nT_n}| = (8-x)$ cm

Ebenso für $|\overline{R_nP_n}|$:

$\dfrac{|\overline{R_nP_n}|}{|\overline{CA}|} = \dfrac{|\overline{SU_n}|}{|\overline{SM}|} \quad |\cdot|\overline{CA}|$

$|\overline{R_nP_n}| = \dfrac{|\overline{SU_n}|}{|\overline{SM}|}\cdot|\overline{CA}|$

$|\overline{R_nP_n}| = \dfrac{(8-x)\text{ cm}}{8\text{ cm}}\cdot 10\text{ cm}$

Hinweise und Tipps

$|\overline{R_nP_n}| = \frac{10}{8} \cdot (8 - x)$ cm

$|\overline{R_nP_n}| = (10 - 1{,}25x)$ cm

Fläche der Raute:

$A = \frac{1}{2} \cdot (8 - x) \cdot (10 - 1{,}25x)\ \text{cm}^2$

$A = \frac{1}{2} \cdot e \cdot f$

$A = (4 - 0{,}5x) \cdot (10 - 1{,}25x)\ \text{cm}^2$

$A = (40 - 5x - 5x + 0{,}625x^2)\ \text{cm}^2$

$A(x) = (0{,}625x^2 - 10x + 40)\ \text{cm}^2$

f) Berechne β im Dreieck BMS:

$\tan\beta = \frac{|\overline{MS}|}{|\overline{BM}|}$

$\tan\beta = \frac{8\ \text{cm}}{4\ \text{cm}}$

$\tan\beta = 2$

$\beta = 63{,}43°$

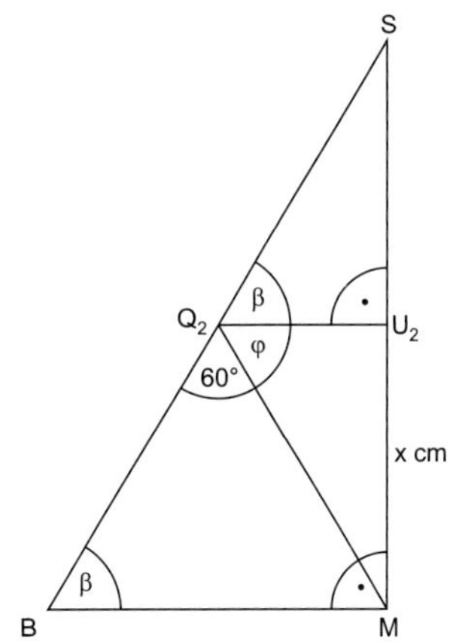

Berechnung von $\varphi = \sphericalangle MQ_2U_2$ (gestreckter Winkel):

$\varphi = 180° - 60° - 63{,}43° = 56{,}57°$

Im Dreieck MU_2Q_2 gilt:

$\tan\varphi = \frac{|\overline{MU_2}|}{|\overline{U_2Q_2}|}$

Aus Teilaufgabe e ist bekannt:

$|\overline{Q_nT_n}| = (8 - x)$ cm; also

$|\overline{U_nQ_n}| = \frac{1}{2} \cdot (8 - x)\ \text{cm} = (4 - 0{,}5x)$ cm

Man erhält:

$\tan\varphi = \frac{|\overline{MU_2}|}{|\overline{U_2Q_2}|}$

$\tan\varphi = \frac{x\ \text{cm}}{(4 - 0{,}5x)\ \text{cm}}$

$\tan 56{,}57° = \frac{x}{4 - 0{,}5x}$

$1{,}51 = \frac{x}{4 - 0{,}5x} \quad | \cdot (4 - 0{,}5x)$

$6{,}04 - 0{,}76x = x \quad | + 0{,}76x$

$6{,}04 = 1{,}76x \quad | : 1{,}76$

$x = 3{,}43$

g) $\left|\begin{array}{l} A(x) = (0{,}625x^2 - 10x + 40)\ \text{cm}^2 \\ \wedge\ A(x) = 32\ \text{cm}^2 \end{array}\right.$

$\Rightarrow\ 0{,}625x^2 - 10x + 40 = 32 \quad (I = II) \quad | - 32$

Quadratische Gleichung!

$\Leftrightarrow\ 0{,}625x^2 - 10x + 8 = 0$

Allgemeine Form

Hinweise und Tipps

$D = (-10)^2 - 4 \cdot 0{,}625 \cdot 8$
$D = 80$

$\Leftrightarrow \quad x_{1/2} = \dfrac{10 \pm \sqrt{80}}{2 \cdot 0{,}625}$

$(x_1 = 15{,}16 \ \vee) \ x_2 = 0{,}84$

$L = \{0{,}84\}$, da $x \in \,]0;\, 8[\quad \Rightarrow \quad |\overline{MU_3}| = 0{,}84$ cm

$\tan\varphi = \dfrac{|\overline{MU_3}|}{|\overline{U_3Q_3}|}$

$\tan\varphi = \dfrac{0{,}84 \text{ cm}}{3{,}58 \text{ cm}}$

$\tan\varphi = 0{,}2346\ldots$

$\varphi = 13{,}20°$

$\sphericalangle MQ_3S = \varphi + \beta = 13{,}20° + 63{,}43° = 76{,}63°$

$|\overline{U_3Q_3}|$ lässt sich mithilfe von x bestimmen.
$x = 0{,}84$ eingesetzt in $|\overline{U_nQ_n}| = (4 - 0{,}5x)$ cm
$|\overline{U_3Q_3}| = (4 - 0{,}5 \cdot 0{,}84)$ cm
$|\overline{U_3Q_3}| = 3{,}58$ cm

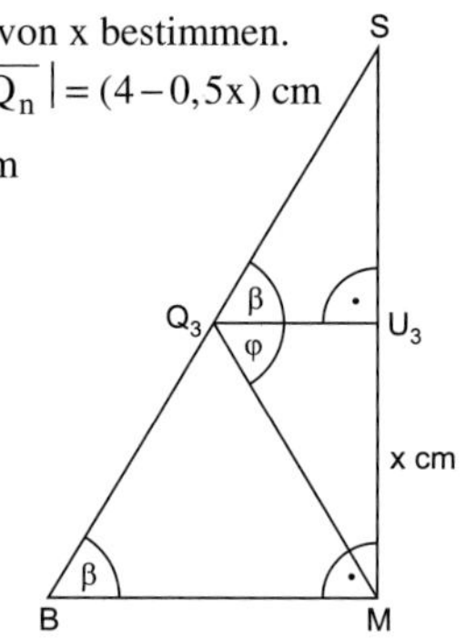

Beispielaufgaben

Teil A

Hinweise und Tipps

Aufgabe A 1

Größe des Mannes in Wirklichkeit: ca. 1,80 m
Folglich gilt:
Höhe h der Litfaßsäule: ca. 4 m
Durchmesser d der Litfaßsäule: ca. 1 m

Abschätzung der Mantelfläche:
$A = d \cdot p \cdot h$
$A = 1 \cdot 3 \cdot 4 \text{ m}^2$
$A = 12 \text{ m}^2$

Die zu beklebende Fläche hat einen Flächeninhalt von ca. 12 m^2.

Gesucht ist die Mantelfläche A des Zylinders. Um die Höhe h und den Durchmesser d des Zylinders abschätzen zu können, vergleicht man diese mit der Größe des Mannes. Für die Größe des Mannes nimmt man einen realistischen Wert an, z. B. 1,80 m. Unter dieser Annahme ist die Litfaßsäule ca. 3,60 m hoch (gerundet: 4 m) und hat einen Durchmesser von ca. 1,20 m (gerundet: 1 m). Da es sich lediglich um eine Abschätzung handelt, nimmt man als Näherungswert zudem $\pi = 3$ an.
Je nach angenommener Größe des Mannes sind unterschiedliche Ergebnisse möglich.

Aufgabe A 2.1

$620 : 4 = 155$

Den Wunsch haben 155 Schüler geäußert.

Jeder vierte Schüler ist gleichbedeutend mit $\frac{1}{4}$ der Schüler.

Aufgabe A 2.2

Baumdiagramm-Ausschnitt:

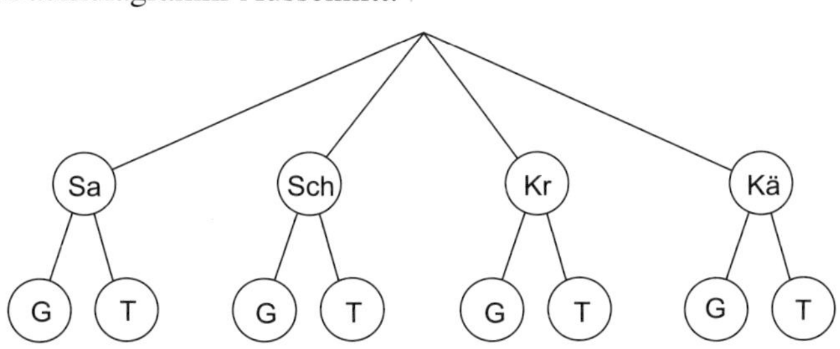

Beim Baumdiagramm spielt die Art des Brötchens keine Rolle, da hier von einer Weizensemmel ausgegangen wird.

Gesamtanzahl an Kombinationsmöglichkeiten:
Es gibt $3 \cdot 4 \cdot 2 = 24$ verschiedene Kombinationsmöglichkeiten.

Bei den Gesamtmöglichkeiten werden nun auch die 3 verschiedenen Brotarten berücksichtigt.

Aufgabe A 2.3

25 %

Neben Schinken (Sch) gibt es noch 3 weitere Möglichkeiten (Sa, Kr und Kä). Es gibt also 4 gleich beliebte Möglichkeiten.
Auch gleichwertige Lösungen wie z. B. $\frac{1}{4}$, 0,25 oder $\frac{6}{24}$ (Begründung: 6 der 24 Brötchen-Kombinationen beinhalten Schinken) sind bei derartigen Aufgaben gültig.

Aufgabe A 2.4

Wahrscheinlichkeit für „mit Salami und Gurke“:

$\frac{1}{4} \cdot \frac{1}{2} = \frac{1}{8}$

Wahrscheinlichkeit für „Roggenbrötchen mit Kräuterquark“:

$\frac{1}{3} \cdot \frac{1}{4} = \frac{1}{12}$

Gesamtwahrscheinlichkeit: $\frac{1}{8} + \frac{1}{12} = \frac{3}{24} + \frac{2}{24} = \frac{5}{24}$

oder: $\underbrace{3 \cdot \frac{1}{3} \cdot \frac{1}{4} \cdot \frac{1}{2}}_{\text{3 Pfade mit Salami und Gurke, die jeweils mit Wahrscheinlichkeit } \frac{1}{3} \cdot \frac{1}{4} \cdot \frac{1}{2} \text{ auftreten}} + \underbrace{2 \cdot \frac{1}{3} \cdot \frac{1}{4} \cdot \frac{1}{2}}_{\text{2 Pfade mit Roggenbrötchen und Kräuterquark, die jeweils mit Wahrscheinlichkeit } \frac{1}{3} \cdot \frac{1}{4} \cdot \frac{1}{2} \text{ auftreten}} = \frac{1}{8} + \frac{1}{12} = \frac{3}{24} + \frac{2}{24} = \frac{5}{24}$

✐ Hinweise und Tipps

Nur 1 von 4 Grundbelägen (Salami) ist günstig (Faktor $\frac{1}{4}$).
Nur 1 von 2 Toppings (Gurken) ist günstig (Faktor $\frac{1}{2}$).
Nur 1 von 3 Brötchen (Roggen) ist günstig (Faktor $\frac{1}{3}$).
Nur 1 von 4 Grundbelägen (Kräuterquark) ist günstig (Faktor $\frac{1}{4}$).

Teil B

Hinweise und Tipps

Aufgabe B 1.1

$$460 = 1\,013 \cdot 0{,}87^x \qquad |:1\,013 \qquad x \in \mathbb{R}_0^+$$

$$\Leftrightarrow \quad 0{,}87^x = \frac{460}{1\,013}$$

$$\Leftrightarrow \quad x = \log_{0{,}87} \frac{460}{1\,013}$$

$$\Leftrightarrow \quad x = \frac{\ln \frac{460}{1\,013}}{\ln 0{,}87}$$

$$\Leftrightarrow \quad x = 5{,}7$$

$\mathbb{L} = \{5{,}7\}$

Der gesuchte Luftdruck herrscht in einer Höhe von 5,7 km vor.

Man bestimmt die Höhe x km, bei der der Luftdruck y hPa = 460 hPa beträgt.

Aufgabe B 1.2

Luftdruck entsprechend der Faustregel:

$$\frac{1}{4} \cdot 1\,013 \text{ hPa} = 253 \text{ hPa}$$

Luftdruck entsprechend der Funktion:

$$1\,013 \cdot 0{,}87^{11} \text{ hPa} = 219 \text{ hPa}$$

Prozentualer Luftdruckunterschied:

$$\frac{253-219}{219} \cdot 100\,\% = 16\,\%$$

Der Wert entsprechend der Faustregel ist um 16 % größer als der Wert, der sich aus der Funktion f ergibt.

Laut Faustregel halbiert sich der Luftdruck nach 5,5 km. Nach weiteren 5,5 km halbiert sich der Luftdruck erneut.
Laut Faustregel beträgt der Luftdruck in $2 \cdot 5{,}5$ km = 11 km Höhe also nur noch $\frac{1}{4}$ des ursprünglichen Luftdrucks.

Aufgabe B 2

Es sei H der Fußpunkt des Lotes von A auf $\overline{BF}$.

Berechnung der Höhe $h = |\overline{AH}|$ des Kegelstumpfs im rechtwinkligen Dreieck ABH:

$$\tan \sphericalangle FBA = \frac{|\overline{AH}|}{|\overline{BH}|} \qquad |\cdot |\overline{BH}|$$

$$|\overline{AH}| = |\overline{BH}| \cdot \tan \sphericalangle FBA \quad \text{mit } |\overline{BH}| = |\overline{MC}| - 0{,}5 \cdot |\overline{AG}|$$

$$|\overline{AH}| = (10 - 0{,}5 \cdot 2) \cdot \tan 59° \text{ mm}$$

$$|\overline{AH}| = 15 \text{ mm}$$

Berechnung der Höhe $|\overline{BC}|$ des Zylinders:

$$|\overline{BC}| = 50 \text{ mm} - r - h \qquad \text{mit } h = |\overline{AH}|$$

$$|\overline{BC}| = (50 - 10 - 15) \text{ mm}$$

$$|\overline{BC}| = 25 \text{ mm}$$

Zunächst bestimmt man das Volumen $V = V_{Halbkugel} + V_{Zylinder}$ des Sandes.
Dazu benötigt man die Höhe $|\overline{BC}|$ des Zylinders.
Für $|\overline{BC}|$ gilt $|\overline{BC}| = 50 \text{ mm} - r - h$ (vgl. Skizze), wobei h die Höhe des Kegelstumpfs mit dem Axialschnitt BFGA ist.

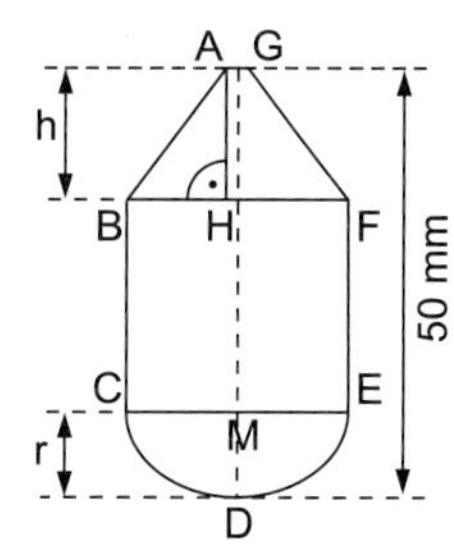

Hinweise und Tipps

Berechnung des Volumens des Sandes:

$V = V_{Halbkugel} + V_{Zylinder}$

$V = \frac{1}{2} \cdot \frac{4}{3} \cdot r^3 \cdot \pi + r^2 \cdot \pi \cdot |\overline{BC}|$

$V = \left(\frac{1}{2} \cdot \frac{4}{3} \cdot 10^3 \cdot \pi + 10^2 \cdot \pi \cdot 25\right) mm^3$

$V = 9\,948 \text{ mm}^3$

Zeit, bis der Sand vollständig in die untere Hälfte läuft:

$9\,948 \text{ mm}^3 : 50 \frac{mm^3}{s} = 199 \text{ s}$

Der Sand befindet sich nach 199 s wieder vollständig in der unteren Hälfte.

Aufgabe B 3.1

Gleichung der Symmetrieachse: $x = 4$

Die Symmetrieachse einer Parabel verläuft vertikal durch die x-Koordinate des Scheitels der Parabel.

Ermittlung der Parabelgleichung in Scheitelpunktform:

$y = a \cdot (x - x_S)^2 + y_S$ mit $S(4|2)$

$y = a \cdot (x-4)^2 + 2$

$P(-2|-7) \in p$:

$-7 = a \cdot (-2-4)^2 + 2$ $a \in \mathbb{R} \setminus \{0\}$

$\Leftrightarrow -7 = a \cdot (-6)^2 + 2$ $|-2$

$\Leftrightarrow -9 = a \cdot 36$ $|:36$

$\Leftrightarrow a = -0{,}25$

$L = \{-0{,}25\}$

Umformung in die allgemeine Form:

$y = -0{,}25 \cdot (x-4)^2 + 2$ $x, y \in \mathbb{R}$

$y = -0{,}25 \cdot (x^2 - 8x + 16) + 2$

$y = -0{,}25x^2 + 2x - 4 + 2$

$y = -0{,}25x^2 + 2x - 2$

Zeichnen der Geraden g mit der Steigung $-\frac{1}{2}$ und dem y-Achsenabschnitt 5

Zeichnen der Parabel p, z. B. mithilfe folgender Wertetabelle

x	−1	0	1	2	3	4	5	6	7	8	9
$-0{,}25x^2 + 2x - 2$	−4,25	−2	−0,25	1	1,75	2	1,75	1	−0,25	−2	−4,25

Hinweise und Tipps

oder:

Man zeichnet die Parabel mithilfe folgender Information ein:
Die Parabel p hat den Scheitel S(4 | 2), ist nach unten geöffnet und mit dem Faktor 0,25 gestaucht.

Von S(4 | 2) geht man um 1 LE nach links bzw. rechts und um $0{,}25 \cdot 1^2$ LE = 0,25 LE nach unten. Von S geht man um 2 LE nach links bzw. rechts und um $0{,}25 \cdot 2^2$ LE = 1 LE nach unten. Von S geht man um 3 LE nach links bzw. rechts und um $0{,}25 \cdot 3^2$ LE = 2,25 LE nach unten …

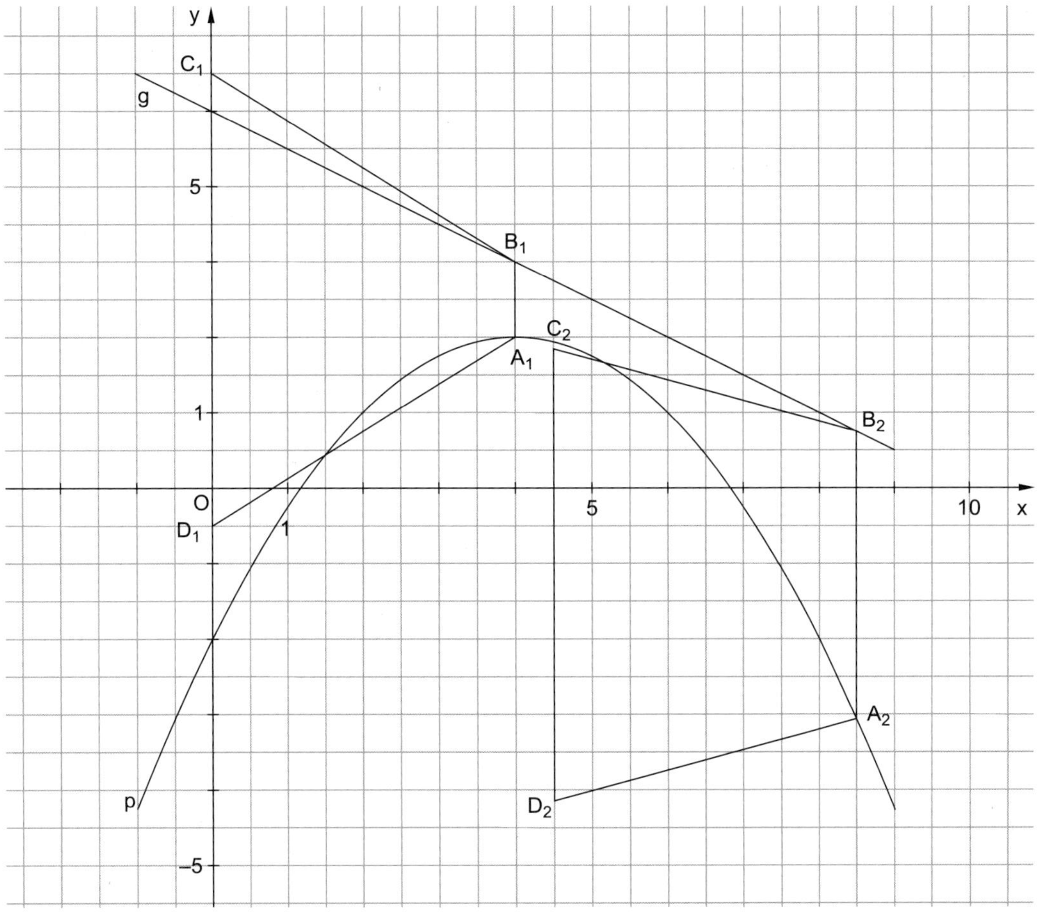

Aufgabe B 3.2

Einzeichnen des gleichschenkligen Trapezes $A_1B_1C_1D_1$ für x = 4

- A_1 liegt auf der Parabel p und hat die x-Koordinate 4, also $A_1(4 | 2)$.
- B_1 liegt auf der Geraden g und hat ebenfalls die x-Koordinate 4, also $B_1(4 | 3)$.
- Da die Höhen der Trapeze 4 LE betragen und $|\overline{C_n D_n}|$ stets 6 LE ist, geht man vom Mittelpunkt von $\overline{A_1 B_1}$ um 4 LE nach links und trägt von dort 3 LE nach oben ab, um C_1 zu erhalten, bzw. 3 LE nach unten ab, um D_1 zu erhalten.

Einzeichnen des gleichschenkligen Trapezes $A_2B_2C_2D_2$ für x = 8,5

- A_2 liegt auf der Parabel p und hat die x-Koordinate 8,5.
- B_2 liegt auf der Geraden g und hat ebenfalls die x-Koordinate 8,5.
- Da die Höhen der Trapeze 4 LE betragen und $|\overline{C_n D_n}|$ stets 6 LE ist, geht man vom Mittelpunkt von $\overline{A_2 B_2}$ um 4 LE nach links und trägt von dort 3 LE nach oben ab, um C_2 zu erhalten, bzw. 3 LE nach unten ab, um D_2 zu erhalten.

Aufgabe B 3.3

Bestimmung der Länge der Trapezseiten $\overline{A_nB_n}$ in Abhängigkeit von x:

$$|\overline{A_nB_n}| = (y_{B_n} - y_{A_n})\text{ LE}$$

$|\overline{A_nB_n}|(x) = [(-0{,}5x+5)-(-0{,}25x^2+2x-2)]\text{ LE} \qquad x \in \mathbb{R}$

$|\overline{A_nB_n}|(x) = (-0{,}5x+5+0{,}25x^2-2x+2)\text{ LE}$

$|\overline{A_nB_n}|(x) = (0{,}25x^2-2{,}5x+7)\text{ LE}$

Bestimmung des Flächeninhalts A der Trapeze in Abhängigkeit von x:

$$A = 0{,}5\cdot\left(|\overline{A_nB_n}|+|\overline{C_nD_n}|\right)\cdot h$$

$A(x) = 0{,}5\cdot(0{,}25x^2-2{,}5x+7+6)\cdot 4\text{ FE} \qquad x \in \mathbb{R}$

$A(x) = 2\cdot(0{,}25x^2-2{,}5x+13)\text{ FE}$

$A(x) = (0{,}5x^2-5x+26)\text{ FE}$

Hinweise und Tipps

Die Trapeze haben stets die Höhe $h=4$ LE und $|\overline{C_n D_n}|$ ist stets 6 LE. Um den Flächeninhalt der Trapeze ermitteln zu können, benötigt man also noch $|\overline{A_n B_n}|(x)$.

Da A_n und B_n jeweils dieselbe x-Koordinate haben, kann $|\overline{A_n B_n}|$ über die y-Koordinaten berechnet werden.

Aufgabe B 3.4

$0{,}5x^2-5x+26=25 \qquad |-25 \qquad x \in \mathbb{R}$

$\Leftrightarrow \quad 0{,}5x^2-5x+1=0$

$$\Leftrightarrow \quad x = \frac{-(-5)-\sqrt{(-5)^2-4\cdot 0{,}5\cdot 1}}{2\cdot 0{,}5} \ \vee\ x = \frac{-(-5)+\sqrt{(-5)^2-4\cdot 0{,}5\cdot 1}}{2\cdot 0{,}5}$$

$\Leftrightarrow \quad x = 0{,}20 \ \vee\ x = 9{,}80$

$L = \{0{,}20; 9{,}80\}$

Wären die Trapeze $A_3B_3C_3D_3$ und $A_4B_4C_4D_4$ Rechtecke, so müsste gelten:

$|\overline{A_3B_3}| = |\overline{A_4B_4}| = |\overline{C_3D_3}| = |\overline{C_4D_4}| = 6\text{ LE}$ und

$|\overline{B_3C_3}| = |\overline{B_4C_4}| = |\overline{D_3A_3}| = |\overline{D_4A_4}| = h = 4\text{ LE}$

Somit würde sich ein Flächeninhalt von $6\cdot 4\text{ FE} = 24\text{ FE}$ ergeben.

Dies trifft für die beiden Trapeze nicht zu, da sie einen Flächeninhalt von 25 FE haben.

Folglich sind sie keine Rechtecke.

Aufgabe B 3.5

Es sei F_1 der Fußpunkt des Lotes von B_1 auf $\overline{C_1D_1}$.

Berechnung der Länge der Seite $\overline{C_1F_1}$:

$|\overline{C_1F_1}| = 0{,}5\cdot\left(|\overline{C_1D_1}|-|\overline{A_1B_1}|\right)$ mit $|\overline{A_1B_1}| = (0{,}25\cdot 4^2-2{,}5\cdot 4+7)\text{ LE} = 1\text{ LE}$

$|\overline{C_1F_1}| = 0{,}5\cdot(6-1)\text{ LE}$

$|\overline{C_1F_1}| = 2{,}5\text{ LE}$

Der Winkel $F_1C_1B_1$ (und damit der Winkel $D_1C_1B_1$) kann mit dem Tangens im rechtwinkligen Dreieck $F_1B_1C_1$ berechnet werden.

Dazu ermittelt man zunächst die Seitenlänge $|\overline{C_1F_1}|$.

Hinweise und Tipps

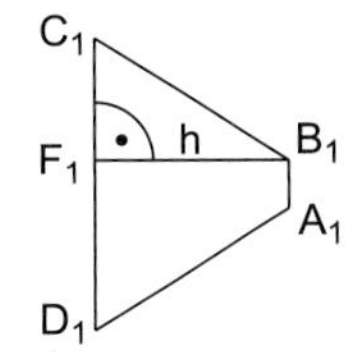

Im rechtwinkligen Dreieck $F_1B_1C_1$ gilt:

$$\tan \sphericalangle F_1C_1B_1 = \frac{|\overline{F_1B_1}|}{|\overline{C_1F_1}|} \quad \text{mit } |\overline{F_1B_1}| = h = 4 \text{ LE} \quad \text{und } \sphericalangle F_1C_1B_1 = \sphericalangle D_1C_1B_1$$

$$\tan \sphericalangle D_1C_1B_1 = \frac{4}{2,5}$$

$$\sphericalangle D_1C_1B_1 = 57{,}99°$$

Aufgabe B 4.1

Berechnung von $|\overline{CM}|$ mithilfe des Pythagoras im rechtwinkligen Dreieck BCM:

$$|\overline{BC}|^2 = |\overline{BM}|^2 + |\overline{CM}|^2$$

$$|\overline{CM}| = \sqrt{|\overline{BC}|^2 - |\overline{BM}|^2}$$

$$|\overline{CM}| = \sqrt{6^2 - 3^2} \text{ cm}$$

$$|\overline{CM}| = 5{,}20 \text{ cm}$$

Da $|\overline{BC}| = 6$ cm, sind alle Seiten der Raute ABCD 6 cm lang.

Da $|\overline{BD}| = 2 \cdot |\overline{BM}| = 2 \cdot 3 \text{ cm} = 6 \text{ cm}$, sind die Dreiecke ABD und BCD gleichseitig.

Folglich gilt:
$\sphericalangle CBD = 60°$ und $\sphericalangle DBA = 60°$

Für das gesuchte Winkelmaß folgt:
$\sphericalangle CBA = \sphericalangle CBD + \sphericalangle DBA = 60° + 60° = 120°$

Aufgabe B 4.2

Zeichnen der Vorlage des Firmenlogos

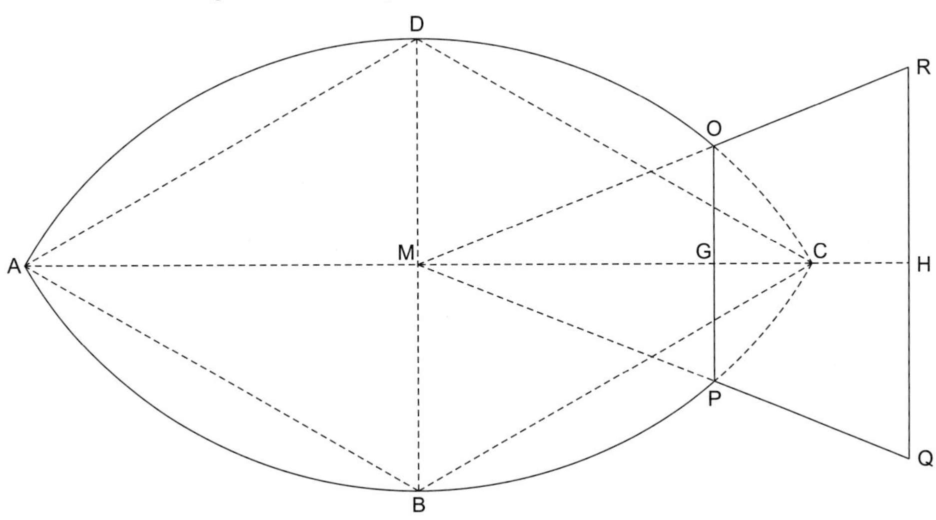

- Zeichnen der Raute ABCD, die sich aus den gleichseitigen Dreiecken ABD und BCD mit jeweiliger Seitenlänge 6 cm zusammensetzt.
- Mit $|\overline{MH}| = 6{,}5$ cm kann H eingezeichnet werden.
- H ist der Mittelpunkt der Strecke $\overline{RQ}$ und es gilt $|\overline{RQ}| = 5{,}2$ cm. Somit können R und Q eingezeichnet werden.
- Einzeichnen des Kreisbogens $\overset{\frown}{CA}$ mit dem Radius 6 cm um den Mittelpunkt B.
- Einzeichnen des Kreisbogens $\overset{\frown}{AC}$ mit dem Radius 6 cm um den Mittelpunkt D.
- Der Schnittpunkt der Strecke $\overline{MR}$ mit dem Kreisbogen $\overset{\frown}{CA}$ ist der Punkt O.
- Der Schnittpunkt der Strecke $\overline{MQ}$ mit dem Kreisbogen $\overset{\frown}{AC}$ ist der Punkt P.
- Der Schnittpunkt der Strecke $\overline{OP}$ mit der Strecke $\overline{MH}$ ist der Punkt G.

Hinweise und Tipps

Aufgabe B 4.3

Berechnung von $|\overline{OP}|$:

$|\overline{OP}| = 0{,}6 \cdot |\overline{RQ}|$

$|\overline{OP}| = 0{,}6 \cdot 5{,}2\text{ cm}$

$|\overline{OP}| = 3{,}12\text{ cm}$

Berechnung von $|\overline{MG}|$ mithilfe des Strahlensatzes:

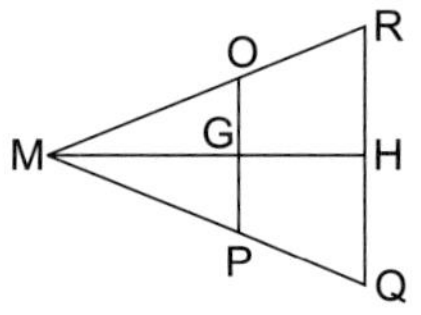

$$\frac{|\overline{MG}|}{|\overline{MH}|} = \frac{|\overline{OP}|}{|\overline{RQ}|} \qquad \Big| \cdot |\overline{MH}|$$

$$|\overline{MG}| = \frac{|\overline{OP}| \cdot |\overline{MH}|}{|\overline{RQ}|}$$

$$|\overline{MG}| = \frac{3{,}12 \cdot 6{,}5}{5{,}2}\text{ cm}$$

$|\overline{MG}| = 3{,}90\text{ cm}$

Berechnung von $|\overline{MR}|$ mithilfe des Pythagoras im rechtwinkligen Dreieck MHR:

Es gilt $|\overline{OR}| = |\overline{MR}| - |\overline{MO}|$. Die Längen $|\overline{MR}|$ und $|\overline{MO}|$ lassen sich mithilfe des Pythagoras in den rechtwinkligen Dreiecken MHR und MGO berechnen.

$|\overline{MR}|^2 = |\overline{MH}|^2 + |\overline{HR}|^2 \qquad$ mit $|\overline{HR}| = 0{,}5 \cdot |\overline{RQ}|$

$|\overline{MR}| = \sqrt{6{,}5^2 + (0{,}5 \cdot 5{,}2)^2}\text{ cm}$

$|\overline{MR}| = 7{,}00\text{ cm}$

Berechnung von $|\overline{MO}|$ mithilfe des Pythagoras im rechtwinkligen Dreieck MGO:

$|\overline{MO}|^2 = |\overline{MG}|^2 + |\overline{GO}|^2 \qquad$ mit $|\overline{GO}| = 0{,}5 \cdot |\overline{OP}|$

$|\overline{MO}| = \sqrt{3{,}90^2 + (0{,}5 \cdot 3{,}12)^2}\text{ cm}$

$|\overline{MO}| = 4{,}20\text{ cm}$

Berechnung von $|\overline{OR}|$:

$|\overline{OR}| = |\overline{MR}| - |\overline{MO}|$

$|\overline{OR}| = (7{,}00 - 4{,}20)\text{ cm}$

$|\overline{OR}| = 2{,}80\text{ cm}$

oder:

Berechnung von $|\overline{MO}|$ mithilfe des Strahlensatzes:

$$\frac{|\overline{MO}|}{|\overline{MR}|} = \frac{|\overline{MG}|}{|\overline{MH}|} \qquad \Big| \cdot |\overline{MR}|$$

$$|\overline{MO}| = \frac{|\overline{MG}| \cdot |\overline{MR}|}{|\overline{MH}|}$$

$$|\overline{MO}| = \frac{3{,}90 \cdot 7{,}00}{6{,}5}\text{ cm}$$

$|\overline{MO}| = 4{,}20\text{ cm}$

Berechnung von $|\overline{OR}|$ wie oben

Hinweise und Tipps

Aufgabe B 4.4

Berechnung des Flächeninhalts A_F der Figur, die durch die Kreisbögen $\overset{\frown}{DA}$ und $\overset{\frown}{AB}$ sowie die Strecke $\overline{BD}$ begrenzt wird:

$A_F = A_{\text{Sektor BDA}} + A_{\text{Sektor DAB}} - A_{\Delta ABD}$ mit $A_{\text{Sektor BDA}} = A_{\text{Sektor DAB}}$

$A_F = 2 \cdot A_{\text{Sektor BDA}} - A_{\Delta ABD}$

$$A_F = 2 \cdot \frac{\sphericalangle DBA}{360°} \cdot |\overline{BD}|^2 \cdot \pi - \frac{|\overline{BD}|^2}{4} \cdot \sqrt{3} \quad \text{mit } |\overline{BD}| = 6\text{ cm}$$

$$A_F = \left(2 \cdot \frac{60°}{360°} \cdot 6^2 \cdot \pi - \frac{6^2}{4} \cdot \sqrt{3}\right)\text{cm}^2 = 22{,}11\text{ cm}^2$$

Berechnung des Flächeninhalts der silbern eingefärbten Fläche:

$A = A_F + A_{\Delta MPO}$

$A = A_F + 0{,}5 \cdot |\overline{OP}| \cdot |\overline{MG}|$

$A = (22{,}11 + 0{,}5 \cdot 3{,}12 \cdot 3{,}90)\text{ cm}^2$

$A = 28{,}19\text{ cm}^2$

Die silbern eingefärbte Fläche setzt sich zusammen aus der Fläche der Figur, die durch die Kreisbögen $\overset{\frown}{DA}$ und $\overset{\frown}{AB}$ sowie die Strecke $\overline{BD}$ begrenzt wird, und der Fläche des Dreiecks MPO.

Man addiert die Flächeninhalte der Kreissektoren BDA und DAB und zieht den „doppelt verwendeten" Flächeninhalt des Dreiecks ABD wieder ab. Das Dreieck ABD ist gleichseitig (vgl. Teilaufgabe B 4.1). Somit betragen $\sphericalangle ADB$ und $\sphericalangle DBA$ jeweils 60°. Also sind auch die Flächeninhalte der Kreissektoren BDA und DAB gleich groß.

Aufgabe B 4.5

Berechnung von $\sphericalangle OBM$ mithilfe des Kosinussatzes im Dreieck BOM:

$$\cos \sphericalangle OBM = \frac{|\overline{BO}|^2 + |\overline{BM}|^2 - |\overline{MO}|^2}{2 \cdot |\overline{BO}| \cdot |\overline{BM}|}$$

mit $|\overline{BO}| = |\overline{BC}| = 6\text{ cm}$ (Radius)

und $|\overline{MO}| = 4{,}20\text{ cm}$ (vgl. B 4.3)

$$\cos \sphericalangle OBM = \frac{6^2 + 3^2 - 4{,}20^2}{2 \cdot 6 \cdot 3}$$

$\sphericalangle OBM = 40{,}54°$

Berechnung von $\sphericalangle OBA$:

$\sphericalangle OBA = \sphericalangle OBM + \sphericalangle DBA$

$\sphericalangle OBA = 40{,}54° + 60°$

$\sphericalangle OBA = 100{,}54°$

Berechnung des Umfangs der Vorlage:

$u = 2 \cdot |\overset{\frown}{OA}| + 2 \cdot |\overline{OR}| + |\overline{RQ}|$

$$u = 2 \cdot \frac{\sphericalangle OBA}{360°} \cdot 2 \cdot |\overline{BO}| \cdot \pi + 2 \cdot |\overline{OR}| + |\overline{RQ}|$$

$$u = \left(2 \cdot \frac{100{,}54°}{360°} \cdot 2 \cdot 6 \cdot \pi + 2 \cdot 2{,}80 + 5{,}2\right)\text{cm}$$

$u = 31{,}86\text{ cm}$

Der Umfang der Figur setzt sich folgendermaßen zusammen:

$u = |\overset{\frown}{OA}| + |\overset{\frown}{AP}| + |\overline{PQ}| + |\overline{RQ}| + |\overline{OR}|$

mit $|\overset{\frown}{AP}| = |\overset{\frown}{OA}|$ und $|\overline{PQ}| = |\overline{OR}|$

$\Rightarrow \quad u = 2 \cdot |\overset{\frown}{OA}| + 2 \cdot |\overline{OR}| + |\overline{RQ}|$

Um die Länge des Kreisbogens $\overset{\frown}{OA}$ berechnen zu können, benötigt man das Maß des zugehörigen Mittelpunktswinkel OBA.

Es gilt $\sphericalangle OBA = \sphericalangle OBD + \sphericalangle DBA$.

Da $\sphericalangle OBD = \sphericalangle OBM$ und da man $\sphericalangle OBM$ im Dreieck BOM mithilfe des Kosinussatzes bestimmen kann, kennt man $\sphericalangle OBD$.

Aufgabe B 4.6

Es werden $3 \cdot 31{,}86\text{ cm} = 95{,}58\text{ cm}$ Faden pro Firmenlogo benötigt.

$500\text{ m} : 95{,}58\text{ cm} = 500 \cdot 100\text{ cm} : 95{,}58\text{ cm} = 523{,}12$

Folglich können mit einer Rolle höchstens 523 Firmenlogos aufgenäht werden.

Wenn der Faden um 200 % länger als der Umfang u sein soll, dann entspricht die Fadenlänge 300 % des Umfangs, also dem 3-fachen Umfang.

Musterprüfung

Teil A

✐ Hinweise und Tipps

Aufgabe A 1.1

Berechnung des Vektors $\overrightarrow{AB}$:

$\overrightarrow{AB} = \begin{pmatrix} 2 - (-2) \\ -2 - 1 \end{pmatrix}$

$\overrightarrow{AB} = \begin{pmatrix} 4 \\ -3 \end{pmatrix}$

Mit $\overrightarrow{AC} = \begin{pmatrix} 3 \\ 4 \end{pmatrix}$ (vgl. Angabe) ergeben sich die Steigungen:

$m_{AB} = -\frac{3}{4}$ und $m_{AC} = \frac{4}{3}$

Somit gilt:

$m_{AB} \cdot m_{AC} = -\frac{3}{4} \cdot \frac{4}{3}$

$m_{AB} \cdot m_{AC} = -1$

Folglich gilt $AB \perp AC$.

Also ist das Dreieck ABC rechtwinklig.

Mithilfe der Steigungen m_{AB} und m_{AC} der Geraden AB und AC zeigt man, dass diese zueinander senkrecht verlaufen.

Aufgabe A 1.2

$A_{Segment} = A_{Sektor\ ABC} - A_{\Delta ABC}$

$A_{Segment} = \frac{1}{4} \cdot |\overline{AB}|^2 \cdot \pi - \frac{1}{2} \cdot |\overline{AB}| \cdot |\overline{AC}|$

$A_{Segment} = \left(\frac{1}{4} \cdot 5^2 \cdot \pi - \frac{1}{2} \cdot 5^2\right)$ FE

$A_{Segment} = \left(\frac{25}{4} \cdot \pi - \frac{25}{2}\right)$ FE

$A_{Segment} = (6{,}25 \cdot \pi - 12{,}5)$ FE

Man zieht vom Flächeninhalt des Kreissektors ABC den Flächeninhalt des Dreiecks ABC ab.

Das Dreieck ABC ist rechtwinklig bei A. Somit handelt es sich beim Kreissektor ABC um einen Viertelkreis. Die Längen der Dreiecksseiten $\overline{AB}$ und $\overline{AC}$ entsprechen dem Radius des Viertelkreises: $|\overline{AB}| = 5$ LE und $|\overline{AC}| = 5$ LE

✎ Hinweise und Tipps

Die Parabel p hat den Scheitel S(1 | 2), ist nach unten geöffnet und mit dem Faktor 0,5 gestaucht.

- Von S geht man um 1 LE nach links bzw. rechts und um $0{,}5 \cdot 1^2$ LE = 0,5 LE nach unten.
- Von S geht man um 2 LE nach links bzw. rechts und um $0{,}5 \cdot 2^2$ LE = 2 LE nach unten.
- Von S geht man um 3 LE nach links bzw. rechts und um $0{,}5 \cdot 3^2$ LE = 4,5 LE nach unten …

Aufgabe A 2

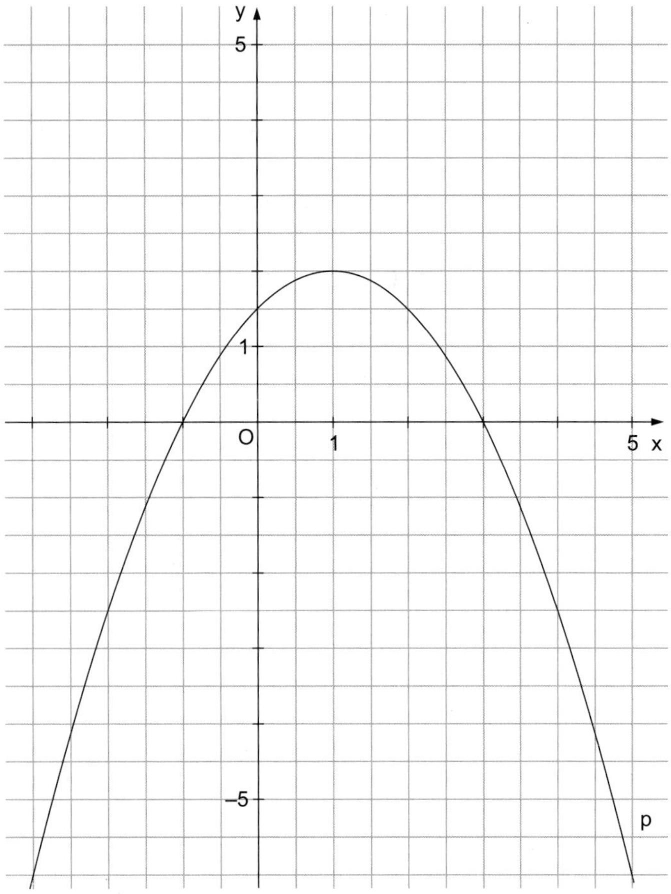

Aufgabe A 3

$$0{,}5x^2 + 18 = 6x \quad |-6x \qquad x \in \mathbb{R}$$

$$\Leftrightarrow \quad 0{,}5x^2 - 6x + 18 = 0$$

$$\Leftrightarrow \quad x = \frac{-(-6) - \sqrt{(-6)^2 - 4 \cdot 0{,}5 \cdot 18}}{2 \cdot 0{,}5} \vee x = \frac{-(-6) + \sqrt{(-6)^2 - 4 \cdot 0{,}5 \cdot 18}}{2 \cdot 0{,}5}$$

$$\Leftrightarrow \quad x = \frac{6-0}{1} \vee x = \frac{6+0}{1}$$

$$\Leftrightarrow \quad x = 6$$

$\mathbb{L} = \{6\}$

oder:

$$0{,}5x^2 - 6x + 18 = 0 \quad |\cdot 2 \qquad x \in \mathbb{R}$$

$$\Leftrightarrow \quad x^2 - 12x + 36 = 0$$

$$\Leftrightarrow \quad (x-6)^2 = 0$$

$$\Leftrightarrow \quad x = 6$$

$\mathbb{L} = \{6\}$

Hinweise und Tipps

Aufgabe A 4.1

$\frac{2}{100}$

Brunos erste Karte soll eine gelbe Karte mit der Ziffer 0 sein. Unter den 100 Karten gibt es 2 gelbe Karten mit der Ziffer 0.

Auch gleichwertige Lösungen wie z. B. 2 %, 0,02 oder $\frac{1}{50}$ sind bei derartigen Aufgaben gültig.

Aufgabe A 4.2

$\frac{40}{100}$

Brunos erste Karte soll eine grüne oder eine rote Ziffernkarte sein. Das Kartenspiel enthält 20 grüne und 20 rote Ziffernkarten.

Aufgabe A 4.3

$\frac{20}{100} \cdot \frac{19}{99} = \frac{380}{9\,900}$

Zu Beginn befinden sich 20 Sonderkarten unter den 100 Karten. Nachdem Bruno eine Sonderkarte erhalten hat, befinden sich noch 19 Sonderkarten unter den restlichen 99 Karten.

Teil B

Hinweise und Tipps

Aufgabe B 1.1

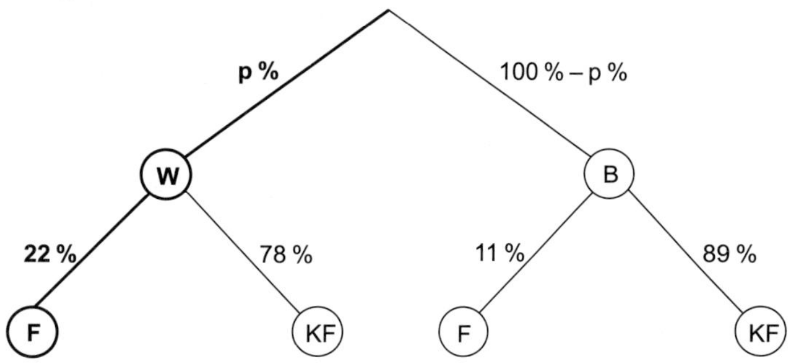

Da es nur weiße und braune Flaschen gibt und der Anteil der weißen Flaschen p % beträgt, ist der Anteil der braunen Flaschen 100 % – p %.

Bei den weißen Flaschen beträgt der Anteil der fehlerhaften Flaschen 22 %. Somit haben 100 % – 22 % = 78 % der weißen Flaschen keine Fehler.

Bei den braunen Flaschen ist der Anteil der fehlerhaften Flaschen halb so groß, also 11 %. Somit haben 100 % – 11 % = 89 % der braunen Flaschen keine Fehler.

Aufgabe B 1.2

$0{,}14 = \frac{p}{100} \cdot 0{,}22 \quad |:0{,}22 \qquad p \in \mathbb{R}^+$

$\frac{0{,}14}{0{,}22} = \frac{p}{100} \quad |\cdot 100$

$p = \frac{0{,}14}{0{,}22} \cdot 100$

$p = 64$

$L = \{64\}$

Der Anteil der produzierten weißen Flaschen beträgt 64 %.

Der Pfad, für den die 1. Pfadregel (Produktregel) 14 % ergeben soll, ist in der Zeichnung in Teilaufgabe B 1.1 **hervorgehoben**.

Aufgabe B 2.1

Claudia nimmt an, dass der Wert ihrer Aktien jährlich um **7** Prozent zunimmt.

Der Anfangswert der Aktien beträgt 2 000 €. Dieser Wert vergrößert sich jährlich mit dem Faktor $1{,}07 = 1 + \frac{7}{100}$.

Aufgabe B 2.2

$y = 2\,000 \cdot 1{,}07^{2066-2021}$

$y = 42\,005$

Die Aktien wären zu diesem Zeitpunkt 42 005 € wert.

Man bestimmt den Aktienwert y € nach x = 2066 – 2021 Jahren.

Aufgabe B 2.3

$5 \cdot 2\,000 = 2\,000 \cdot 1{,}07^x \quad |:2\,000 \qquad x \in \mathbb{R}_0^+$

$\Leftrightarrow \quad 5 = 1{,}07^x$

$\Leftrightarrow \quad x = \log_{1{,}07} 5$

$\Leftrightarrow \quad x = \frac{\ln 5}{\ln 1{,}07}$

$\Leftrightarrow \quad x = 23{,}79$

$L = \{23{,}79\}$

Claudia würde es erstmals am 21.02.2045 erfahren.

Man bestimmt zunächst die Zeitspanne x Jahre, nach der der Aktienwert 5 · 2 000 € beträgt.

24 Jahre nach dem 21.2.2021 liegt der 21.2.2045.

Hinweise und Tipps

Aufgabe B 3.1

Zeichnen des Vierecks ABCD mit den Diagonalen $\overline{AC}$ und $\overline{BD}$

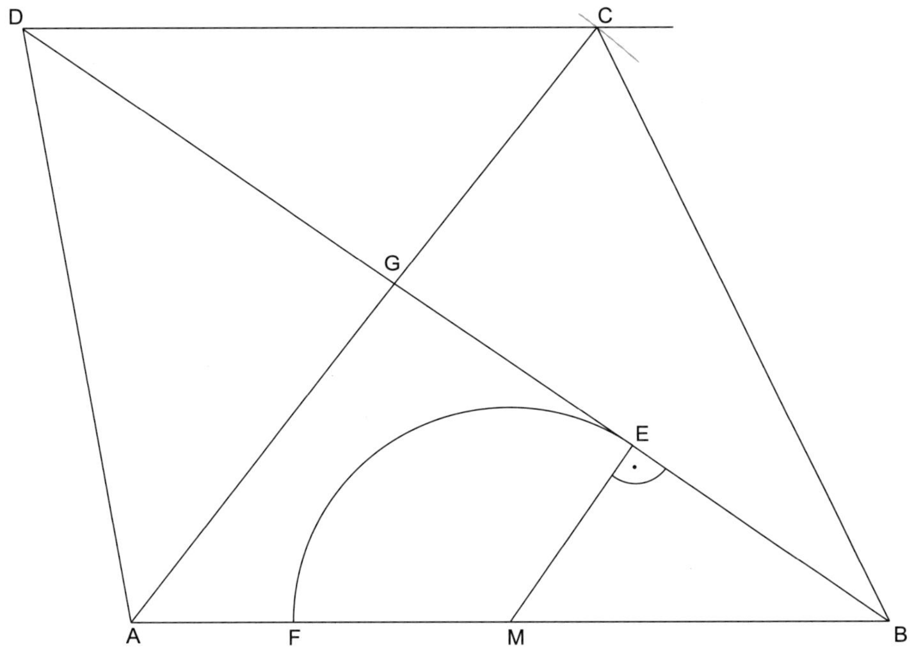

- Zeichnen der Strecke $\overline{AB}$ mit der Länge 10 cm.
- D liegt auf dem freien Schenkel des Winkels BAD mit dem Maß 100° und es gilt $|\overline{AD}| = 8$ cm.
- C liegt auf der Parallelen zu AB durch den Punkt D und es gilt $|\overline{AC}| = 10$ cm. Der Punkt C ist also ein Schnittpunkt des Kreises um A mit Radius 10 cm und der Parallelen.
- Weiterhin sollen die Diagonalen $\overline{AC}$ und $\overline{BD}$ eingezeichnet werden.

Berechnung von $|\overline{BD}|$ mit dem Kosinussatz im Dreieck ABD:

$$|\overline{BD}|^2 = |\overline{AB}|^2 + |\overline{AD}|^2 - 2 \cdot |\overline{AB}| \cdot |\overline{AD}| \cdot \cos \sphericalangle BAD \quad |\sqrt{}$$

$$|\overline{BD}| = \sqrt{10^2 + 8^2 - 2 \cdot 10 \cdot 8 \cdot \cos 100°} \text{ cm}$$

$$|\overline{BD}| = 13{,}85 \text{ cm}$$

Berechnung von $\sphericalangle DBA$ mithilfe des Sinussatzes im Dreieck ABD:

$$\frac{\sin \sphericalangle DBA}{|\overline{AD}|} = \frac{\sin \sphericalangle BAD}{|\overline{BD}|} \quad \left| \cdot |\overline{AD}| \right.$$

$$\sin \sphericalangle DBA = \frac{|\overline{AD}|}{|\overline{BD}|} \cdot \sin \sphericalangle BAD$$

$$\sin \sphericalangle DBA = \frac{8}{13{,}85} \cdot \sin 100°$$

$$\sphericalangle DBA = 34{,}67°$$

Aufgabe B 3.2

Berechnung von $\sphericalangle DCA$ mithilfe des Sinussatzes im Dreieck ACD:

$$\frac{\sin \sphericalangle DCA}{|\overline{AD}|} = \frac{\sin \sphericalangle ADC}{|\overline{AC}|} \quad \left| \cdot |\overline{AD}| \right.$$

$$\sin \sphericalangle DCA = \frac{|\overline{AD}|}{|\overline{AC}|} \cdot \sin \sphericalangle ADC \qquad \text{mit } \sphericalangle ADC = 180° - \sphericalangle BAD$$

$$\sin \sphericalangle DCA = \frac{8}{10} \cdot \sin(180° - 100°)$$

$$\sphericalangle DCA = 51{,}98°$$

Der Winkel BAC und der Scheitelwinkel zu DCA sind Wechselwinkel an den zueinander parallelen Geraden AB und CD. Folglich gilt: $\sphericalangle BAC = \sphericalangle DCA = 51{,}98°$

Da $\overline{AB} \parallel \overline{CD}$, ergänzen sich der Winkel BAD und der Stufenwinkel zu ADC (vgl. Skizze) zu 180°. Es gilt also $\sphericalangle ADC = 180° - \sphericalangle BAD$.

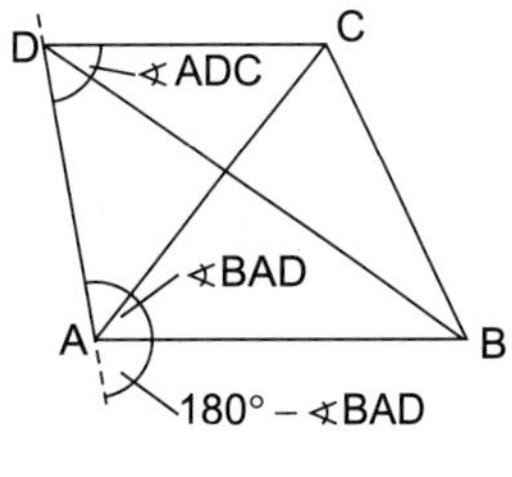

Hinweise und Tipps

Aufgabe B 3.3

Berechnung von $\sphericalangle CAD$:

$\sphericalangle CAD = \sphericalangle BAD - \sphericalangle BAC$

$\sphericalangle CAD = 100° - 51{,}98°$

$\sphericalangle CAD = 48{,}02°$

Berechnung des Flächeninhalts des Vierecks ABCD:

$A_{ABCD} = A_{\Delta ABC} + A_{\Delta ACD}$

$A_{ABCD} = 0{,}5 \cdot |\overline{AB}| \cdot |\overline{AC}| \cdot \sin\sphericalangle BAC + 0{,}5 \cdot |\overline{AC}| \cdot |\overline{AD}| \cdot \sin\sphericalangle CAD$

$A_{ABCD} = (0{,}5 \cdot 10 \cdot 10 \cdot \sin 51{,}98° + 0{,}5 \cdot 10 \cdot 8 \cdot \sin 48{,}02°)\ \text{cm}^2$

$A_{ABCD} = 69{,}12\ \text{cm}^2$

Das Viereck ABCD setzt sich aus den Dreiecken ABC und ACD zusammen. Für den Flächeninhalt des Dreiecks ACD benötigt man das Maß des Winkels CAD.

Aufgabe B 3.4

Einzeichnen der Strecke $\overline{ME}$ und des Kreisbogens $\overset{\frown}{EF}$

Da der Kreis um M die Diagonale $\overline{BD}$ im Punkt E berührt, muss $\overline{ME}$ senkrecht zu $\overline{BD}$ verlaufen. Man zeichnet also zunächst den Mittelpunkt M von $\overline{AB}$ ein. Dann fällt man das Lot von M auf $\overline{BD}$ und erhält den Punkt E. Anschließend zeichnet man den Kreisbogen $\overset{\frown}{EF}$ mit Mittelpunkt M und Radius $\overline{ME}$.

Aufgabe B 3.5

Berechnung von $\sphericalangle BME$ mithilfe der Winkelsumme im Dreieck MBE:

$\sphericalangle BME = 180° - 90° - \sphericalangle EBM \qquad \text{mit } \sphericalangle EBM = \sphericalangle DBA$

$\sphericalangle BME = 180° - 90° - 34{,}67°$

$\sphericalangle BME = 55{,}33°$

Berechnung von $\sphericalangle EMF$:

$\sphericalangle EMF = 180° - 55{,}33° \qquad$ (Ergänzungswinkel zu $\sphericalangle BME$)

$\sphericalangle EMF = 124{,}67°$

Berechnung von $|\overline{ME}|$ im rechtwinkligen Dreieck MBE:

$$\sin\sphericalangle EBM = \frac{|\overline{ME}|}{|\overline{MB}|} \qquad |\cdot|\overline{MB}|$$

$$|\overline{ME}| = |\overline{MB}| \cdot \sin\sphericalangle EBM \qquad \text{mit } |\overline{MB}| = 0{,}5 \cdot |\overline{AB}|$$

$$|\overline{ME}| = 0{,}5 \cdot 10 \cdot \sin 34{,}67°\ \text{cm}$$

$$|\overline{ME}| = 2{,}84\ \text{cm}$$

Berechnung des Flächeninhalts A_{FBE} der Figur FBE:

$A_{FBE} = A_{\text{Sektor MEF}} + A_{\Delta MBE}$

$$A_{FBE} = \frac{\sphericalangle EMF}{360°} \cdot |\overline{ME}|^2 \cdot \pi + 0{,}5 \cdot |\overline{MB}| \cdot |\overline{ME}| \cdot \sin\sphericalangle BME$$

$$A_{FBE} = \left(\frac{124{,}67°}{360°} \cdot 2{,}84^2 \cdot \pi + 0{,}5 \cdot 0{,}5 \cdot 10 \cdot 2{,}84 \cdot \sin 55{,}33°\right)\text{cm}^2$$

$A_{FBE} = 14{,}61\ \text{cm}^2$

Berechnung des prozentualen Anteils des Flächeninhalts der Figur an der Gesamtfläche:

$$\frac{A_{FBE}}{A_{ABCD}} \cdot 100\,\% = \frac{14{,}61}{69{,}12} \cdot 100\,\% = 21{,}14\,\%$$

Die Figur FBE setzt sich aus dem Kreissektor MEF und dem Dreieck MBE zusammen.
Zur Berechnung der Dreiecksfläche verwendet man $|\overline{MB}|$, $|\overline{ME}|$ und das Maß des Zwischenwinkels BME.
Um die Fläche des Kreissektors zu berechnen, verwendet man den Radius $|\overline{ME}|$ und das Maß des Mittelpunktswinkels EMF.

✎ Hinweise und Tipps

Aufgabe B 3.6

Im Dreieck ABG gilt:

$\sphericalangle AGB = 180° - \sphericalangle BAG - \sphericalangle GBA$ mit $\sphericalangle GBA = \sphericalangle DBA$
und $\sphericalangle BAG = \sphericalangle BAC$

$\sphericalangle AGB = 180° - 51{,}98° - 34{,}67°$

$\sphericalangle AGB = 93{,}35°$

Also: $\sphericalangle CGD = 93{,}35°$ (Scheitelwinkel)

Wegen $\sphericalangle CGD \neq 90°$ gilt:

$|\overline{DG}| > d(D; \overline{AC})$

Der Winkel CGD und der Winkel AGB sind Scheitelwinkel. Um $\sphericalangle CGD$ zu bestimmen, berechnet man daher $\sphericalangle AGB$ mithilfe der Innenwinkelsumme im Dreieck ABG.

Aufgabe B 4.1

Zeichnen der Pyramide ABCDS

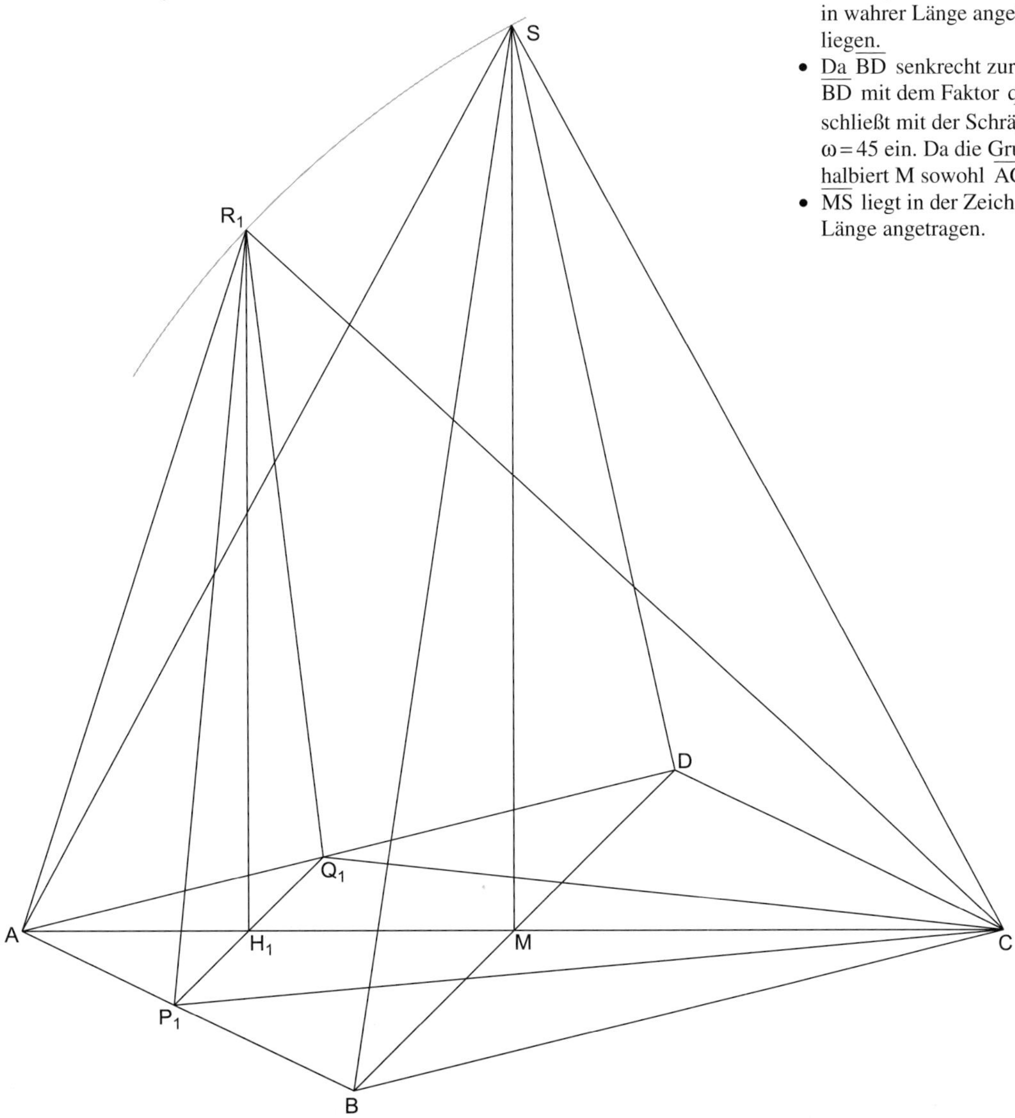

- $\overline{AC}$ liegt auf der Schrägbildachse und wird somit in wahrer Länge angetragen. A soll links von C liegen.
- Da $\overline{BD}$ senkrecht zur Zeichenebene verläuft, wird $\overline{BD}$ mit dem Faktor $q = \frac{1}{2}$ verkürzt und $\overline{BD}$ schließt mit der Schrägbildachse den Winkel $\omega = 45$ ein. Da die Grundfläche eine Raute ist, halbiert M sowohl $\overline{AC}$ als auch $\overline{BD}$.
- $\overline{MS}$ liegt in der Zeichenebene und wird in wahrer Länge angetragen.

Hinweise und Tipps

Berechnung von $|\overline{CS}|$ mit dem Pythagoras im rechtwinkligen Dreieck MCS:

$|\overline{CS}|^2 = |\overline{MC}|^2 + |\overline{MS}|^2$ mit $|\overline{MC}| = 0,5 \cdot |\overline{AC}|$

$|\overline{CS}| = \sqrt{(0,5 \cdot 13)^2 + 12^2}$ cm

$|\overline{CS}| = 13,65$ cm

Im rechtwinkligen Dreieck MCS gilt:

$\tan \sphericalangle SCM = \frac{|\overline{MS}|}{|\overline{MC}|}$ mit $\sphericalangle SCM = \sphericalangle SCA$

$\tan \sphericalangle SCA = \frac{12}{0,5 \cdot 13}$

$\sphericalangle SCA = 61,56°$

Aufgabe B 4.2

Einzeichnen der Pyramide $AP_1CQ_1R_1$ und der Höhe $\overline{H_1R_1}$ für $x = 3$

- H_1 liegt auf $\overline{AM}$ und ist 3 cm von A entfernt.
- $\overline{P_1Q_1}$ verläuft parallel zu $\overline{BD}$ und wird von H_1 halbiert. P_1 liegt auf $\overline{AB}$ und Q_1 auf $\overline{AD}$.
- R_1 liegt senkrecht über H_1 und es gilt $|\overline{CR_1}| = |\overline{CS}|$.

Aufgabe B 4.3

Berechnung von $|\overline{P_1Q_1}|$ mithilfe des Strahlensatzes:

$\frac{|\overline{P_1Q_1}|}{|\overline{BD}|} = \frac{|\overline{AH_1}|}{|\overline{AM}|} \quad | \cdot |\overline{BD}|$

$|\overline{P_1Q_1}| = \frac{|\overline{AH_1}| \cdot |\overline{BD}|}{|\overline{AM}|}$ mit $|\overline{AM}| = 0,5 \cdot |\overline{AC}|$

$|\overline{P_1Q_1}| = \frac{3 \cdot 12}{0,5 \cdot 13}$ cm

$|\overline{P_1Q_1}| = 5,54$ cm

Um das Volumen V_1 berechnen zu können, benötigt man die Diagonalenlänge $|\overline{P_1Q_1}|$ des Drachenvierecks AP_1CQ_1.
Weiterhin benötigt man die Höhe $|\overline{H_1R_1}|$.

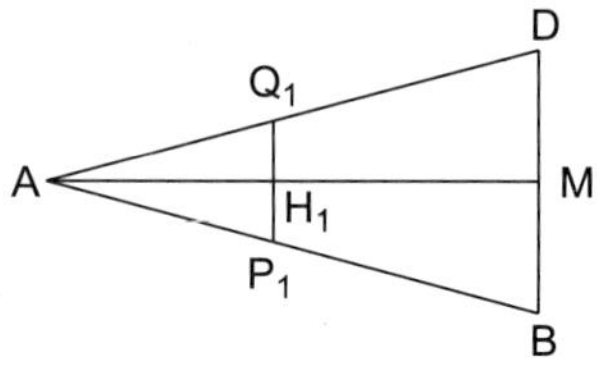

Berechnung der Höhe $|\overline{H_1R_1}|$ mit dem Pythagoras im Dreieck CR_1H_1:

$|\overline{CR_1}|^2 = |\overline{H_1C}|^2 + |\overline{H_1R_1}|^2$

$|\overline{H_1R_1}| = \sqrt{|\overline{CR_1}|^2 - |\overline{H_1C}|^2}$ mit $|\overline{CR_1}| = |\overline{CS}|$ und $|\overline{H_1C}| = |\overline{AC}| - |\overline{AH_1}|$

$|\overline{H_1R_1}| = \sqrt{13,65^2 - (13-3)^2}$ cm

$|\overline{H_1R_1}| = 9,29$ cm

Berechnung des Volumens V_1 der Pyramide $AP_1CQ_1R_1$:

$V_1 = \frac{1}{3} \cdot A_{AP_1CQ_1} \cdot |\overline{H_1R_1}|$

$V_1 = \frac{1}{3} \cdot \frac{1}{2} \cdot |\overline{AC}| \cdot |\overline{P_1Q_1}| \cdot |\overline{H_1R_1}|$

$V_1 = \frac{1}{3} \cdot \frac{1}{2} \cdot 13 \cdot 5,54 \cdot 9,29 \text{ cm}^3$

$V_1 = 111,51 \text{ cm}^3$

Das Volumen V_1 soll mit dem Volumen V der Pyramide ABCDS verglichen werden, das zunächst berechnet wird.

Hinweise und Tipps

Berechnung des Volumens V der Pyramide ABCDS:

$V = \frac{1}{3} \cdot A_{ABCD} \cdot |\overline{MS}|$

$V = \frac{1}{3} \cdot \frac{1}{2} \cdot |\overline{AC}| \cdot |\overline{BD}| \cdot |\overline{MS}|$

$V = \frac{1}{3} \cdot \frac{1}{2} \cdot 13 \cdot 12 \cdot 12 \text{ cm}^3$

$V = 312 \text{ cm}^3$

Berechnung des prozentualen Verhältnisses von V_1 zu V:

$\frac{V_1}{V} \cdot 100\,\% = \frac{111{,}51}{312} \cdot 100\,\% = 35{,}74\,\%$

Aufgabe B 4.4

Berechnung von $|\overline{H_2C}|$ mit dem Pythagoras im Dreieck H_2CR_2:

$|\overline{CR_2}|^2 = |\overline{H_2C}|^2 + |\overline{H_2R_2}|^2$

$|\overline{H_2C}| = \sqrt{|\overline{CR_2}|^2 - |\overline{H_2R_2}|^2}$ mit $|\overline{CR_2}| = |\overline{CS}|$

$|\overline{H_2C}| = \sqrt{13{,}65^2 - 6^2} \text{ cm}$

$|\overline{H_2C}| = 12{,}26 \text{ cm}$

Berechnung von $|\overline{AH_2}|$:

$|\overline{AH_2}| = |\overline{AC}| - |\overline{H_2C}|$

$|\overline{AH_2}| = (13 - 12{,}26) \text{ cm}$

$|\overline{AH_2}| = 0{,}74 \text{ cm}$

Für die Pyramide $AP_2CQ_2R_2$ gilt folglich $x = 0{,}74$.

Um den zugehörigen Wert für x zu bestimmen, berechnet man die Länge $|\overline{AH_2}| = x$ cm. Da $|\overline{AH_2}| = |\overline{AC}| - |\overline{H_2C}|$, berechnet man zunächst $|\overline{H_2C}|$.

Aufgabe B 4.5

Mit dem Satz des Pythagoras im Dreieck H_nCR_n gilt:

$|\overline{H_nR_n}| = \sqrt{|\overline{CR_n}|^2 - |\overline{H_nC}|^2}$ mit $|\overline{CR_n}| = |\overline{CS}|$; $|\overline{H_nC}| = |\overline{AC}| - x$

$|\overline{H_nR_n}|(x) = \sqrt{13{,}65^2 - (13 - x)^2} \text{ cm}$ $\quad x \in \mathbb{R}; 0 < x < 6{,}5$

$|\overline{H_nR_n}|(x) = \sqrt{186{,}32 - (169 - 26x + x^2)} \text{ cm}$

$|\overline{H_nR_n}|(x) = \sqrt{186{,}32 - 169 + 26x - x^2} \text{ cm}$

$|\overline{H_nR_n}|(x) = \sqrt{-x^2 + 26x + 17{,}32} \text{ cm}$

Hinweise und Tipps

Aufgabe B 4.6

Wenn es eine Pyramide $AP_3CQ_3R_3$ mit $\sphericalangle R_3CA = 15°$ gäbe, dann würde im Dreieck H_3CR_3 gelten:

$$\cos\sphericalangle R_3CA = \frac{|\overline{H_3C}|}{|\overline{CR_3}|} \qquad \Big| \cdot |\overline{CR_3}|$$

$$|\overline{H_3C}| = |\overline{CR_3}| \cdot \cos\sphericalangle R_3CA \qquad \text{mit } |\overline{CR_3}| = |\overline{CS}|$$

$$|\overline{H_3C}| = 13{,}65 \cdot \cos 15° \text{ cm}$$

$$|\overline{H_3C}| = 13{,}18 \text{ cm}$$

Wegen $13{,}18 \text{ cm} > 13 \text{ cm}$ gilt $|\overline{H_3C}| > |\overline{AC}|$.

Dies kann aber nicht sein, da dann $H_3 \notin \overline{AM}$ wäre.

oder:

Da H_n auf $\overline{AM}$ liegt, können die Punkte R_n nicht weiter nach links rücken als der Punkt R_4, der senkrecht über A liegt. Dann ist der Winkel R_4CA der kleinste unter den Winkeln R_nCA. Im rechtwinkligen Dreieck ACR_4 gilt:

$$\cos\sphericalangle R_4CA = \frac{|\overline{AC}|}{|\overline{CR_4}|} \qquad \text{mit } |\overline{CR_4}| = |\overline{CS}|$$

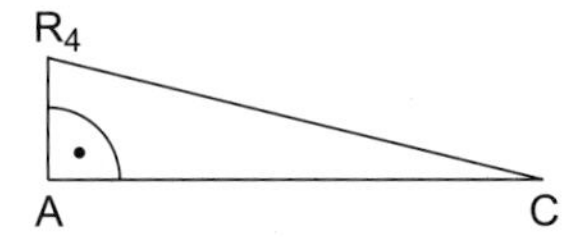

$$\cos\sphericalangle R_4CA = \frac{13}{13{,}65}$$

$$\sphericalangle R_4CA = 17{,}75°$$

Der kleinstmögliche Winkel ist also 17,75°.

Somit gibt es die Pyramide $AP_3CQ_3R_3$ nicht.

Original-Abschlussprüfung

Abschlussprüfung 2022

Um dir die Prüfung 2022 schnellstmöglich zur Verfügung stellen zu können, bringen wir sie in digitaler Form heraus.

Sobald die Original-Prüfungsaufgaben 2022 zur Veröffentlichung freigegeben sind, können die Lösungen als PDF auf der Plattform **MyStark** heruntergeladen werden (Zugangscode vgl. Umschlaginnenseite).

Prüfung 2022

www.stark-verlag.de/mystark